Cultura, formação e desenvolvimento profissional de professores que ensinam matemática

Biblioteca Aula

MUSA EDUCAÇÃO MATEMÁTICA

Volume 1

Direção: Dario Fiorentini (FE/Unicamp)

Dario Fiorentini e Adair Mendes Nacarato
(organizadores)

Cultura, formação e desenvolvimento profissional de professores que ensinam matemática

Investigando e teorizando a partir da prática

UNICAMP
Faculdade de Educação
GEPFPM-Prapem-FE/Unicamp

MUSA EDITORA

CAPA | Raquel Matsushita
DIAGRAMAÇÃO | Set-up Time Artes Gráficas
REVISÃO | Maria Luiza Favret
ADEQUAÇÃO ORTOGRÁFICA | Vinícius de Melo Justo
IMPRESSÃO E ACABAMENTO | Gráfica Editora Parma

Dados Internacionais de Catalogação na Publicação (CIP)
(Câmara Brasileira do Livro,SP, Brasil)

Cultura, formação e desenvolvimento profissional de professores que ensinam matemática : investigando e teorizando a partir da prática / Dário Fiorentini e Adair Mendes Nacarato (organizadores). — São Paulo : Musa Editora; Campinas, SP : GEPFPM-PRAPEM-FE/UNICAMP, 2005.

ISBN 85-85653-75-2
Bibliografia.

1. Desenvolvimento profissional 2. Educação permanente 3. Professores - Formação profissional 4. Professores de matemática - Formação I. Fiorentini, Dario. II. Nacarato, Adair Mendes.

05-4906 CDD-370.71

Índices para catálogo sistemático:
1. Professores de matemática : Formação continuada : Educação 370.71
2. Professores de matemática : Formação profissional : Educação 370.71

1ª reimpressão, 2010 de acordo com a Nova Ortografia.

MUSA EDITORA
Rua Bartira, 62/21
05009 000 São Paulo SP
Tel/fax (5511) 3862 6435
www.musaeditora.com.br
www.musaambulante.com.br
www.anacandidacosta.blogspot.com
www.twitter.com/MusaEditora

SUMÁRIO

INTRODUÇÃO

Investigando e Teorizando, a Partir da Prática, a Cultura e o Desenvolvimento de Professores que Ensinam Matemática

A organização deste livro dá continuidade à publicação anterior, *Formação de Professores de Matemática: explorando novos caminhos com outros olhares* (Mercado de Letras, 2003), organizada por Dario Fiorentini, e que tinha como temática a formação inicial de professores de matemática.

O tema central deste livro é a formação contínua e o desenvolvimento profissional de professores que ensinam matemática e marca dez anos de pesquisas do Grupo Prapem (Prática Pedagógica em Matemática) e cinco anos do GEPFPM (Grupo de Estudo e Pesquisa sobre Formação de Professores que Ensinam Matemática) da FE/Unicamp[1].

O GEPFPM surgiu como um subgrupo do Prapem, em 1999, por iniciativa de pós-graduandos (mestrandos e doutorandos) da Área de Educação Matemática da FE/Unicamp e foi motivada pela necessidade desses estudantes de realizar estudos que trouxessem aportes teórico-metodológicos acerca da investigação sobre formação e desenvolvimento profissional de professores de matemática[2]. Nesse período de existência do grupo, novos participantes foram se integrando a ele, e outros, ao retornarem para suas instituições de origem, foram se desligando. No final do ano de 2004, o grupo contava com treze participantes, sendo cinco professores doutores de diferentes instituições e oito pós-graduandos[3].

---

1 Site: www.cempem.fae.unicamp.br/prapem

2 O grupo inicial foi constituído pelos pós-graduandos: Ana Cristina Ferreira, Celi Espasandin Lopes (principais desencadeadoras do processo de constituição do grupo), Alfonso Jiménez Espinosa, Diana Jaramillo, Gilberto Francisco Alves de Melo, Paulo César Oliveira e Valéria Carvalho e contou com o apoio do professor Dario Fiorentini.

3 Professora Doutora Adair Mendes Nacarato (Docente Universidade São Francisco); Bárbara Cristina Moreira Sicardi (Docente Universidade Metodista de São Paulo e doutoranda Unicamp); Professora Doutora Cármen Lúcia Brancaglion Passos (Docente Universidade Federal de São Carlos); Professor Doutor Dario Fiorentini (Docente Unicamp); Eleonora Dantas Brum (Mestranda da Universidade São Francisco); Luciana Parente Rocha (Mestranda Unicamp); Maria Auxiliadora Bueno Andrade Megid (Docente da Unip/Campinas e doutoranda Unicamp); Maria Elídia Teixeira Reis (Mestranda Unicamp); Maria Teresa Menezes Freitas (Docente Universidade Federal de Uberlândia e doutoranda Unicamp); Marisol Viera Melo (Mestranda Unicamp); Professora Doutora Regina Célia Grando (Docente Universidade São Francisco); Renata Prenstteter Gama (Doutoranda Unicamp) e Professora Doutora Rosana Giaretta Sguerra Miskulin (Docente UNESP-Rio Claro).

Em relação à temática deste livro, cabe, inicialmente, destacar que vários nomes têm sido utilizados pela literatura educacional para se referir ao processo de formação de professores em serviço. Os mais frequentes têm sido: capacitação, aperfeiçoamento, treinamento, reciclagem, formação permanente, formação continuada e, nos últimos anos, educação contínua, desenvolvimento profissional ou profissionalização. Cada uma dessas denominações reflete uma concepção de formação continuada de professores.

Nas décadas de 1970 e 1980, a formação continuada consistia basicamente em oferecer cursos de reciclagem, treinamento ou capacitação de professores em novas técnicas e metodologias de ensino de matemática. Havia também os tradicionais cursos de atualização em conteúdos específicos. Esse modelo de formação continuada se assentava no pressuposto de que os professores escolares, com o passar dos anos, defasavam-se em conteúdos e metodologias, não sendo capazes, eles próprios, de produzirem novos conhecimentos e se atualizarem a partir da prática, necessitando, para isso, tomar conhecimento dos novos saberes curriculares produzidos pelos especialistas. Esse modelo de formação continuada foi denominado por *Donald Schön* e *Kenneth Zeichner* de *modelo da racionalidade técnica.*

A virada paradigmática ocorreria a partir dos anos 90 do século XX, motivada, de um lado, pelos recentes estudos internacionais sobre o pensamento do professor – descobrindo que os professores escolares também produzem, a partir dos desafios da prática, saberes profissionais relevantes e fundamentais – e pelo conceito de professor reflexivo e investigador de sua prática e, de outro, pelos resultados das experiências e estudos dos próprios formadores-pesquisadores, alguns realizados em colaboração com professores escolares.

Esses estudos e experiências mostravam que os cursos sob o *modelo da racionalidade técnica* eram pouco eficazes na mudança dos saberes, das concepções e da prática docente nas escolas. Várias razões foram apontadas. A principal delas é que esses cursos de formação continuada promoviam, na verdade, uma prática de formação descontínua: descontínua em relação à formação inicial dos professores; descontínua em relação ao saber experiencial dos professores, os quais não eram tomados como ponto de partida da formação continuada; descontínua, ainda, em relação aos reais problemas e desafios da prática escolar; e descontínua, sobretudo, porque eram ações pontuais e temporárias, tendo data marcada para começar e terminar.

O GEPFPM, ao negar o *modelo da racionalidade técnica*, alinha-se com as propostas que consideram fundamental tomar como ponto de partida e de chegada da educação continuada a prática docente cotidiana dos professores, convertendo-a em problema e objeto principal de estudo e reflexão e buscando, colaborativamente, as soluções possíveis e necessárias. Trata-se, portanto, de um processo de *educação contínua* mediado pela reflexão e pela investigação sobre a prática, na qual os aportes teóricos produzidos pela pesquisa em Educação em Matemática não são arbitrariamente oferecidos aos professores, mas buscados à medida que forem necessários e possam contribuir para a compreensão e a construção coletiva de alternativas de solução dos problemas da prática docente nas escolas.

O professor, nessa perspectiva de educação contínua, constitui-se num agente reflexivo de sua prática pedagógica, passando a buscar, autônoma e/ou colaborativamente, subsídios teóricos e práticos que ajudem a compreender e a enfrentar os problemas e desafios do trabalho docente. O movimento de ação-reflexão-investigação permanente dos professores sobre sua prática pode ser comparada a uma espiral auto-reflexiva de desenvolvimento profissional e de transformação curricular na escola, como concebem Carr & Kemmis (1988)[4]. Trata-se de um processo não-linear, de idas e vindas, de avanços e retrocessos, cada vez mais amplos e completos, de reflexão sistemática sobre a ação educativa. A reflexão aqui mencionada difere, portanto, daquela praticada rotineiramente pelo professor em sua lida cotidiana porque reveste-se de caráter sistemático e vale-se de contribuições teóricas que permitem ultrapassar as interpretações e soluções baseadas exclusivamente no senso comum.

Esse processo de educação contínua de professores pode também ajudá-los a se tornar os principais protagonistas de seu desenvolvimento profissional e do processo educacional à medida que participam da construção dos conhecimentos do trabalho docente e da construção do patrimônio cultural do grupo profissional ao qual pertencem. Essa é a possibilidade que os professores têm para superar sua principal limitação que é a sua reduzida autonomia profissional. Carr & Kemmis (1988) propõem que os próprios professores construam coletivamente uma teoria de ensino por meio da reflexão crítica e da investigação sobre seu próprio trabalho e sobre seus conhecimentos práticos. Apoiados em Stenhouse, defendem que "*os professores devem ser usuários críticos e reflexivos do saber elaborado por outros investigadores e estabeleçam comunidades autocríticas de docentes-investigadores que desenvolvam sistematicamente um saber educacional que justifique suas práticas educativas*" (p.199).

A partir desses pressupostos, o GEPFPM vem tentando desenvolver estudos e pesquisas pautados pelos seguintes objetivos:

---

4 Carr, W. & Kemmis, S. *Teoria crítica de la enseñanza: la investigación-acción en la formación del profesorado.* Barcelona, Martínez Roca, 1988.

- ✓ Desenvolver estudos teórico-metodológicos acerca do trabalho e dos saberes docentes em matemática e, sobretudo, do processo de formação e desenvolvimento profissional do professor de matemática, incluindo a formação inicial e a continuada.
- ✓ Desenvolver projetos individuais e coletivos de pesquisa que têm como objeto de investigação o trabalho, a cultural profissional e os saberes docentes do professor de matemática, no contexto atual das mudanças sociais, tecnológicas e políticas.
- ✓ Desenvolver estudos que envolvam o estado da arte da pesquisa brasileira sobre formação e desenvolvimento profissional de professores que ensinam matemática.
- ✓ Desenvolver pesquisas relacionadas não apenas à prática docente do formador de professores de matemática, como também a sua formação e desenvolvimento profissional.
- ✓ Discutir e desenvolver aportes teórico-metodológicos que concebam e tratem:
    - professor de Matemática como sujeito capaz de produzir e (re)significar, a partir da prática, saberes da atividade profissional e de promover seu próprio desenvolvimento profissional;
    - formação e desenvolvimento profissional do professor como uma conquista contínua e sempre inconclusa, que tem início muito antes do ingresso na licenciatura e se prolonga por toda vida, ganhando força principalmente nos processos compartilhados de práticas reflexivas e investigativas;
    - epistemologia da prática docente em Matemática como um campo de estudo de práticas discursivas e interativas entre alunos e professores e de saberes docentes (englobando conhecimentos conceituais sobre Matemática e o processo ensino-aprendizagem, competências, habilidades, atitudes, saber fazer e saber- ser), produzidos e utilizados realmente pelos professores em sua prática cotidiana;
    - professor como investigador de sua própria prática, que se desenvolve e produz conhecimentos em contextos de práticas colaborativas.

Em 2004, o grupo contava com dois projetos de pesquisa colaborativa[5] : "Estado da arte da pesquisa brasileira sobre formação de professores que ensinam matemá-

5 Nesse sentido, ver FIORENTINI, Dario. Pesquisar práticas colaborativas ou pesquisar colaborativamente? In BORBA, Marcelo de Carvalho; ARAÚJO, Jussara de Loiola (Org.) **Pesquisa qualitativa em Educação Matemática**. Belo Horizonte: Autêntica, 2004, p. 47-76.

tica" e "Cultura, formação e desenvolvimento profissional de professores de matemática no contexto pós-moderno".

O primeiro deles tem como objetivo geral mapear e descrever o estado da arte da pesquisa brasileira sobre formação inicial e continuada de professores que ensinam matemática. Seus objetivos específicos são: (1) Identificar e listar as dissertações de mestrado e teses de doutorado produzidas no Brasil que têm como objeto de estudo a formação de professores de matemática. (2) Identificar os centros em que esses estudos foram realizados e seus principais orientadores. (3) Categorizar e descrever esses estudos segundo o foco temático de investigação. (4) Fazer um balanço crítico desses estudos, buscando estabelecer, a partir do confronto analítico dos mesmos, outras relações e resultados que permitem o avanço teórico-metodológico dos campos de estudo.

A pesquisa é do tipo histórico-bibliográfico e o material é constituído de dissertações de mestrado e teses de doutorado produzidas no Brasil, a partir da década de 1970, que têm como foco de estudo o professor de matemática, sobretudo seu processo de formação inicial e continuada. Para cada foco temático, é realizado um levantamento dos estudos produzidos, com posterior fichamento, procurando extrair, além de informações gerais (autor, título, instituição, ano de defesa, orientador e título acadêmico obtido), outras mais específicas e pertinentes aos objetivos do trabalho em questão, tais como: problema ou questão de investigação; aportes teóricos; objetivos; procedimentos metodológicos de pesquisa; e principais resultados. A primeira aproximação do grupo com esse material é realizada mediante a leitura dos resumos dos trabalhos, a partir da qual são determinados aqueles trabalhos que farão parte do estudo e serão lidos e analisados na íntegra.

Neste livro, o grupo apresenta um desses trabalhos de pesquisa colaborativa referente ao estado da arte: "Pesquisas sobre trabalho colaborativo na formação de professores de matemática: um olhar sobre a produção do Prapem/Unicamp".

Quanto ao projeto "Cultura, formação e desenvolvimento profissional de professores de matemática no contexto pós-moderno", seus objetivos são: (1) Desenvolver estudos teóricos e empíricos sobre processo de formação e desenvolvimento profissional de professores de matemática e de produção da cultura profissional no contexto da pós-modernidade, investigando a condição da produção do trabalho docente nas escolas, em face das mudanças sociais, políticas e tecnológicas do mundo globalizado. (2) Desenvolver estudos teóricos e empíricos sobre a formação, o trabalho e o desenvolvimento profissional de formadores de professores que ensinam matemática.

Para a realização desses estudos, o GEPFPM toma como ponto de partida leituras teóricas de autores nacionais e internacionais que têm como tema a condição, a cultura, o trabalho, as mudanças curriculares e a formação docente no contexto atual (pós-moderno, neoliberal e globalizado), articulando projetos coletivos de pesquisa de campo, desenvolvidos, sempre que possível, em colaboração com os professores escolares.

Como um dos trabalhos de campo desse projeto, foi desenvolvida junto aos professores paulistas de matemática uma pesquisa – incluída neste livro – que toma como referência os estudos de Andy Hargreaves relativos à condição paradoxal da docência no contexto atual de globalização e de reformas educacionais. É o capítulo intitulado "O desafio de ser professor de matemática hoje no Brasil".

Com exceção dos autores convidados – tanto no primeiro livro quanto neste – todos os demais passaram pelo grupo ou tiveram influências nas discussões teórico-metodológicas do GEPFPM. Assim, dentre os dez artigos que compõem esta coletânea:

- ✓ dois são de autores convidados: Beatriz S. D'Ambrosio (Miami University, Oxford, EUA) e Marcelo Almeida Bairral (Universidade Federal Rural do Rio de Janeiro);
- ✓ dois são resultados de pesquisa colaborativa do GEPFPM (capítulos 5 e 10);
- ✓ seis são trabalhos decorrentes de dissertações de mestrado e teses de doutorado produzidas na FE/Unicamp de autores que, de certa forma, estão ou estiveram vinculados ao GEPFPM.

Os trabalhos deste livro foram divididos em duas partes.

A primeira, intitulada "O desafio de ser professor e de desenvolver-se na profissão docente", reúne cinco estudos que exploram e investigam a formação e o desenvolvimento profissional do professor de matemática em diferentes contextos:

- no contexto da formação inicial de futuros professores (capítulo1);
- no contexto das reformas curriculares (capítulo 2);
- no contexto virtual e *teleinterativo* da educação a distância (capítulo 3);
- no contexto universitário de trabalho docente do formador de professores de matemática (capítulo 4);
- no contexto atual da pós-modernidade e das políticas neoliberais de educação vividas e enfrentadas por professores brasileiros de matemática da educação básica (capítulo 5).

A segunda parte do livro, intitulada "O trabalho colaborativo na formação e na pesquisa docente", é composta de cinco trabalhos que tomam como foco de estudo a formação continuada e o desenvolvimento profissional de professores que ensinam matemática em contextos de trabalho coletivo e/ou colaborativo envolvendo professores de diferentes níveis de ensino:

- com educadoras de infância, tendo em vista o estudo e a utilização da estocástica neste nível de ensino (capítulo 6);
- com formadores de professores da universidade, professores e futuros professores da área de ciências e matemática, tendo em vista a formação inicial e continuada a partir da prática escolar (capítulo 7);
- com professores universitários e professores escolares de 5ª à 8ª série da educação básica, tendo em vista a troca de saberes e experiências em face dos problemas e desafios do ensino escolar (capítulo 8);
- com professoras de 1ª e 2ª séries do ensino fundamental em um contexto de trabalho coletivo de desenvolvimento profissional, com destaque aos conflitos e relações de poder que permearam esse processo em uma escola privada (capítulo 9);
- focalizando e analisando diversas pesquisas desenvolvidas na FE/Unicamp que tinham como foco de estudo a dinâmica e as contribuições do trabalho colaborativo na formação e no desenvolvimento do professor que ensina matemática (capítulo 10).

A seguir, passamos a descrever resumidamente cada um dos estudos que compõem este livro.

Parte 1: O desafio de ser professor e de desenvolver-se na profissão docente

Escolhemos o texto de Beatriz S. D'Ambrosio, intitulado *Conteúdo e metodologia na formação de professores*, para iniciar esta parte do livro, por ser o único desta coletânea que trata questões da formação inicial, embora concebida sob uma perspectiva que podemos considerar de desenvolvimento profissional. Partindo da concepção de professor construtivista, a autora discute e analisa o conhecimento de matemática que o futuro professor deve ter para exercer sua profissão. Apresenta três estratégias pedagógicas que são utilizadas num curso de conteúdo matemático para futuros professores, com o objetivo de que estes "desempacotem" o próprio conhecimento formal da matemática para entender as construções de seus alunos. As atividades oferecidas no curso têm ênfase na aprendizagem matemática através de resolução de problemas e investigações. O texto aponta questões instigantes, tanto para os futuros professores, quanto para os professores formadores.

O texto de Gilberto Francisco Alves de Melo, *Saberes docentes de professores de matemática em um contexto de inovação curricular*, é um dos resultados de sua dissertação de mestrado. O autor o organiza em três momentos: discussão da problemática dos saberes docentes; descrição do processo de inovação curricular ocorrido em Rio Branco (Acre); e análise dos saberes docentes produzidos e em construção de três professores de matemática das séries finais do Ensino Fundamental, durante um processo de inovação curricular identificados pelo pesquisador e/ou percebidos pelos próprios docentes. Dentre os saberes, o autor destaca: o saber matemático; o saber didático-pedagógico relativo ao conteúdo de ensino; o saber curricular; e o saber da experiência dos professores.

O texto *Desenvolvendo-se criticamente em Matemática: a formação continuada em ambientes virtualizados*, de Marcelo Almeida Bairral, é decorrente de sua pesquisa de doutorado, realizada e defendida na Universidade de Barcelona, e desenvolvida com professores brasileiros que atuam no 3º e 4º ciclos do Ensino Fundamental, num ambiente virtual – processo 'teleinterativo' – com foco em geometria. O autor, utilizando aportes teóricos da matemática crítica, discute o desenvolvimento do conhecimento profissional do professor em geometria e descreve a estruturação do conteúdo no ambiente virtual, bem como o processo de coleta e análise dos dados (na perspectiva da análise do discurso) e apresenta o estudo de caso da professora Joana. Sua pesquisa aponta ser possível ocorrer a aprendizagem profissional quando os professores compartilham suas experiências profissionais e refletem criticamente sobre elas.

O quarto texto dessa primeira parte é de Tadeu Oliver Gonçalves e Dario Fiorentini e intitula-se *Formação e desenvolvimento profissional de docentes que formam matematicamente futuros professores*. Tem por objetivo discutir e analisar o problema da formação e do desenvolvimento profissional do formador de professores de matemática que atua junto às disciplinas de formação matemática do futuro professor. Para realizar esse propósito, tomaram por base a tese de doutorado desenvolvida por Tadeu Gonçalves sob a orientação de Dario Fiorentini. Nesse estudo acadêmico, foi investigada a trajetória profissional de oito professores formadores do Departamento de Matemática da UFPA. A análise foi desenvolvida em torno de quatro eixos de formação acadêmica e profissional dos formadores de professores: a formação matemática; a formação científico-pedagógica; a formação geral; e a formação didático-pedagógica relativa à atividade docente. Este último foi considerado pelos autores o principal eixo de formação do professor. Os resultados do estudo evidenciam que os saberes da prática docente dos formadores dos formadores de professores – isto é, como preparar, desenvolver e avaliar suas aulas; como problematizar e explorar os conhecimentos matemáticos ou que conteúdos e tarefas privilegiar, tendo em vista a formação do professor para o EFM – foram construídos e desenvolvidos quase exclusivamente a partir da própria experiência. Isso porque a formação acadêmica desses profissionais foi predominantemente técnico-formal, com ênfase quase exclusiva na formação matemática.

Finalmente, encerrando essa parte do livro, há o texto produzido pelo GEPFPM, *O desafio de ser professor de matemática hoje no Brasil.* Trata-se de uma pesquisa que teve como objetivo investigar como os professores paulistas de Matemática percebem e enfrentam os desafios atuais da profissão docente nas escolas. Tendo como material de análise vinte e dois questionários, com questões abertas, aplicados aleatoriamente, o estudo investigou as condições do trabalho docente no Estado de São Paulo, destacando: o professor como vítima e contraponto; o desafio de ser professor de matemática hoje; o professor de matemática e as reformas curriculares; a busca de atualização e de desenvolvimento profissional; e perspectivas futuras. Os professores, embora constatem que suas expectativas educativas entram em conflito com as soluções estandardizadas e prescritivas das reformas – tornando-se vítimas do sistema –, lutam e criam formas diversificadas de enfrentar o desafio de ser professor hoje, assumindo o papel de contrapontos desse sistema. Na impossibilidade de um trabalho coletivo e compartilhado, muitas vezes, sozinhos em seus ambientes de trabalho, procuram implementar reformas curriculares, buscam sua atualização e desenvolvimento profissional, revelam esperanças de mudanças e almejam que a escola se constitua, efetivamente, em local de aprendizagem.

Parte 2: O trabalho colaborativo na formação e na pesquisa docente

Os artigos relacionados nessa parte têm como foco comum o trabalho com grupos colaborativos de professores, em processos de formação continuada.

Iniciamos com o texto de Celi Aparecida Espasandin Lopes, *Um grupo colaborativo de educadoras de infância e suas relações com a estocástica*, baseado em sua tese de doutorado, em que investigou as contribuições de um grupo colaborativo para o desenvolvimento profissional e a prática pedagógica das professoras da educação infantil, participantes do grupo, o qual tinha como objetivos o estudo, a vivência e a reflexão sobre os conceitos de estatística e probabilidade. O grupo investigado, no decorrer do processo – a coleta de dados foi feita durante três anos –, tornou-se colaborativo e catalisador do desenvolvimento profissional das professoras envolvidas. Para este artigo, a autora selecionou um estudo de caso, no qual analisa o conhecimento profissional e os conhecimentos matemáticos e estatísticos de uma das professoras do grupo.

O segundo texto, *Espaços intersticiais na formação docente: indicativos para a formação continuada de professores que ensinam Matemática*, de Ettiène Guérios, refere-se a uma investigação sobre professores que vivenciaram experiências formativas em um contexto coletivo de produção e de trocas de experiências e saberes. É um dos resultados de sua tese de doutorado, que analisa o contexto formativo vivenciado no Laboratório de Ensino e Aprendizagem de Matemática e Ciências Físicas e Biológicas da UFPR. Partindo desse laboratório como espaço oficial de formação e de desenvolvimento profissional de professores formadores e professores da educação básica que ali vivenciaram experiências, a autora conclui que não foram as modalidades didáticas ou propostas metodológicas as desencadeadoras de desenvolvimento profissional, mas, sim, aquilo que ela, apropriando-se das ideias de Larrosa, denominou "espaços intersticiais". Dentre eles, destaca: o trabalho coletivo e colaborativo; a articulação entre a formação docente e a prática pedagógica; a busca de novos referenciais teóricos e práticos; a aventura de arriscar novas experiências didáticas; e a reflexão permanente e sistemática sobre a prática.

O texto de Alfonso Jiménez Espinosa e Dario Fiorentini, *(Re)Significação e reciprocidade de saberes e práticas no encontro de professores de matemática da escola e da universidade*, descreve e analisa um processo de produção de significados e de novos saberes, junto a um grupo colaborativo, envolvendo professores da universidade e da escola. A pesquisa, baseada na tese de doutorado de Jiménez, sob orientação de Dario Fiorentini, foi realizada junto ao Grupo de Sábado (GdS) da FE/Unicamp. Tomando aportes teóricos bakhtinianos e da análise do discurso, os autores discutem a (re)significação de saberes, ideias e práticas que são mobilizados pelos professores participantes desse grupo. A análise centrou-se em dois eixos: "o conteúdo temático dos enunciados" e "como é dito aquele enunciado". O estudo aponta perspectivas diferentes para o processo vivido no grupo, revelando o lugar social e cultural que esses professores ocupam: enquanto os acadêmicos buscam sínteses e sistematizações, os professores escolares produzem reflexões e (re)significações sobre seus saberes e práticas.

O texto de Adair Mendes Nacarato, *A escola como lócus de formação e de aprendizagem: possibilidades e riscos da colaboração*, traz uma discussão sobre as tensões vividas por um grupo de professoras que trabalham colaborativamente no interior de uma escola. Influenciada pelas leituras do GEPFPM, a autora revisita seus dados relativos a sua pesquisa de doutorado, realizada com cinco professoras de 1ª e 2ª séries do ensino fundamental, cujo processo de formação ocorreu na própria escola. Neste artigo, analisa as possibilidades e os riscos de uma formação continuada, centrada na escola, na perspectiva do trabalho coletivo. Destaca, como potencialidades do trabalho coletivo, a aprendizagem e o desenvolvimento profissional das professoras, mas, ao mesmo tempo, constata que o grupo, por estar inserido numa escola – e, neste caso, uma escola privada –, fica sujeito a conflitos e interesses que podem comprometer suas potencialidades, em razão de estar o contexto permeado de relações de poder.

Finalmente, encerrando este volume, há um outro texto produzido pelo GEPFPM, *Pesquisas sobre trabalho colaborativo na formação de professores de matemática: um olhar sobre a produção do Prapem/Unicamp*. Trata-se de um estudo relativo ao estado da arte que envolveu oito teses de doutorado sobre grupos colaborativos na formação do professor que ensina matemática, produzidas na Unicamp. Os trabalhos analisados nesse estudo, de um lado, refletem o movimento de estudos e reflexões coletivas que vem ocorrendo no Prapem/FE/Unicamp, do qual participam os pós-graduandos e que propicia a apropriação de aportes teórico-metodológicos das pesquisas já realizadas e sua ampliação dos mesmos; de outro, apontam elementos importantes para os programas de formação continuada e para as dinâmicas de funcionamento de grupos colaborativos. Alguns indícios relativos ao sucesso de um trabalho colaborativo são: reflexão compartilhada; diálogo aberto; confiança, respeito, afeto e apoio mútuos e de ações coordenadas, planejadas e negociadas coletivamente; tempo relativamente longo de convivência. Esses mesmos trabalhos revelam, também, a presença de momentos de tensão e conflitos internos ou de constrangimentos institucionais externos.

Dario Fiorentini
Adair Mendes Nacarato
(Organizadores)

PARTE I
O desafio de ser professor e de desenvolver-se na profissão docente

1 CONTEÚDO E METODOLOGIA NA FORMAÇÃO DE PROFESSORES

Beatriz S. D'Ambrosio[1]

Talvez a maior dificuldade inerente à formação de professores seja a determinação do conteúdo necessário para que se obtenha o melhor desempenho possível. Na avaliação da eficácia de professores em serviço, percebemos que uma das grandes dificuldades é a sua falta de compreensão do conteúdo de matemática. Por outro lado, está claro que mais cursos tradicionais de matemática têm pouco efeito em seu nível de compreensão. Não queremos entrar num discurso conteudista, muito pelo contrário. De acordo com Ma (1999), o professor deve ter um conhecimento "profundo" de matemática ("profound understanding of mathematics") para que possa tomar decisões apropriadas em sua prática no ensino. Esse conhecimento "profundo" é caracterizado pela habilidade do professor em descrever a compreensão do aluno, baseando-se numa renegociação de seu próprio conhecimento de matemática. Essa habilidade requer a disposição, por parte do professor, de ouvir a voz do aluno durante o processo de ensino-aprendizagem. E essa disposição se desenvolve durante sua formação, já que, em sua experiência enquanto alunos, poucos indivíduos tiveram professores que ouviram e ajudaram a desenvolver suas vozes matemáticas. Neste trabalho, analisamos a disposição do aluno de graduação, que acaba de ingressar num curso de formação como educador matemático, e discutimos experiências importantes para criar essa disposição.

O ENSINO CONSTRUTIVISTA

A disposição para ouvir a voz do aluno e examinar suas construções matemáticas é um elemento fundamental do ensino construtivista. O professor construtivista estuda as construções de seus alunos e interage com eles num espaço pedagógico que foi criado, pelo menos em parte, com base na maneira como o professor reconhece a compreensão que o aluno possui dos conceitos e ideias desenvolvidas (STEFFE; D'AMBROSIO, 1995). Essa definição exige que o professor construtivista, ao ensinar matemática, ouça a voz do aluno, de modo que ele, professor, possa construir um modelo da matemática do aluno. Para tanto, é fundamental que tenha um conhecimento profundo dos conceitos trabalhados. Esse conhecimento não é apenas um conhecimento operacional – é muito mais complexo do que isso. A construção do professor deve ser sólida e multidimensional. Sua disposição deve ser

---

1 Docente da Miami University, Oxford, Ohio, EUA.

atenta a novas dimensões e flexível, para alterar suas próprias construções. De acordo com Ackerman (1995): "O maior dilema do professor é manter-se fiel à disciplina, enquanto valorizando as contribuições dos alunos". Muitas vezes, professores se veem frente a uma grande tensão ao negociar sua construção matemática, em geral a mais aceita pela comunidade formal, com a de seus alunos, que reflete um conhecimento emergente.

Ball e Bass (2000) nos oferecem uma metáfora útil para essa discussão, descrevendo a ação do professor como o ato de "desempacotar" seu próprio conhecimento formal da matemática para entender as construções dos alunos e, ao mesmo tempo, "desempacotar" o conhecimento destes para analisá-lo a fundo.

Essa metáfora tem sido útil para mim de duas maneiras. Primeiro, permite-me descrever as múltiplas camadas de construção necessárias ao professor e que transcendem a matemática que se aprende num curso tradicional de conteúdo. Por exemplo, num curso tradicional de matemática, a divisão de números decimais exige a aprendizagem do procedimento que se resume em "igualar as casas decimais". Nos melhores cursos, os professores desenvolvem para o aluno uma explicação em que o problema 156 ÷ 3,25 pode ser resolvido multiplicando os dois números por cem, e a resposta do novo problema 15.600 ÷ 325 também é solução do problema anterior. Vários professores desenvolvem essa explicação transformando a divisão numa fração. A fração 156/3,25 é equivalente à fração 15.600/325. É claro que o uso de frações com decimais no numerador ou no denominador implica certas liberdades com a matemática formal, o que muitos professores evitariam. O dilema do professor apresenta-se quando ele procura interpretar o trabalho de um aluno, por exemplo:

Figura I

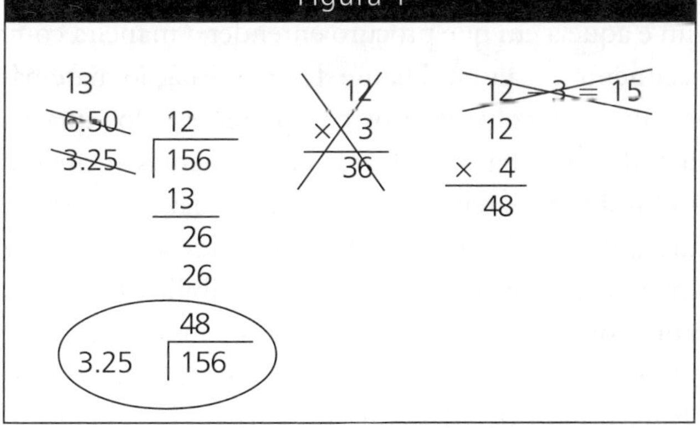

Extraído da revista: *Arithmetic Teacher*

É na interpretação de um trabalho, como esse que há necessidade de "desempacotar" a matemática formal, pois essa tarefa exige um conhecimento da matemática mais profundo que o estudado num curso de matemática formal, em que a construção do procedimento de igualar as casas decimais satisfaz plenamente. Pensamos que esse exemplo exige o que Ma (1999) considera um "conhecimento profundo da matemática". Para interpretar esse trabalho, o professor deve compreender a divisão com vários graus de complexidade, incluindo uma perspectiva do que ocorre quando se dividem dois números. Perguntas como as que seguem seriam fundamentais para o processo de "desempacotar" a matemática formal ao interpretar a solução do aluno: Como a divisão de um número por 13 está relacionada com a divisão por 6,5 ou 3,25? Que tipos de problemas de divisão resultam no mesmo quociente? Qual um modelo que representaria a forma de pensar desse aluno? É possível fazer um desenho desse problema que facilitaria a explicação da validade dessa solução?

Muitos professores buscam a explicação do pensamento do aluno em frases feitas como "o que se faz de um lado tem que se fazer do outro". Frases como essa tornam-se empecilhos para que o professor possa entender o pensamento do aluno. Por outro lado, a fragilidade do conhecimento desses professores passou despercebida nos cursos formais de matemática. E, com explanações incoerentes como essa, vários alunos – futuros professores – são aprovados nos cursos de matemática e estão convencidos de que possuem o conhecimento necessário para lecionar. É somente diante da necessidade de interpretar o trabalho de alunos que esses professores se deparam com dificuldades, pois de fato não possuem o conhecimento profundo necessário para "desempacotar" a matemática formal e reconstruir, ou enriquecer, seu repertório de soluções.

A segunda situação em que a metáfora de "desempacotar" conhecimento tem sido útil para mim é aquela em que procuro entender a maneira como os professores veem o conhecimento do aluno. Diante de uma situação matemática, a solução proposta por um aluno envolve muitos componentes, dos quais apenas um se explica pelo conteúdo matemático. Outros componentes incluem, do ponto de vista do aluno, sua visão da matemática e de como se faz matemática; sua perspectiva sobre a natureza da atividade matemática; suas ideias sobre diversas maneiras de atacar problemas; sua perspectiva quanto às possibilidades que podem resultar da colaboração com colegas; sua dependência para pensar com objetos e materiais diversos. Todos esses aspectos podem influenciar a solução que está sendo analisada pelo professor. Este, no ato de "desempacotar" o conhecimento do aluno, para analisar a solução dada por ele, não deve se basear apenas no conteúdo formal de matemática. Perguntas sobre o porquê da solução do aluno, o porquê de certa interpretação, o porquê da estrutura da solução, podem afetar o "desempacotamento" da solução proposta por ele.

Como formadores de professores, necessitamos explorar e investigar atividades que levem o futuro professor a se dispor a analisar o trabalho dos alunos e, ao mesmo tempo, estimulá-los a desenvolver seu conhecimento matemático de maneira mais completa e complexa. Na parte seguinte, descreverei um projeto recente, em que utilizamos a análise do trabalho de classe como um mecanismo para incentivar o futuro professor a buscar novas dimensões para seu conhecimento de matemática.

Curso de conteúdo matemático para futuros professores

O curso de conteúdo matemático proposto para futuros professores do primeiro grau[2] oferece uma oportunidade para melhor compreendermos as construções matemáticas de nossos alunos por intermédio do processo de "desempacotamento" de seu conhecimento. Criamos um espaço de trabalho para nossos alunos e, com o "desempacotamento" de suas construções, revisamos e reconstruímos as oportunidades de aprendizagem que oferecemos, baseando-nos em nossas hipóteses. O curso discutido aqui tem um conteúdo de seis créditos, desenvolvido durante um semestre.

Iniciamos nosso envolvimento com os futuros professores num curso que procura simular o tipo de aula de matemática que gostaríamos de ver no ensino fundamental e médio. A pedagogia do curso pretende promover a compreensão da matemática e a construção do conhecimento dos alunos, com ampla oportunidade para os professores também reconstruírem seu próprio conhecimento. A ênfase das atividades do curso está na aprendizagem da matemática por meio da resolução de problemas e investigações. Nosso objetivo é ajudar os futuros professores a passarem de uma visão absolutista da matemática para uma compreensão da matemática como disciplina construída e negociada dentro de uma comunidade participativa (SIEGEL e BORASI, 1994). Também pretendemos desafiar as perspectivas dos futuros professores quanto à aprendizagem da matemática que, para muitos, se resume no acúmulo de regras e procedimentos. Como é o caso em todo curso de conteúdo para futuros professores, nosso objetivo é ajudá-los a construir uma

2 O curso descrito neste trabalho prepara professores para ensinarem matemática para crianças durante os primeiros seis anos de ensino formal. Os alunos serão licenciados para lecionar da primeira à sexta série do sistema escolar.

compreensão profunda dos conceitos matemáticos que fazem parte do currículo escolar, conforme descrito por Ma (1999).

A seguir, apresentamos três estratégias pedagógicas utilizadas nesse curso.

1. Resolução de problemas em pequenos grupos

Após a resolução em pequenos grupos, seguem-se apresentações das várias soluções emergentes e análise das soluções pela comunidade de alunos, os quais pretendemos envolver, no processo de "fazer" matemática de um modo que nunca tiveram oportunidade de experienciar anteriormente. Dessa forma, simulamos uma comunidade matemática, onde a investigação de ideias está colocada no centro das atividades. A voz do aluno (futuro professor) dá direção às ideias desenvolvidas por meio desse componente do curso.

Um exemplo de problema que gera uma discussão matemática rica em sala de aula é o seguinte:

> Torre de Hanói: Tomam-se cinco discos de diâmetros variados, com um buraco no centro de cada um. Empilham-se os discos em forma de torre, de maneira que o maior seja a base da torre, com a diminuição progressiva a cada disco empilhado, terminando-se com o menor disco no topo. Imagine três pinos nos quais os discos podem ser empilhados. Deseja-se mover a torre de um pino para outro, observando as seguintes regras: (1) apenas um disco pode ser movido de uma só vez; (2) nunca se pode colocar um disco maior sobre um menor. Pergunta-se: qual o menor número de movimentos necessários para deslocar completamente a torre de um pino para o outro?

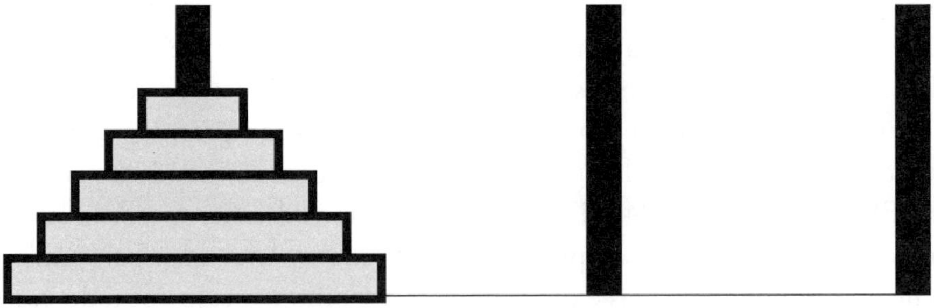

Esse problema oferece ao futuro professor um contexto para repensar a resolução de problemas, o fundamento da álgebra formal, o processo de generalização na matemática, o estudo de sequências e a análise de regras de formação. Mesmo alunos que têm tido uma história positiva com a aprendizagem da matemática deparam-se com um problema que os desafia matematicamente. Do ponto de vista pedagógico, os alunos analisam o papel do professor como facilitador, o papel do pequeno grupo na dinâmica de trabalho e a importância do momento final, quando todos os grupos apresentam suas soluções e as comparam.

Durante o trabalho com esse problema, surgem várias questões de natureza pedagógica que desequilibram o futuro professor e seu conjunto de crenças e valores quanto à natureza da atividade matemática. Por um lado, percebem o valor de terem trabalhado num mesmo problema por duas horas seguidas e terem chegado a uma solução própria e pessoalmente significativa; por outro lado, querem saber se há espaço no currículo para dedicar tanto tempo a um único problema. Mas também ficam abismados com as diferentes soluções apresentadas por cada grupo, e querem saber qual a solução correta, recorrendo ao professor para que este aponte qual a melhor resposta. Sentem-se inseguros ao apresentar sua solução de forma tão pública, mas percebem que, depois de analisarem um problema tão a fundo, são capazes de fazer perguntas interessantes aos outros grupos, pedindo esclarecimentos sobre as soluções encontradas pelos colegas.

Com experiências como essas, os futuros professores começam a aprofundar seu conhecimento da matemática, a enriquecer seu repertório de soluções e estratégias, a desenvolver não apenas a habilidade de justificar seu raciocínio com base na matemática formal, mas também a capacidade de "conversar" utilizando a linguagem matemática. Eles veem suas experiências anteriores em justaposição a essa proposta pedagógica. Começam a explorar, pela análise da qualidade de sua própria aprendizagem de matemática, uma nova visão de ensino e possíveis alternativas para propostas pedagógicas conhecidas.

2. Análise do trabalho de crianças

Utilizamos trabalhos de crianças para começar o processo de "desempacotar" a matemática formal. Acreditamos que o professor precisa utilizar a matemática formal para compreender a matemática de seus alunos, levantando hipóteses e baseando-se nos trabalhos deles para, depois, mediante as interações com esses mesmos alunos, refinar suas hipóteses. As vozes das crianças compõem o foco dessa dimensão do trabalho, já que os futuros professores procuram utilizar suas construções matemáticas emergentes para interpretar o trabalho dos alunos.

Por exemplo, para esse componente do curso, utilizamos um vídeo de crianças resolvendo problemas de divisão (SHIFTER; BASTABLE; RUSSELL, 1999). No vídeo, crianças de quinta série estão discutindo como resolver o problema $159 \div 13$.

As soluções variam muito. Vê-se uma criança desenhando 159 bolas e fazendo grupos de 13, e outra resolvendo o problema com o algoritmo formal. Outra criança separa 59 e 100, e diz: "Nós descobrimos que há um total de onze 13 [4 em 59 e 7 em 100]. Com os restos encontramos mais um 13. Então achamos a resposta de 12 com um resto 3". Outra criança sugere que "quatro 13 fazem um total de 52. Daí, se eu somo 52 + 52 + 52, acho 156. Então a resposta é 12 com resto de 3". Cada solução é discutida pelos pequenos grupos de futuros professores, comparando-as com a solução tradicional. Cada resposta é justificada matematicamente, e o pensamento da criança é "desempacotado" pelos futuros professores. O resultado é uma oportunidade para enriquecer o repertório de soluções de cada futuro professor.

Seguimos essa discussão com a seguinte atividade:

> Ao Ed (um aluno de segundo ano), foi dado o seguinte problema durante uma entrevista: "Quanto é quarenta e dois dividido por sete?"
> Ed respondeu:
> "Quarenta dividido por dez são quatro; três mais três mais três mais três são doze; doze mais dois são quatorze; quatorze dividido por dois são sete; dois mais quatro são seis".
> Para garantir que a resposta do Ed não havia sido acidental, e para tentar elucidar maiores informações sobre o seu método, a professora colocou outra pergunta ao Ed: "Quanto é 72 dividido por oito?"
> Ed respondeu:
> "Setenta dividido por dez são sete; sete vezes dois são quatorze; quatorze mais dois são dezesseis; dezesseis dividido por dois são oito; dois mais sete são nove. A resposta é nove". [extraído de Harel and Behr, 1991]
> Determine como justificar o pensamento de Ed. Procure resolver outros problemas utilizando a mesma estratégia dele. O que o Ed entende sobre a divisão? Ofereça uma justificativa matemática para a estratégia que ele usou.

A análise do trabalho das crianças serve como um catalisador para o desenvolvimento de conceitos e ideias matemáticas. Oferece uma oportunidade de questionar as limitações de uma compreensão puramente voltada aos procedimentos do conteúdo matemático. A compreensão superficial do conteúdo matemático pode vir a prejudicar o modelo que o professor tem da compreensão do aluno. Os futuros professores sentem dificuldade em descrever a compreensão dos alunos, quando eles mesmos têm uma compreensão apenas de regras e procedimentos. A questão norteadora do trabalho em sala de aula é a seguinte: como podemos utilizar a matemática formal para justificar a solução do aluno?

3. Análise do trabalho de alunos via e-mail

Criamos um componente eletrônico pelo qual os futuros professores se comunicam com alunos de sexta série e procuram "desempacotar" o conhecimento matemático das crianças, ao examinar suas soluções para diversos problemas.

A conversa dos futuros professores com as crianças culmina com um trabalho escrito por eles, analisando a compreensão matemática de seus parceiros. A tarefa é autêntica, já que envolve o futuro professor numa simulação de algo que terá que fazer, a todo momento, em sua futura ação docente de primeiro grau. Os alunos da sexta série e os futuros professores resolvem os mesmos problemas em suas respectivas salas de aula. Os alunos mandam, então, um e-mail aos seus parceiros (futuros professores), com a explicação e a justificativa de suas soluções. Os futuros professores devem analisar as soluções das crianças e tentar compreendê-las. Este é o primeiro passo para construir um modelo refletindo a compreensão matemática dos alunos e para, em seguida, planejar um episódio de ensino tomando esse modelo como ponto de partida. O futuro professor ainda não possui um repertório amplo de experiências com alunos tampouco um rico repertório de soluções para os problemas resolvidos. Ao analisar as soluções propostas pelas crianças, o futuro professor começa a "desempacotar" o conhecimento delas e, ao mesmo tempo, ampliar seu repertório de soluções possíveis para determinado problema.

Os exemplos que utilizarei para ilustrar as possibilidades inerentes a este trabalho são extraídos de dados recentes, coletados durante o ano de 2000. Um dos problemas resolvidos pelas crianças foi determinar o número de receitas necessárias para fazer doces individuais para 240 pessoas e a quantidade necessária de cada ingrediente. Uma receita resultaria em 15 doces grandes, ou 20 doces médios, ou 30 doces pequenos. Várias crianças optaram pelos fazer doces pequenos, para poderem fazer apenas 8 receitas. Segue-se a solução de uma das crianças:

> Eu optei por fazer 30 doces pequenos, pois me pareceu mais fácil. Eu teria que fazer 8 receitas. Eu sei, porque se você pega 240 e divide por 30 dá 8. Pega 1 ¼. O que eu fiz foi imaginar que eu estava realmente despejando a farinha na vasilha. Eu peguei um copo e coloquei na vasilha. Daí eu peguei um quarto de copo e despejei os dois 8 vezes. Outro ingrediente... (2/3/2000)[3]

---

3 " I picked 30 small brownies because I thought they would be easier to make. I will need to make 8 batches. I know because if you take 240 and divided it by 30 you get 8. Take 1 ¼. What I did was I was acting like I was really pouring the flour into the pan. I took one cup and poured it into the pan. Then I took the one-fourth cup and poured them both 8 times, since you have 8 batches to make. New ingredient...." (3/2/2000).

A parceira dessa criança respondeu com os seguintes comentários:

> Você está no caminho certo, mas pode me dizer como resolveria o problema? O que quero saber é se você somaria, subtrairia, dividiria, etc. Como você resolveria esse problema para 240 pessoas? (3/3/2000)[4]

Essa parceira adulta tinha elaborado mentalmente um procedimento que gerou a expectativa da solução a ser proposta pelo aluno. A professora achou a solução da criança incompleta ou até mesmo incorreta, por não ter sido igual a essa expectativa. Suas perguntas revelam uma avaliação implícita e voltada para os procedimentos formais. Essa futura professora fez pouco para "desempacotar" a matemática do aluno, pois não "ouviu" a solução dele a ponto de poder interpretá-la. Suas perguntas revelaram pouco sobre o pensamento do aluno. A ação explicitada pela criança no parágrafo anterior foi ignorada pela professora. A ligação entre a ação descrita pela criança e seu significado mais formal foi imperceptível para essa professora. Faltou-lhe a habilidade de "desempacotar" a representação oferecida pela criança (de imaginar o despejo de 1 ¼ copo de farinha 8 vezes em uma vasilha) frente a seu conhecimento formal de matemática. Faltou-lhe, também, a experiência em "desempacotar" a matemática formal, questionando-se quanto a uma representação significativa para o produto $8 \times 1\,\frac{1}{4}$. Podemos atribuir suas dificuldades à falta de um repertório de possibilidades para a solução desse problema e para diferentes interpretações para o produto $8 \times 1\,\frac{1}{4}$. Ficou claro, ao conversarmos com essa futura professora, que ela não possuía outra ideia de como resolver esse produto além daquela que propôs a seu parceiro, isto é, $8/1 \times 5/4$. Esse fato fez com que ela ignorasse aquilo que a criança lhe explicou. A solução matemática formal expressa como $(8 \times 1) + (8 \times \frac{1}{4})$ estaria mais alinhada com a explicação da criança, mas não foi cogitada pela professora.

Um segundo exemplo de um problema resolvido pelas crianças foi o seguinte:

> Três piratas, não muito espertos, encontraram um pequeno tesouro. Eles levaram o tesouro para seu acampamento. Já era tarde, e resolveram dormir, dividindo o tesouro na manhã seguinte. Um dos piratas, temendo que seus colegas não entendessem muito de matemática, levantou-se no meio da noite, pegou um terço do tesouro e fugiu. Mais tarde, o segundo pirata acordou e percebeu que já faltava parte do tesouro. Levantou-se correndo, pegou um terço das moedas e também fugiu. O terceiro pirata acordou e viu que os outros haviam fugido e que várias moedas estavam faltando.

---

4 "You are on the right track but tell me how would you solve the problem? What I mean is would you add, subtract, divide, etc. How would you solve the problem with only 240 campers?" (3/3/2000).

> Acreditando na honestidade de seus amigos, o pirata levou o restante das moedas consigo. Será que os três piratas ficaram com uma mesma parte do tesouro?

As crianças tiveram várias maneiras de abordar esse problema. Algumas usaram números para auxiliar na solução, outras desenharam figuras e outras, ainda, utilizaram símbolos de frações para explicar suas soluções. Poucas empregaram quaisquer operações formais para descrever suas soluções intuitivas. A conversa dos adultos com as crianças revela a base frágil de suas construções quanto ao conteúdo matemático envolvido nesse problema, ilustrando, também, como os adultos sentiram-se perdidos ao confrontar soluções diferentes das suas. Enquanto a maioria dos futuros professores foi capaz de resolver o problema, sua solução não era, muitas vezes, a mesma de seus parceiros.

Uma das crianças ofereceu a seguinte solução:

> Nós estamos resolvendo um problema na aula de matemática que pergunta qual dos três piratas acabou ficando com a maior parte do tesouro. Bem, o primeiro ficou com a quantidade certa, pois havia três piratas e ele pegou um terço do tesouro. O segundo pirata pegou somente um terço do que restou, portanto ele não pegou a quantidade certa. Ele deveria ter pego ½ do que restou. Então, o terceiro pirata ficou com mais tesouro. Portanto, para refrescar sua memória, o primeiro pegou a parte correta do tesouro, o segundo pegou menos, e o terceiro acabou pegando mais tesouro que os outros. (8/3/00)[5]

A parceira dessa criança sentiu-se perdida ao tentar interpretar a solução oferecida e respondeu o seguinte:

> Eu preciso entender algumas coisas. Que método você usou para achar a solução? Poderia ter usado outros métodos? Quais? Pela carta que você me enviou parece que você usou subtração. Poderia ter usado divisão? Por que ou por que não? (21/3/00)[6]

---

5 "Were doing this problem in math class and the question is (which amount of the pirates got the largest amount of the treasure)? Well the first one got the right amount because there were 3 pirates and he took 1/3 of the treasure. The second one only took 1/3 of what treasure was left so there for he didn't take the right amount. He should of taken ½ of the rest of the treasure. So the 3rd one got most of the treasure. So just to refresh you mind the first one got the right amount, the second one got too little amount, and the third one got the greatest amount of treasure." (3/8/00).

6 "I need to try to understand a few things. What method did you use to solve this problem? Can you use other methods? What are they? With the letter you sent me I see that you used subtraction. Can you use division? Why or why not?" (3/21/00).

O comentário sobre a subtração não tinha nada a ver com esse problema, mas com outro problema resolvido pela criança. Não entendendo do que tratava o comentário, a criança respondeu:

> Bem, eu li seu comentário e acho que deve dar para resolver o problema dos piratas com divisão, mas eu não sei explicar por escrito. Agora estamos resolvendo outro problema sobre o basquete...(22/3/00)[7]

A criança afirma ter lido o comentário do adulto, mas logo pula para outro assunto. O episódio termina com esses últimos comentários da criança.

Várias crianças resolveram o problema raciocinando que o segundo pirata deveria ter levado metade do tesouro, já que o primeiro pegou um terço. Perceberam também que o segundo pegou menos do que devia, ao tomar um terço do que viu. Infelizmente, muitos adultos foram incapazes de compreender esse raciocínio. A fração ½ não tinha lugar na solução desse problema. A resolução dos adultos envolvia outras frações, mas, especificamente, eles procuravam a fração 2/9 (vindos de 1/3 de 2/3) no trabalho das crianças. Faltando referência explícita a essas frações (1/3, 2/9 ou 4/9), os adultos avaliavam o trabalho dos alunos como "incorreto" ou "faltando lógica e raciocínio". Esse tipo de avaliação, em que o adulto comparava sua solução com a das crianças, buscando a uniformidade, levava-os a caracterizar o conhecimento matemático delas como incompleto ou inadequado.

Falta para esses adultos a habilidade de ouvir as vozes das crianças, pelo fato de eles mesmos não compreenderem bem o conteúdo matemático. Uma professora com um conhecimento profundo da matemática teria sido capaz de reconhecer o poder da solução dessas crianças. Ela teria sido capaz de estudar as representações possíveis para essa solução. Teria sido capaz de expressar a solução de maneira múltipla e flexível. Teria entendido a complexidade do problema e suas possibilidades. Mais ainda, a compreensão profunda da matemática teria permitido a essa professora fazer perguntas aos alunos que a ajudariam a "desempacotar" o conhecimento deles. Teria, então, evitado a avaliação incorreta e incompleta sobre o conhecimento desses alunos. A professora com conhecimento profundo de matemática teria sido capaz de transcender seu próprio conhecimento formal e reformular sua própria solução. Estaria, assim, negociando a voz dos alunos com seu conhecimento da disciplina.

Conclusões

A matemática dos alunos do ensino fundamental é uma construção emergente. O que percebemos é que a matemática de muitos adultos também tem certa simplicidade e pode ser descrita como incompleta. O grande desafio para o formador de professores é criar oportunidades de ensino que levarão o futuro professor a aprofundar seu conhecimento matemático e a fortalecer a base de suas construções. A atividade descrita anteriormente, de comunicação entre futuros professores e crianças, é instrumental para avaliarmos o conhecimento matemático do futuro professor e suas limitações. A partir da análise do conhecimento do futuro professor, o formador cria um modelo de seu conhecimento e parte, então, para a criação de uma hipótese sobre a trajetória pedagógica a seguir (SIMON, 1995).

No caso do estudo descrito neste trabalho, descobrimos que, em pequenos grupos, os futuros professores, coletivamente, detêm conhecimentos mais completos e, juntos, possuem um repertório mais rico de possibilidades e interpretações. Na discussão entre eles, são capazes de levar uns aos outros a desestabilizar suas construções matemáticas, ajudando-se mutuamente a transcender a matemática formal. Nossa estratégica pedagógica atual é explorar o trabalho das crianças em pequenos grupos, compondo a resposta aos parceiros de e-mail em colaboração com seus colegas no curso de matemática. O trabalho segue, nos semestres seguintes, com o futuro professor analisando o conhecimento das crianças por meio de pequenos estudos em que utilizam de entrevistas para a coleta de dados. Esse acesso ao conhecimento do aluno é muito mais difícil, pois não há lapso de tempo para se pensar no significado do que dizem as crianças. Por outro lado, é também mais espontâneo e uma atividade mais autêntica na vida de um professor. Porém, pessoalmente ou via e-mail, as limitações do conhecimento do professor levam a modelos errôneos sobre o conhecimento dos alunos e, consequentemente, geram propostas pedagógicas que terão pouco resultado para aprofundar o conhecimento matemático das crianças.

Referências bibliográficas

ACKERMAN, E. Construction and transference of meaning through form. In: L. P. Steffe and Jl. Gale (eds.). *Constructivism in Education.* Hillsdale, NJ: Lawrence Erlbaum Associates, 1995, p. 341-54.

BALL, D. & BASS, H. Interweaving content and pedagogy in teaching and learning to teach: Knowing and using mathematics. In J. Boaler (ed.). *Multiple perspectives on mathematics teaching and learning.* Wesptort, CT: Ablex Publishing, 2000, p. 83-104.

HAREL, G. &. BEHR, M. Ed's strategy for solving division problems. *Arithmetic Teacher,* 39 (3), 1991, p. 38-40.

MA, Liping. *Knowing and teaching elementary mathematics: teachers' understanding of fundamental mathematics in China and the United States.* Mahwah, NJ: Lawrence Erlbaum Associates, 1999.

SIEGEL, M. & BORASI, R. Demystifying mathematics education through inquiry. In: P. Ernest (ed.). *Constructing mathematical knowledge*: epistemology and mathematics education. London: Falmer Press, 1994, p. 201-14.

SIMON, M. Reconstructing mathematics pedagogy from a constructivist perspective. *Journal for Research in Mathematics Education*, 26, 1995, p. 114-45.

SCHIFTER, D., BASTABLE, V. & RUSSELL, S. J. *Developing mathematical ideas*: building a system of tens. (Video and casebook). Parsipanny, New Jersey: Dale Seymour Publications, 1999.

STEFFE, L. & D'AMBROSIO, B. Toward a working model of constructivist teaching: a reaction to Simon. *Journal for Research in Mathematics Education*, 26, 1995, p. 146-59.

2 SABERES DOCENTES DE PROFESSORES DE MATEMÁTICA EM UM CONTEXTO DE INOVAÇÃO CURRICULAR

Gilberto Francisco Alves de Melo[1]

INTRODUÇÃO

O objetivo deste capítulo é focalizar os saberes docentes que professores de matemática das quatro últimas séries do ensino fundamental produzem e constroem durante um processo de inovação curricular. Para realizar este estudo, tomamos por base uma pesquisa realizada por nós (MELO, 1998)[2] junto a três professores de matemática da rede municipal de Rio Branco (Acre), durante um período de quatro anos de tentativa de mudança curricular.

Neste capítulo, situamos, inicialmente, a problemática dos saberes no contexto da profissionalização do ensino e, de modo mais específico, sua vinculação com os processos de inovação curricular. Depois, descrevemos o processo de inovação curricular ocorrida em Rio Branco (Acre), entre os anos de 1993 e 1996. A seguir, analisamos os saberes docentes produzidos e em construção por nós identificados e/ou percebidos pelos próprios professores. Dentre esses saberes, destacamos: o saber matemático; o saber didático-pedagógico relativo ao conteúdo de ensino; o saber curricular e o saber de experiência dos três professores.

A PROBLEMÁTICA DOS SABERES DOCENTES NO CONTEXTO DAS INOVAÇÕES CURRICULARES

Os professores, na realização de seu trabalho docente, mobilizam, produzem e ampliam seus conhecimentos, competências, habilidades e atitudes etc., constituindo, assim, seus saberes docentes. Segundo Charlot (2000), é a prática que mobiliza os saberes, isto é, que os coloca em processo de movimento em relação a si mesmos e aos outros que dela participam.

Para Tardif (2002, p. 248), esse tema insere-se na problemática da profissionalização do ensino, cujo objetivo é "transformar os modos de organização e de realização do trabalho docente". Essa transformação ocorre à medida que

---

1 Docente do Colégio de Aplicação – Ufac.

2 Trata-se de uma dissertação de mestrado em Educação – área de Educação Matemática – defendida na FE/Unicamp em 1998, tendo como orientador o Professor doutor Dario Fiorentini.

conhecemos os saberes efetivamente utilizados e mobilizados no exercício do trabalho e os ampliamos e incorporamos à nossa formação profissional. Tal fenômeno, entretanto, parece tornar-se mais dinâmico e intenso quando professores encontram-se em processos de inovação curricular, fato que pode ser verificado por ocasião das reformas curriculares das quais esses profissionais são solicitados a "participar".

A inovação curricular (espaço de interações entre professores e seus pares; entre professores e técnicos ou especialistas) e a sala de aula (espaço de interações entre professor e alunos) configuram-se, de forma complementar, em dois *locus* de construção de saberes profissionais. De fato, no campo da inovação, os professores encontram-se para trocar experiências e refletir sobre suas práticas e sua formação, tendo por base suas vivências passadas e presentes.

O problema da inovação curricular versus produção de saberes docentes apresenta-se em diferentes contextos, nos quais os professores são vistos como meros "implementadores" do que é pensado e elaborado por especialistas. Estes últimos apresentam um conjunto de prescrições que, segundo suas concepções e crenças, constituem as melhores soluções ou alternativas para enfrentar os problemas gerados pela prática de sala de aula.

Os professores, por sua vez, tendem a reagir contra as propostas vindas de fora, seja da Secretaria de Educação, seja dos especialistas. De um lado, temos aqueles que aproveitam para solicitar melhoria das condições de trabalho, sobretudo as materiais (salário, material didático adequado, carga horária compatível e melhor estrutura física da escola) e, de outro, os que simplesmente não acreditam nas "boas intenções", que são passageiras e específicas do governo em cada período. Embora não constitua regra geral, alguns professores buscam organizar-se coletivamente para a produção de seu próprio currículo, reagindo, assim, às imposições externas (FIORENTINI; SOUZA JR; MELO, 1998). Essa seria uma forma de construírem sua autonomia profissional. Polettini (1996), entretanto, vê com bons olhos as reformas curriculares, mesmo que impostas externamente, pois os professores que participam ativamente dos processos de reformulação curricular tendem a romper com a resistência às inovações e, ao tentar vivenciá-las na prática, desenvolvem-se profissionalmente.

As relações entre os papéis assumidos por professores e especialistas trazem implicações tanto no âmbito da produção de saberes quanto na "melhoria" do currículo. As consequências dessas implicações, em nossa opinião, incidem diretamente na dicotomia entre *proletarização e profissionalização do professor* (ENGUITA, 1991, p. 46). O autor nos alerta que "a proletarização é o processo pelo qual um grupo de trabalhadores perde, mais ou menos sucessivamente, o controle sobre seus meios de produção, o objetivo de seu trabalho e a organização de sua atividade".

Melhorar as condições de trabalho dos professores pressupõe proporcionar-lhes tempo e espaço e, sobretudo, uma sólida formação teórico-prática, o que pode contribuir também para a ampliação dos saberes profissionais. Desse modo, acreditamos que os professores ampliam sua autonomia e, por conseguinte, avançam em sua profissionalização, lutando contra sua proletarização. A esse respeito, Enguita nos lembra (1991, p. 46) que

> [...] há também outros fatores que atuam contra esta tendência e, por conseguinte, a favor de sua profissionalização. O mais importante, sem dúvida, é a natureza específica do trabalho docente, que não se presta facilmente à padronização, à fragmentação extrema das tarefas, nem à substituição da atividade humana pela da máquina – ainda que esta última seja tão cara aos profetas da tecnologia. Outros fatores relevantes, que com efeito vão na mesma direção, são a igualdade de nível de formação entre os docentes e as profissões liberais, a crescente atenção social dada à problemática da educação – ao menos a longo prazo – e a enorme importância do setor público frente ao privado.

A permanente ânsia por resultados gratificantes para si próprio e para seus alunos é, com certeza, o que move o professor a envolver-se em projetos que lhe possibilitem participar ativamente da organização de seu trabalho, como comprova o estudo de caso a seguir relatado.

O caso do processo de inovação curricular ocorrido em Rio Branco

Em estudo realizado em 1998 (MELO, 1998), investigamos as transformações vividas e percebidas por três professores do ensino fundamental. Vivenciaram e participaram do Processo de Mudança Curricular proposto e desenvolvido pelo Governo da Frente Popular do Acre, liderado pelo Partido dos Trabalhadores no Município de Rio Branco (Acre) – Norte do Brasil, no período de 1993 a 1996. A inovação, nesse caso, fora concebida com base na articulação de três dimensões: formação continuada, melhoria das condições de trabalho e construção da proposta curricular. Dentre os projetos de desenvolvimento intelectual e profissional dos professores realizados pela Semec (Secretaria Municipal de Educação e Cultura), tivemos o Seminário Municipal de Educação, o qual se constitui em espaço de discussão e produção coletiva do planejamento curricular por parte dos professores.

Quanto à concepção e desenvolvimento desse projeto, podemos afirmar, na qualidade de assessores participantes, que esses seminários pareciam não estar diretamente relacionados ao projeto de construção de uma proposta curricular para a rede municipal. Ao contrário, parecia não passar de uma rotina de planejamento de início de ano, fato muito comum em muitas escolas brasileiras. O fato de esse seminário não ter acontecido com mais frequência ao longo do ano letivo – momento em que poderia haver avaliação, reflexões coletivas e replanejamento das atividades – permite afirmar que também não fugiu do modelo da racionalidade técnica, o qual privilegia mais o planejamento e as prescrições didáticas que o acompanhamento e a reflexão sobre o que acontece na prática.

O outro projeto consistiu no Curso de Especialização em Metodologia do Ensino de Matemática, cujas limitações se devem também à perspectiva da racionalidade técnica – ainda muito presente na concepção do curso e na prática de alguns formadores de professores –, a qual pressupunha que o professor precisava ter, primeiramente, a teoria e as novas informações para só então desenvolver uma prática norteada por essas informações e teorias.

Os dois projetos citados anteriormente balizavam a formação continuada que possibilitaria a ampliação da formação teórico-metodológica. Paralelamente a essa formação, buscou-se a melhoria das condições materiais (salário, estrutura física das escolas, material básico...), por ser esta, também, uma reivindicação dos professores. Com esse conjunto de condições, esperava-se que os professores construíssem a proposta curricular das séries finais do ensino fundamental. Essa construção ocorreria ao final da gestão, em 1996. Tal proposta, entretanto, não chegou a concretizar-se num documento escrito, embora os professores tivessem vivenciado o processo de sua elaboração. Dentre as hipóteses que explicam a não-concretização da elaboração da proposta, destacaríamos: 1) os professores não foram motivados pela Secretaria de Educação a constituir um grupo de estudo com o objetivo de refletir e analisar suas práticas para, em confronto com a formação teórico-metodológica, produzir a proposta curricular; 2) houve resistência dos professores às mudanças de suas práticas e à reforma, vista como mais uma exigência de trabalho e que nem sempre vem acompanhada de melhores condições de trabalho, sobretudo de salário; 3) o processo de reformulação proposto pela Secretaria ainda guardava resquícios da racionalidade técnica: os profissionais da Secretaria deveriam apresentar prescrições para a melhoria do ensino sustentadas no construtivismo sociointeracionista.

Dos professores que integravam a rede municipal, investigamos três – referidos aqui pelos nomes fictícios de Carlos, Mara e Paulo – que participaram ativamente dos projetos (seminário e especialização) e se colocaram à disposição para conceder entrevista. A escolha de apenas três casos justifica-se pelo fato de pretendermos compreender com profundidade como os professores perceberam os saberes construídos e em construção, ao vivenciarem um processo de mudança curricular.

As vivências dos professores são consideradas a partir de aspectos que marcaram suas trajetórias de vida pessoal e profissional. Senão, vejamos. Mara tinha 43 anos e havia concluído licenciatura curta de ciências em 1979; sua trajetória foi marcada por lutas, tais como trabalhar e estudar à noite, além de acumular jornada de trabalho em casa. Paulo, com 34 anos, era licenciado em matemática; sempre contou com o apoio familiar, fato que contribuiu para que tivesse, ao contrário de Mara, mais facilidades em sua trajetória estudantil. Carlos, por sua vez, tinha 31 anos de idade e era graduado em pedagogia; de forma similar a Paulo, não teve grandes dificuldades na formação básica e superior.

Os três professores possuíam trajetórias cuja compreensão, em profundidade, pressupunha que contassem suas vivências e histórias de formação. Esses depoimentos constituíram o material básico desta pesquisa, pois traziam reflexões e percepções sobre os processos de formação vivenciados e sobre seus saberes docentes.

O conceito de percepção, em nosso entendimento, entrelaça-se com o de desenvolvimento profissional, na medida em que essa percepção não se restringe apenas ao ensino da matemática, mas também à vida profissional, às condições de trabalho e às relações sociais e humanas das quais eles fizeram e faziam parte. Nesse sentido, concebemos a percepção como resultado da reflexão sobre a ação, que possibilita ao sujeito histórico-socialmente situado organizar suas ações vividas e estabelecer relações que lhe permitam compreender melhor seu próprio processo de desenvolvimento profissional, visto numa perspectiva de formação contínua, concebido num contexto mais amplo do trabalho docente, permeado de tensões, conflitos e contradições.

Tomando como referência o conceito de percepção esboçado, analisamos, a seguir, os saberes construídos e em construção manifestados e/ou percebidos pelos três professores durante o processo de inovação curricular.

Análise dos saberes construídos e em construção

Entre outros saberes, destacamos, a seguir, a produção, a reelaboração e o desenvolvimento, pelos três professores, de quatro tipos que consideramos fundamentais num processo de mudança curricular:

- saber relativo ao conteúdo de ensino;
- saber didático-pedagógico da matéria;
- saberes da experiência;
- saber curricular.

Além desses, interessam-nos também, tendo em vista a natureza de nosso estudo, os saberes sobre o próprio processo de mudança curricular e de desenvolvimento profissional dos professores.

Embora, para efeito de análise, os saberes docentes estejam separados em diferentes categorias, no discurso de nossos depoentes encontram-se articulados. Segundo Tardif, Lessard e Lahaye (1991, p. 218), essa articulação é percebida durante a realização do trabalho docente, sobretudo porque a "prática integra diferentes saberes, com os quais o corpo docente mantém diferentes relações".

Em outras palavras, quando falamos em saber da experiência e saber curricular, um está no outro, porque o saber da experiência é um saber articulado, que tem a ver com o conteúdo, com a pedagogia, com o ensino e com o currículo como um todo. O saber curricular tem tanto o saber da experiência quanto o saber pedagógico. Já o saber pedagógico da matéria inclui o saber relativo aos conteúdos do ensino, os quais vêm sendo historicamente produzidos, sistematizados e socializados sob diferentes epistemologias.

Entretanto, as possibilidades de apropriação e de produção de saberes docentes – necessários à inovação curricular – por parte dos professores dependem fundamentalmente da melhoria de suas condições intelectuais e materiais de trabalho docente. Ou seja, a participação em projetos de formação continuada e a melhoria das condições profissionais e institucionais podem contribuir para a produção e reelaboração dos saberes docentes necessários à mudança curricular. Há, portanto, uma interdependência entre esses fatores e a produção de saberes.

Para analisar os saberes docentes dos professores entrevistados em nosso estudo, buscamos apoio em: Shulman (1986); Tardif, Lessard e Lahaye (1991); Llinares (1996); Fiorentini, Souza Jr. e Melo (1998); Tardif (2002).

1. Os saberes dos professores sobre a matemática

Esse saber refere-se à categoria de conhecimento que Shulman (1986) tem chamado de conhecimento da matéria que o professor ensina. Fiorentini, Souza Jr. e Melo (1998, p. 316), reconhecendo a contribuição teórico-epistemológica desse autor, ampliam esse referencial, destacando que o domínio desse tipo de conhecimento, por parte do professor, não deve ser

> apenas sintático (regras e processos relativos) do conteúdo, mas sobretudo substantivo e epistemológico (relativo à natureza e aos significados dos conhecimentos, ao desenvolvimento histórico das ideias, ao que é fundamental e ao que é secundário, aos diferentes modos de organizar os conceitos e princípios básicos da disciplina, e às concepções e crenças que os sustentam e legitimam).

Esse domínio amplo e profundo da matéria de ensino pelo professor é fundamental e necessário, sobretudo quando se busca a inovação curricular:

> Este domínio profundo do conhecimento é fundamental para que o professor tenha autonomia intelectual para produzir o seu próprio currículo se constituindo efetivamente como mediador entre o conhecimento historicamente produzido e aquele – o escolar reelaborado e relevante socioculturalmente – a ser apropriado/construído pelos alunos. Este domínio e reflexão epistemológica é sobretudo fundamental nas áreas de ciências e matemática, pois, segundo Fiorentini (1995), a forma como conhecemos e concebemos os conteúdos de ensino tem fortes implicações no modo como os selecionamos e os reelaboramos didaticamente em saber escolar, especialmente no modo como os exploramos/problematizamos em nossas aulas. (Fiorentini, Souza Jr e Melo, 1998, p. 316-7).

As percepções e reflexões de nossos depoentes sobre esse tipo de saber procuram sempre relacioná-lo ou articulá-lo aos demais saberes docentes (o curricular, o pedagógico) e sempre situá-los em seu contexto de experiência profissional.

Mara é aquela que parece melhor reconhecer que, para realizar um bom ensino de matemática, necessita de um conhecimento que vai além de um domínio formal ou técnico do conteúdo matemático; ou seja, o domínio de uma forma mais adequada a seu trabalho e mais voltada às necessidades de sua profissão como professora:

> Vou ter que ir além de dominar bem a matemática para os meus alunos. (...) Vendo uma forma diferente de dominar bem, [...] vendo (também) uma forma diferente para poder passar para os meus alunos... (Mara, Entrevista, fev./97)

Paulo, em outras palavras, deixa subentender que o professor deve conhecer uma matemática diferente daquela entendida pelo senso comum, embora sua concepção de matemática ainda seja de uma ciência exata:

> Todo mundo sabe matemática, mas não sabe essa matemática; ou seja, não sabe a linguagem dela. Ela não tem mistério. Por sinal, é exata, [...] é lógica. (Paulo, Entrevista, fev./97)

Carlos, por sua vez, percebe que muitos daqueles conhecimentos matemáticos estudados da formação inicial ou no curso de especialização não podem ser ensinados da mesma forma que aprendeu. Precisam ser reelaborados em saber escolar pedagogicamente significativo para seus alunos. Entretanto, essa transposição didática do saber científico em saber escolar, com outro enfoque pedagógico, lhe tem sido muito difícil:

> [...] É difícil você ter aprendido o conteúdo de uma forma e transmitir de outra. [...] As pessoas não sabem como fazer, o porquê fazer disso ainda. Acho que é o grande desafio que a gente tem que superar daqui para frente no ensino de matemática de forma diferenciada que o professor aprendeu. (Carlos, Entrevista, fev./97.)

No entanto, Carlos reconhece algumas contribuições, de ordem conceitual e pedagógica, relativas a alguns conteúdos matemáticos do currículo do ensino fundamental e que foram obtidas durante o curso de especialização:

> [...] Tem também os conteúdos das disciplinas Matemática Elementar I e II, que, sem contar com isso aí, gostei porque o conhecimento que você tinha de quinta a oitava série do conteúdo era uma coisa assim muito artificial, e nós tivemos a oportunidade de [...] aprofundar mais, não só em questão de conteúdo, mas [também de] metodologia. (Carlos, Entrevista, fev./97)

Como podemos perceber, Carlos não separa conteúdo de ensino da forma como se ensina esse conteúdo. Além disso, percebe que a matemática não é um campo de conhecimento estático ou cristalizado, mas, ao contrário, é um saber que evoluiu e continua a evoluir e sua forma de trabalhar também deve evoluir:

> ... O conteúdo em si, da matemática, vai avançando também e é necessário avançar um pouco na sua forma de se trabalhar, na metodologia [...]. (Carlos, Entrevista, fev./97)

Esse tipo de reflexão epistemológica sobre o conteúdo de ensino, entretanto, nem sempre é valorizado por nossos depoentes. Mara, por exemplo, revelou explicitamente seu desinteresse por esse tipo de saber, quando frequentava o curso de especialização:

> [...] O que a gente queria mesmo era essa parte da didática. Como passar para o aluno, como fazer com que a matemática fique mais legal [...] e que eles gostassem mais..." (Mara, Entrevista, fev./97)

2. Os saberes didático-pedagógicos da matéria de ensino

A esses saberes, ao lado do conhecimento da matéria, Shulman (1986) dedica atenção especial:

> Embora reconheça a existência de um conhecimento pedagógico de ensino não atrelado à matéria propriamente dita, Shulman chama atenção para o

> conhecimento pedagógico da matéria, o qual explora articuladamente, sem dicotomizar, o conhecimento que é objeto de ensino/aprendizagem e os procedimentos didáticos (atividades, exemplos, contra-exemplos, analogias, explicações, ilustrações, situações-problema, formas de representação...). (Fiorentini, Souza Jr. e Melo, 1998: 317).

Tardif, Lessard e Lahaye (1991), ao situarem esses saberes no contexto da prática docente, descrevem-no como "doutrinas ou concepções produzidas por reflexões sobre a prática educativa no sentido amplo do termo, reflexões racionais e normativas que conduzem a sistemas, mais ou menos coerentes, de representações e de orientações da atividade educativa" (p. 219).

O saber didático-pedagógico, pela fala de nossos depoentes, foi mais valorizado que o saber relativo à matéria propriamente dito. Entretanto, embora faça referência ao conteúdo matemático, esse saber pedagógico, muitas vezes, não vem associado à natureza e epistemologia do saber matemático a ser ensinado.

Paulo, por exemplo, mostra a seu modo, por meio de exemplos e analogias, como se faz para ensinar o conceito de reta:

> Aí por exemplo. [...] O que é uma reta?. [...] Você mostra, dá uma ideia para ele. Reta é tudo o que você está vendo ali. Aquele fio, você pode dizer que é uma reta [...] e depois você dá uma definição, [...] e depois ele liga com outra e deixar ele criar a própria definição dele e depois pedir para ele escrever. (Paulo, Entrevista, fev./97)

Carlos é aquele que mais procura articular, por meio de situações-problema e de exemplos do cotidiano, o pedagógico com o conteúdo específico:

> Sempre que [...] alguns alunos [...] conseguem compreender o conteúdo bem, você busca resgatar um pouco do conteúdo para sua vida diária e para sua área de trabalho... o aluno se interessa mais, busca aprender melhor o conteúdo. (Carlos, Entrevista, fev./97)

Para Llinares (1996), existem situações em que a articulação entre o saber pedagógico e o conhecimento do conteúdo pode ser favorecida. Tais situações seriam aquelas relativas à tarefa profissional do professor em sala de aula. Tanto no curso de especialização, como no seminário municipal, houve abertura para esse tipo de situação. De fato, segundo Mara, "... o professor [...] deixou [...] a gente se expressar, dar ideias, lançar problemas, fez com que a gente desse aula..."

Paulo, durante o seminário municipal, situa a existência desse saber no processo de produção do currículo:

> ... O que [...] tentamos fazer ali foi reorganizar os conteúdos, de maneira que os professores pudessem trabalhar, pelo menos, aquilo que estava sendo proposto [...] e no caso, não dá muita ênfase àqueles conteúdos que são repetitivos [...] tem muitos assuntos que você pode trabalhar de outra maneira. (Paulo, Entrevista, fev./97)

3. Os saberes curriculares dos professores

Os saberes curriculares, segundo Shulman (1986) e Tardif, Lessard e Lahaye (1991), dizem respeito aos saberes dos professores acerca dos programas escolares e seus respectivos materiais (livros didáticos, propostas curriculares, jogos e materiais manipulativos, vídeos, *softwares* etc.), os quais são expressos na forma de discursos, objetivos, conteúdos e métodos, devendo ser aprendidos e aplicados pelos professores.

O saber curricular manifestado por Mara parece denotar uma visão linear de currículo, restrita basicamente ao conteúdo programático da disciplina. Além disso, ao refletir sobre a organização do currículo, revela uma preocupação acentuadamente pragmática de currículo:

> [...] Até acho que juros e porcentagem, deveria dar em início de ano, porque normalmente na sexta série é no final do ano [...]. É uma das partes mais importantes que tem, porque qualquer concurso que você vai fazer, precisa dessa matéria. Porque nunca se sabe muito bem, porque na vida profissional deles é muito importante [...] (Mara, Entrevista, fev./97)

Sua visão linear de currículo pode ser percebida no seguinte depoimento:

> [...] A sétima série é uma sequência da sexta [...]. todas as operações com números fracionários, adição, subtração, multiplicação e divisão, isso seria muito importante dentro da sétima. Trabalhar com monômios, polinômios, com as quatro operações, eles têm muita dificuldade. (Mara, Entrevista, fev./97)

A concepção de álgebra expressa por Mara restringe-se praticamente a uma generalização da aritmética e sua concepção de ensino reduz-se basicamente ao que Fiorentini, Miorim e Miguel (1993) chamam de "transformismo algébrico", o qual enfatiza mais os aspectos procedimentais e sintáticos da álgebra que os conceituais ou semânticos.

Paulo, embora também apresente uma concepção de currículo restrita à sequência de conteúdos programáticos, manifesta preocupação em organizá-lo coletivamente com seus pares, de modo que pudesse ser cumprido por todos:

> ... Houve aquela preocupação de ter uma continuidade do conteúdo [...]. Então, o que [...] tentamos fazer ali, foi reorganizar os conteúdos de maneira que os professores pudessem trabalhar pelo menos aquilo que estava sendo proposto... (Paulo, Entrevista, fev./97)

Entretanto Paulo, reconhece que os professores da rede municipal estão tendo dificuldades para implementar um novo currículo que supere o ensino tradicional. Em alguns campos, como a geometria, é possível perceber alguns avanços. Mas, em outras áreas, como a álgebra, o ensino continua praticamente o mesmo:

> [...] Nos conteúdos nós iniciamos [...] com álgebra bem pesada. [...] Muito difícil, ninguém inventa nada. Ninguém inova nada. Eles escrevem coisinha pequena, mas a teoria dos ovos é tudo igual.[...] E realmente eu tenho uma série de dificuldades. Isso na parte da álgebra. Na parte da geometria, já dá para introduzir muita coisa do construtivismo. [...] Não precisa ser totalmente [...] teórico [...] Tem muita novidade que a gente usa. Então, mudou, [...] tenho certeza [...], a parte de geometria. Agora, quanto a parte algébrica, tenho certeza que todo mudo está fazendo a mesma coisa. Só com aspecto diferente. (Paulo, Entrevista, fev./97)

Mas, quando Paulo reflete sobre o currículo, com base em seu saber da experiência frente às adversidades do trabalho pedagógico, apresenta uma visão um pouco mais dinâmica e mais crítica do currículo. Essa visão se aproxima do conceito de "currículo em ação" (GERALDI, 1994).

Corinta Geraldi (1994), influenciada por Goodlad – que distingue cinco tipos de currículos: o ideal, o formal, o operacional, o percebido e o experienciado –, conceitua "currículo em ação" como tudo "aquilo que ocorre, de fato, nas situações típicas e contraditórias vividas pela escola, com suas implicações e concepções subjacentes e não o que era desejável que ocorresse e/ou o que era institucionalmente prescrito" (p. 214).

O seguinte depoimento de Paulo poderia ser considerado como uma manifestação aproximada dessa ideia de "currículo em ação":

> [...] Tem muitos assuntos que você pode trabalhar de uma outra maneira. [...] Tem professores que trabalham em praticamente um bimestre todinho só aquela radiciação. Eu acho que é uma perda de tempo [...], porque o aluno lá na frente, vai ver que ele vai aplicar aquilo. Então porque não só se comenta e vai aplicando no curso [...] se perde [...] umas aulas importantes dando muita valorização àquilo e, chega no final do curso, ele não consegue dar o conteúdo proposto que seria chegar até funções... (Paulo, Entrevista, fev./97)

Quanto ao currículo proposto pelos livros didáticos, Paulo tem uma posição crítica e procura produzir, a partir dele, um currículo que considera mais adequado ao contexto de sua classe:

> Se você trabalhar só com o livro didático, o negócio fica muito abstrato e o aluno parece que não consegue chegar. [...] Então, a gente tenta colocar alguma coisa da região. (Paulo, Entrevista, fev./97)

Carlos, por sua vez, é aquele que, aparentemente, apresenta um saber curricular menos dogmático e mais flexível que os outros. Reconhece o quanto é complexo excluir ou privilegiar um conteúdo programático. Deixa subentendido que tudo é muito relativo e depende das condições da classe com a qual trabalha. Ou seja, apresenta uma ideia aparentemente dinâmica de currículo e considera que sua organização depende de vários fatores e circunstâncias impostas pela prática:

> [...] Dentro dos conteúdos, como é que nós iríamos buscar alguma forma diferente de trabalhar os conteúdos? Até porque o conteúdo [...] vai avançando também e é necessário avançar um pouco na sua forma de se trabalhar.... Agora, os conteúdos mais significativos, eu digo que todos são importantes para a formação do conhecimento do aluno [...]. Se eu tivesse de fazer opção por alguns conteúdos, talvez eu poderia até dizer assim: eu não sei! Eu acho que cada conteúdo puxa o outro. Você trabalha um conteúdo aqui, você necessita de outro conteúdo ali. Eu acho, que eu não posso fazer opção de um conteúdo do que que é bom e que não é. (Paulo, Entrevista, fev./97)

Um saber manifestado por Carlos, e que também podemos considerar curricular, é relativo ao modo como se produz o currículo escolar. A fala de Carlos sugere que essa produção deve ser buscada/feita pelo próprio professor, e não adquirida externamente. Pode-se deduzir de sua fala que dificilmente ele aceitaria um currículo prescritivo, imposto de cima para baixo.

4. Os saberes da experiência dos professores

O saber da experiência do professor é um saber construído por cada um ao longo de anos de trabalho docente. É um saber complexo, que não se aprende na academia ou nos cursos de formação inicial. Resulta, fundamentalmente, da reflexão do professor sobre sua prática cotidiana e varia de acordo com a história de vida privada e profissional de cada um.

Para Tardif, Lessard e Lahaye (1991, p. 227-8), os saberes da experiência representam

> ...o conjunto dos saberes atualizados, adquiridos e requeridos no quadro da prática da profissão docente, e que não provêm das instituições de formação ou dos currículos. Esses saberes não se encontram sistematizados no quadro de doutrinas ou de teorias. Eles são saberes práticos (e não da prática: eles não se aplicam à prática para melhor conhecê-la, eles se integram a ela e são partes constituintes dela enquanto prática docente). Eles formam um conjunto de representações a partir das quais o(a)s professore(a)s interpretam, compreendem e orientam sua profissão e sua prática cotidiana em todas as suas dimensões. Eles constituem, poder-se-ia dizer, a cultura docente em ação.

O saber da experiência, manifestado por Carlos, parece ser coerente com sua visão dinâmica de currículo. Tem consciência de que esse saber vem-se transformando e é construído reflexivamente na prática:

> Com os meus alunos, a gente sempre tenta mudar [...] Eu acho que cada semestre, cada ano, a gente muda um pouco e faz uma avaliação do tanto que a gente acertou, do que a gente errou, com que o aluno possa crescer. Eu noto sempre que o aluno, ele tem interesse em aprender e alguns alunos [...] conseguem compreender o conteúdo bem, você busca resgatar um pouco de conteúdo para sua vida diária e para sua área de trabalho. O aluno se interessa mais, busca aprender melhor o conteúdo. (Carlos, Entrevista, fev./97)

Mara também percebe transformações em sua experiência profissional. Reconhece que muita coisa aprendeu sozinha, enfrentando o dia a dia do trabalho docente:

> ... A gente [...] acaba levando dificuldade, [...] mas a gente vai ganhando experiência, vai aprendendo muita coisa é sozinho mesmo. Só aprendendo, porque a faculdade deixa muito a desejar... (Mara, Entrevista, fev./97)

Paulo também vem ampliando seu saber da experiência, ao longo de sua trajetória profissional. Além disso, reconhece a importância de troca de experiências com outros professores:

> [...] O professor repassou a experiência dele que ele tem, e é realmente bem maior que a nossa, práticas diárias [...] Questionou algumas técnicas que a gente usa para trabalhar [...] e ali foi interessante... (Paulo, Entrevista, fev./97)

Saberes relativos ao processo de mudança curricular e de desenvolvimento profissional

O processo de mudança curricular, como mostram as experiências em vários países, é muito complexo e demorado. Apesar do avanço das pesquisas em educação matemática, as mudanças na prática de sala de aula têm sido muito tímidas. Essa percepção também é manifestada por Paulo, para quem, por exemplo, a mudança curricular "é um processo demorado" e que, segundo Carlos, "a gente vai adquirindo com o tempo".

Além disso, a resistência dos professores a novas propostas curriculares sempre tem sido muito forte. Essa resistência tende a ser rompida, como mostram os casos pesquisados por Polettini (1996), quando os professores participam ativamente dos processos de reformulação curricular. E, nesses casos, o processo de mudança curricular tem sido altamente contributivo para o desenvolvimento profissional deles.

Isso, de certo modo, aconteceu com os professores que investigamos neste estudo, pois foi possível constatar que a participação no Processo de Mudança Curricular contribuiu para que esses professores, ainda que de forma limitada, ressignificassem alguns dos saberes docentes necessários e fundamentais ao trabalho pedagógico de matemática. Entretanto, entendemos que esse processo vivido pelos professores da rede municipal de Rio Branco está apenas começando e, por certo, deveria ter continuidade, sem que seja prevista, em qualquer momento, sua interrupção.

Algumas conclusões

Nesse processo complexo e dialético de produção, reelaboração e desenvolvimento de saberes, destacamos a reação dos professores frente a esses saberes. Os três professores investigados manifestaram, em várias oportunidades, viver uma tensão entre os saberes sobre os quais não têm domínio, elaborados e divulgados pelos especialistas, e aqueles que tentam elaborar e mobilizar no exercício de suas práticas. Nessa tensão, os professores, segundo Tardif, Lessard e Lahaye (1991), tendem a valorizar e validar os saberes produzidos ao longo de sua prática educativa e os tomam como referencial tanto para avaliar sua competência ou desenvolvimento profissional quanto para aceitar ou produzir inovações curriculares em suas classes:

> De fato, quando se interrogam o(a)s professore(a)s sobre seus saberes e sua relação com os saberes, eles priorizam, e isso a partir das categorias do seu próprio discurso, os saberes que qualificam de práticos ou da experiência. O que caracteriza, de um modo global, esses saberes práticos ou da experiência, é o fato de se originarem da prática cotidiana da profissão, e serem por ela validados. Assim, nossas pesquisas indicam que, para o(a)s professore(a)s, os saberes adquiridos através da experiência profissional constituem os fundamentos de sua competência. É a partir deles que o (a)s professore(a)s julgam sua formação anterior ou sua formação ao longo da carreira. É

> igualmente a partir deles que julgam a pertinência ou o realismo das reformas introduzidas nos programas ou métodos. Enfim, é ainda a partir dos saberes da experiência que o(a)s professore(a)s concebem os modelos de excelência profissional no interior de sua profissão. (p. 227).

Entretanto, sob outro ponto de vista, podemos afirmar que o Processo de Mudança Curricular desenvolvido pela Secretaria Municipal de Rio Branco representou um avanço, se comparado com os outros processos de mudança curricular tradicionalmente desenvolvidos no Brasil.

Assim como ocorreu com os PCNs, em nível nacional, a Semec também poderia ter contratado um grupo de especialistas para produzir uma proposta para os professores estudarem e aplicarem. Os professores escolares, no caso dos PCNs, não foram solicitados a participar da construção do currículo nacional. Essa construção, acreditamos, representaria um processo longo, demorado e sempre provisório. Além disso, esse processo deveria vir acompanhado de um programa de formação/desenvolvimento profissional do professor. É essa perspectiva de formação e desenvolvimento profissional dos professores que, acreditamos, esteve presente na proposta da Semec de Rio Branco. Entretanto, o programa de inovação curricular desenvolvido em Rio Branco ainda pode ser considerado limitado e incompleto, pois buscou suprir, ao meio de disciplinas, as "supostas" deficiências teóricas dos professores, em lugar de – como propõe Ponte (1996) – tomar como ponto de partida seus saberes e experiências e, sobretudo, seus desejos e expectativas de mudança.

Hoje, com o avanço da literatura sobre formação continuada, é possível conceber, em vez de cursos de formação, um programa continuado permanente de desenvolvimento profissional do professor. A contribuição de Ponte (1996), nesse sentido, mostra que, em contraposição à ideia tradicional de formação, é preciso conceber o desenvolvimento profissional do professor vinculado à sua participação em múltiplas formas e processos que não sejam apenas frequentar cursos, mas que busquem integrar teoria e prática, mas que possibilitem aos professores a ampliação de seus saberes profissionais a partir do que já sabem e vêm desenvolvendo.

Referências bibliográficas

CHARLOT, Bernard. *Da relação com o saber*: elementos para uma teoria. Porto Alegre: ArtMed, 2000.

ENGUITA, M. F. A ambiguidade da docência: entre o profissionalismo e a proletarização. *Teoria & Educação*. Porto Alegre: Pannonica, nº 4, 1991, p. 41-61.

FIORENTINI, D.; MIORIM, M. A. & MIGUEL, A. Contribuição para um repensar... a educação algébrica elementar. *Pro-Posições*, Campinas, FE/Unicamp, v. 4, nº 10, 1993, p. 78-91.

FIORENTINI, D.; SOUZA JR., A. J. & MELO, G. F. A. de. Saberes docentes: um desafio para acadêmicos e práticos. In:. C.M.G Geraldi, D. Fiorentini e E. M. Pereira (org.). *Cartografias do trabalho docente*. Campinas: Mercado de Letras, 1998, p. 307-35.

GERALDI, Corinta Maria Grisólia. Currículo em ação: buscando a compreensão do cotidiano da escola básica. *Pro-Posições*, Campinas, FE/Unicamp, v. 5, nº 3, 1994, p. 111-32.

LLINARES, S. Contextos y aprender a enseñar matemáticas: el caso de los estudiantes para profesores de primaria. In: Jiménez, Llinares Sánchez (eds). *El processo de llegar a ser un profesor de primaria*. España: Comares, 1996.

MELO, Gilberto Francisco Alves de. *Transformações vividas e percebidas por professores de matemática num processo de mudança curricular*. Dissertação de Mestrado em Educação: Educação Matemática. Campinas, SP: FE/Unicamp, 1998. 159 p.

POLETTINI, Altair de Fátima Furigo. História de vida relacionada ao ensino da matemática no estudo dos processos de mudança e desenvolvimento de professores. *Zetetiké*. Campinas, Cempem – FE/Unicamp, v. 4, nº 5, 1996, p. 29-48.

PONTE, João P. Perspectivas de desenvolvimento profissional de professores de matemática. In: Ponte, João P. et al. *Desenvolvimento profissional dos professores de matemática – que formação?* Lisboa: Sociedade Portuguesa de Ciências da Educação, 1996.

SHULMAN, L. S. Those who understand: knowledge growth. In: *Teaching Educational Researcher*, v.15, nº 2, 1986, p. 4-14.

TARDIF, M.; LESSARD, C. & LAHAYE. Os professores face ao saber: esboço de uma problemática do saber docente. *Teoria & Educação*. Porto Alegre, nº 4, 1991, p. 215-33.

TARDIF, M. *Saberes docentes e formação profissional*. Petrópolis: Vozes, 2002.

3 DESENVOLVENDO-SE CRITICAMENTE EM MATEMÁTICA: a formação continuada em ambientes virtualizados

Marcelo Almeida Bairral[1]

INTRODUÇÃO

O século XX foi um período de significativas mudanças no campo da comunicação humana. As duas grandes figuras dessas transformações foram, sem dúvida, a comunicação de massa e, mais recentemente, a comunicação possibilitada por computadores conectados em rede. Nesse cenário, a constituição de comunidades de aprendizagem que considerem a importância dos processos interativos e das especificidades discursivas nos diferentes espaços comunicativos de um ambiente formativo acrescentarão novas dimensões e perspectivas para o desenvolvimento da autonomia e da colaboração profissional do professor.

A atenção dada à natureza do pensamento docente e sua influência no cotidiano profissional do professor tem alcançado cada vez mais importância e relevância na pesquisa educacional, uma vez que é sabido que os professores não ensinam mecanicamente, de acordo com regras preestabelecidas, e que, dentre outras, a ação profissional docente deve estar fundamentada numa ação pedagógica crítico-reflexiva sobre o contexto em que se desenvolve.

No que diz respeito à geometria escolar, seu ensino tem sido voltado para técnicas ultrapassadas e, dentro do currículo de matemática no ensino fundamental, é deficiente ou pouco aprofundado (FONSECA et al., 2001). Assim, a relevância de um trabalho de formação docente integradora para atuar com a geometria, bem como a necessidade de pesquisas brasileiras que analisem o desenvolvimento do conhecimento profissional do professor nos processos de formação à distância em geometria, são incontestáveis[2]. Considerando que a formação continuada deve propiciar ao professor o uso de ferramentas para enfrentar, individual e coletivamente, situações de aprendizagem novas e de tipos diferentes, a pesquisa aqui apresentada buscou analisar de que forma as interações à distância – mediadas pelas ferramentas da Internet – contribuem para o desenvolvimento profissional crítico do professor de matemática; particularmente, que aspectos do conteúdo do conhecimento

---

1 Docente do Instituto de Educação da Universidade Federal Rural do Rio de Janeiro (UFRuralRJ).

2 Mais detalhes a respeito da pesquisa sobre formação de professores no Brasil, o leitor poderá encontrar em *A Educação Matemática em Revista* (2002) e no livro organizado por Fiorentini (2003).

profissional são mobilizados e apresentam indícios de melhora quando os professores compartilham e discutem situações de aprendizagem referentes à da geometria do terceiro e do quarto ciclos do ensino fundamental.

Ressaltando a dificuldade de *mudanças epistemológicas*[3] em cursos de curta duração, parte da pesquisa aqui descrita mostra que é possível aos professores aprender quando compartilham seriamente suas experiências profissionais e refletem criticamente sobre elas. Além de constatar que os profissionais envolvidos (pesquisador e professores) participam como autores na dinâmica "teleinterativa"[4] e integram distintos contextos (o prático-pessoal, o das relações estabelecidas no cenário e a própria história de vida do professor) em seu processo de desenvolvimento profissional, a investigação também identifica e apresenta especificidades do discurso docente nos distintos espaços comunicativos do ambiente virtual.

Ensinar e aprender na perspectiva crítica: uma aproximação teórica

Vivemos um momento em que o sistema está exigindo cada vez mais que a escola se adapte às diretrizes de uma política neoliberal. Essas exigências estão fazendo com que a autonomia profissional do professor esteja cada vez mais limitada a interesses e modelos econômicos. Como reagir a essa situação? Que ações coletivas assumir? Qual o papel das instituições educativas e daquelas que se dedicam à formação dos profissionais da educação para reverter essa situação? Conforme Smyth (1999), como professores, somente poderemos reclamar o poder que perdemos para os grupos alheios à escola se enfrentarmos nossos próprios problemas com espírito crítico.

Durante anos, Smyth (1991, 1996) enfatizou que é necessário trabalhar criticamente com os docentes, de maneira que a capacidade de questionamento que se pretende deles possa seguir uma lógica de conscientização progressiva. Na visão do autor, esse projeto consistiria em potencializar um trabalho com os professores para que eles descobrissem as interpretações do como se constituiu historicamente seu contexto de atuação e as implicações da dinâmica social sobre ele. Na visão do autor, isso supõe, primeiramente, favorecer um diálogo mediante o qual os professores sejam capazes de reconhecer e analisar aqueles fatores que limitam sua ação e,

---

3 Mudança epistemológica significa olhar aspectos relativos ao conhecimento (prévio ou atual) e sua contínua evolução, bem como as interações e relações que os indivíduos estabelecem em determinado ambiente de aprendizagem nesse processo de transformação teórico-prática do saber que, em muitos casos, implica tempo. Assim, não temos essa pretensão em cursos de curta duração como o aqui implementado. Para saber mais, leia Balacheff e Sutherland (1994) e Sutherland e Balacheff (1999).

4 Refere-se a qualquer interação estabelecida no ambiente virtual, em qualquer um de seus espaços comunicativos.

segundo, dar-lhes a oportunidade de verem a si mesmos como agentes potencialmente ativos e comprometidos em mudar as situações opressivas que os reduzem a meros técnicos encarregados da realização de ideias e projetos alheios a seus intereses profissionais. Com essa intencionalidade, Smyth (1991) propôs um ciclo de quatro tipos de ação docente crítica e que devem ser objeto de atenção e resposta por parte dos programas de formação do professorado, a saber: (1) *descrição* (O que faço?); (2) *inspiração* (Qual é o sentido do ensino que ministro?); (3) *confrontação* (Como poderei chegar a ser dessa forma?); e (4) *reconstrução* (Como poderia fazer de outra maneira? A que interesses serve esta proposta?). Tais processos, ditos reflexivos, nos quais se reconstrói a origem de nossas práticas e sua natureza ideológica, ressalta Smyth (1986), nos permitirão detectar as diferenças entre o que fazemos e uma ideia emancipadora da educação, para desenvolver nosso papel como intelectuais transformadores tanto das condições de nosso próprio trabalho como das práticas educativas e sociais que implementamos.

Na perspectiva de Kuhn (1999), o pensamento crítico é um processo pessoal construído a longo prazo e possui aspectos de caráter *declarativo* (de âmbito metacognitivo), *procedimental* (estratégico) e de *princípios* (epistemológico). Segundo esse autor , no âmbito metacognitivo, o sujeito raciocina sobre os conceitos, fatos e informações, elaborando perguntas do tipo: *O que sei? Como o faço? Como o conheço?* O raciocínio estratégico caracteriza-se por e vidências e interpretações que contemplam e explicitam elementos teóricos. No plano epistemológico, de característica mais complexa, o processo do desenvolvimento do pensamento crítico pode estar baseado nos princípios ou valores que são criticamente questionados a partir de perguntas do tipo: *O que sei? Como servir a outro contexto? O que sei sobre meu próprio saber?* Em um nível avaliativo de compreensão epistemológica, ressalta Kuhn, o indivíduo analisa e promove afirmações completas e amplia sua interpretação a partir de evidências teórico-filosóficas. Admitindo que o conhecimento não se constrói com plena independência de interesses, normas e valores humanos, Kuhn enfatiza que, no desenvolvimento do pensamento crítico, existe estreita relação entre teoria e fatos. Isso significa que os fatos, os temas, os acontecimentos deveriam apresentar-se de maneira problemática aos alunos e que grande parte do tempo escolar deveria estar centrada em potencializar, neles, a atenção para os elementos de referência e sua utilidade como ferramenta interpretativa teórico-conceitual.

Na pesquisa em educação matemática, Skovsmose e Borba (2000) definem pensamento crítico como um processo analítico que tem por finalidade analisar uma situação educacional imaginada, com base em estudos de "ajustes" particulares que representam essa situação imaginada. Esse processo objetiva entender a situação ajustada em via de desenvolvimento, para conseguir uma melhor compreensão da situação imaginada. Segundo os autores, as observações provenientes da análise crítica das alternativas educacionais encontradas oferecem ao sujeito novas fontes para a compreensão de aspectos de certa imaginação pedagógica. Skovsmose (1994, 2001) acrescenta que a educação crítica deve discutir condições para a obtenção do conhecimento, estar ciente dos problemas sociais, das desigualdades etc. e tentar fazer com que a educação se constitua em uma força social progressivamente ativa. Uma educação crítica, ressalta o autor, não pode ser uma mera prolongação da relação social existente. Para ser crítica, a educação deve reagir às contradições sociais.

Desenvolvimento do conhecimento profissional em geometria

O professor é um profissional que deve constantemente aprender a aprender e refletir criticamente sobre sua prática.

Desse modo, o desenvolvimento profissional deve, dentre outros, ser fruto da reflexão sobre a ação, da capacidade de explicitar os valores das escolhas pedagógicas, do enriquecimento de ações coletivas, da consciência das múltiplas dimensões sociais e culturais que se cruzam na prática educativa escolar (ARROYO, 1996), de modo a tornar os professores cada vez mais aptos a conduzir um ensino adaptado às necessidades e aos interesses de cada aluno e a contribuir para a melhoria das instituições educativas. Além do mais, os programas formativos são instrumentos eficazes para levar o professor a: 1) desenvolver suas capacidades de intuir, imaginar, levantar hipóteses, refletir, analisar, organizar e selecionar, para uma tomada de decisão consciente; 2) adquirir talentos que possibilitem novas formas autônomas de criação, comunicação e expressão nas ciências, artes e técnicas; 3) assumir atitudes de solidariedade, cooperação e reciprocidade, contribuindo para o aumento da consciência social; 4) aprender a entregar-se com alegria à aventura de soltar a imaginação e a inteligência para criar e construir o novo, e estar sempre disposto a reconstruir, na medida em que entende a relatividade do produzido (MAGDALENA e MESSA, 1998).

A atividade na qual o conhecimento profissional se desenvolve forma parte integral do que é aprendido (LLINARES, 1994). Acrescenta Llinares: o conhecimento profissional é gerado no uso do conhecimento orientado à atividade em situações concretas de ensino, sendo uma construção pessoal na medida em que o professor gerencia tais situações e reflete posteriormente sobre elas. Esse conhecimento, complementa o autor, inclui não apenas informação específica sobre dados e métodos de comprovação de resolução problemas, mas também a informação necessária para definir e compreender os problemas que ele deve enfrentar como profissional.

Desde a publicação dos *Standars* (NCTM, 1989) para o currículo de matemática e, mais recentemente, dos Parâmetros Curriculares Nacionais no Brasil (1997, 1998), a geometria surge como um dos temas relevantes, depois ter sido praticamente abandonada durante muito tempo, por influência do movimento da matemática moderna. Nessas diretrizes curriculares são evidenciadas as experiências com a geometria escolar e a importância dos conceitos geométricos para: buscar a formação integral do aluno; promover mudanças qualitativas no processo ensino-aprendizagem de matemática; superar a insegurança do professor e apoiar sua prática pedagógica. Com essa perspectiva, assumimos que o conhecimento profissional do professor (OLIVEIRA et al. 1998; LLINARES, 2000; BAIRRAL, 2002), no trabalho com a Internet, deve possuir três aspectos: o geométrico, o estratégico-interpretativo e o afetivo-atitudinal.

No aspecto geométrico estão inseridas as significações (sobre conceitos, relações e terminologias) e as reflexões docentes no que diz respeito ao processo de pensar matematicamente (formas de validar resultados, habilidades e processos de raciocínio, resolução de problemas, elementos da história da matemática). Como elementos centrais do aspecto estratégico-interpretativo consideramos as reflexões sobre ensino-aprendizagem (planejamento, processos de aprendizagem, análise de casos, integração curricular, relações sociais), a instrução (finalidade e objetivos; valor das tarefas e dos recursos; relação entre conteúdos; ambiente, cultura e modelos de trabalho em aula) e os processos interativos (importância das interações, das concepções dos alunos e seus conhecimentos prévios; estratégias de raciocínio; comunicação e negociação de significados). No aspecto afetivo-atitudinal estão contempladas as atitudes docentes favoráveis à aprendizagem própria e dos alunos; à consciência profissional e aos processos de socialização; à flexibilidade; à equidade e aos valores no ensino.

Considerando que o movimento do regresso da geometria é uma realidade no cenário mundial do ensino de matemática; que as experiências dos diferentes países caracterizam-se por uma grande vitalidade de iniciativas e propostas, tanto no processo de ensino-aprendizagem como na formação do professorado; que os cursos de formação docente, para todos os níveis de ensino, devem oferecer ao professores o uso de ferramentas para enfrentar situações de ensino-aprendizagem novas e de tipos diferentes, pensamos também que é necessário propiciar a eles, principalmente aos que vivem longe dos grandes centros urbanos, a oportunidade de desenvolver-se profissionalmente por meio de um curso pela Internet. Com essas expectativas, constituímos nossa problemática.

A PESQUISA: ELEMENTOS METODOLÓGICOS ESTRATÉGICOS

O estudo aqui apresentado faz parte de uma pesquisa[5] longitudinal desenvolvida em colaboração entre a Universidade Federal Rural do Rio de Janeiro e a Universidade de Barcelona, que se organiza integrando os seguintes construtos: desenvolvimento profissional crítico, formação continuada pela Internet, mediação tecnológica e discurso profissional docente, ensino-aprendizagem de geometria. Objetivando 1) elaborar, implementar e avaliar ambiente virtual para professores que atuam no terceiro e quarto ciclos do ensino fundamental, bem como 2) analisar o processo de desenvolvimento do conteúdo do conhecimento profissional (CCP) e identificar aspectos do CCP mobilizados e com indícios de melhora a partir do processo "teleinterativo", apresentamos a seguir elementos metodológicos da investigação (BAIRRAL, 2002).

1. Estruturação do conteúdo no ambiente virtual

O ambiente virtual[6] foi organizado considerando as características de um professorado licenciado em matemática, com vivências diversificadas em geometria e sem experiência em cursos por Internet. Assim, o conteúdo geométrico foi organizado para uma carga horária total de 70 horas e distribuído em oito unidades didáticas: 1) áreas e formas no plano; 2) e 3) relações no espaço; 4) construções geométricas; 5) ângulos; 6) simetria; 7) semelhança; 8) argumentando e provando.

Considerando o professor como autor de seu próprio conhecimento profissional e em constante desenvolvimento e processo de apropriação de significados, o ambiente virtual geométrico foi estruturado em seis eixos hipertextuais (JONASSEN e RAHRER-MURPHY, 1999): 1) atividade que objetiva uma revisão dos próprios conhecimentos geométricos e das distintas ações profissionais dos professores; 2) observação do papel que assume o cotidiano nas distintas atividades geométricas; 3) reconstrução de processos cognitivos dos alunos em classe; 4) reconhecimento e atenção para o uso de recursos em cada tema estudado; 5) síntese organizada do conteúdo; 6) atenção à importância da avaliação continuada.

Em nosso cenário virtual, uma tarefa é todo tipo de proposta de trabalho que objetiva desencadear um processo teleinterativo crítico que contribua para o desenvolvimento de relações profissionais comprometidas com mudanças significativas no processo educativo. Nessa perspectiva, as tarefas de formação constituem

---

5 No período de 2000 a 2002, a pesquisa foi financiada pela Capes (MEC/Brasil) e, em 2003, pela Secretaria de Educação Superior/MEC (Convênio DExt/UFRuralRJ 321/2003).
6 http://www.gepeticem.ufrrj.br/geometria.

situações de ensino-aprendizagem que exigem uma postura crítica e uma dinâmica de trabalho na qual formador e professor(es) são os atores em seu processo de desenvolvimento profissional.

À medida que elaborávamos as tarefas de provocação, íamos identificando as categorias *a priori* que nos orientariam na análise dos aspectos do CCP em processo de significação. No quadro seguinte exemplificamos uma das tarefas propostas na primeira unidade do curso e as categorias associadas.

Unidade1: Áreas e formas no plano	**Aspectos** (categorias *a priori*) **do conteúdo profissional considerados**		
	Geométrico	*Estratégico-interpretativo*	*Afetivo-atitudinal*
Tarefa 1.3: Que aspectos do conteúdo matemático as atividades privilegiam? Quais foram novos para você? O autor não colocou exemplos de atividades explorando o espaço. Ele poderia também ter comparado perímetro, área e volume utilizando, por exemplo, sucatas de caixas diversas, cubos e, inclusive, fazendo diversas planificações. Faz sentido? O que você pensa sobre isso? Como você exploraria estas noções em uma turma de quinta série?	• Análise conceitual. • Identificação de aspectos conceituais relevantes. • Identificação e análise de processos geométricos potencializados pelas atividades.	• Posicionamento sobre recursos e aprendizagem pela Internet. • Reflexão sobre a tipologia, a organização e a seqüência de tarefas geométricas. • Discussão sobre planejamento dirigido versus planejamento aberto.	• Curiosidade para conhecer, avaliar e criticar o novo. • Autocontrole do que planeja.

2. A coleta e a análise dos dados

No desenvolvimento do curso, as "teleinterações" são distintas e de diferentes dimensões, o que constituiu diferentes fontes de informação para a pesquisa. Como formas de interação em tempo diferido (interação assíncrona), temos: diferentes tipos de e-mail (envio de tarefas em arquivos anexados, diversos contatos profissionais para troca de experiências, questionário inicial/final, envio do contrato de trabalho), intervenções na **lista de discussão**. Considerando também que a interação em tempo real permite a elaboração conjunta de uma linha de pensamento, foram realizados site chats (três obrigatórios e quatro opcionais). Como interação síncrona são utilizadas, ainda, as mensagens do programa ICQ. Para obter mais informações sobre o desenvolvimento profissional dos professores também foi realizada uma entrevista semiestruturada e feita a gravação de uma aula de cada profissional. Além dos instrumentos mencionados anteriormente, o formador-investigador dispôs do diário de campo, organizado a partir de outras informações provenientes das interações síncronas e assíncronas.

Assumimos o pensamento crítico docente como um processo pessoal continuamente "ressignificado", que possui aspectos de reflexão metacognitiva, procedimental e de construção epistemológica de princípios. Também consideramos que as ações docentes de criticidade influem no desenvolvimento do conhecimento do professor, conhecimento este que foi visto em três aspectos: geométrico, estratégico-interpretativo, afetivo-atitudinal. Com base nesses princípios teóricos, construímos os seguintes procedimentos para a redução dos dados na pesquisa

(1) Seleção das intervenções dos docentes em diferentes espaços comunicativos do ambiente.
(2) Codificação de elementos característicos nas aportações.
(3) Exemplos e análise de intervenções, (a) identificando e descrevendo ações de criticidade (SMYTH, 1991); (b) analisando outros elementos no processo de pensamento crítico (KUHN, 1999); e (c) identificando aspectos do conteúdo do conhecimento profissional (categorias *a priori*).
(4) Confronto e análise (SKVSMOSE e BORBA, 2000) do processo em função do observado (considerando intervenções em outros espaços comunicativos).

A seguir, relataremos um dos estudos de caso realizado na investigação. À medida que apresentarmos os textos, iremos exemplificando os passos anteriormente descritos.

Analisando aspectos do desenvolvimento crítico do conhecimento profissional: o caso da professora Joana

Quando se inscreveu no curso, a professora Joana[7] possuía dez anos de experiência na docência. Tratava-se de uma professora licenciada em matemática por uma universidade federal, que atuava em escolas públicas municipais com turmas de terceiro e quarto ciclos. Apesar de seu significativo tempo de magistério, foi a primeira vez que Joana participou de um curso à distância em geometria.

7 Pseudônimo.

Distintas foram as interações (por e-mail, nos *chats*, no fórum de discussão, ICQ, etc.) estabelecidas com o coletivo virtual a partir das tarefas de cada unidade; os textos são oriundos da experiência da professora em turmas de quinta e sexta séries. Estão apresentados da maneira como foram sendo naturalmente negociados. Selecionamos algumas produções de Joana inerentes à temática das duas primeiras unidades do curso: *área e formas no plano* e *relações no espaço*. As expressões ou palavras negritadas são marcadores no discurso profissional que foram objeto de análise semântica pelo pesquisador. Esses marcadores estão relacionados com as categorias levantadas *a priori*. É importante enfatizar que, nos textos trocados entre os profissionais, uma palavra não aparece isolada como se estivesse fora do dicionário e as condições pragmáticas de todo o discurso, isto é, suas características enunciativas e suas finalidades (quem o elabora, a quem está direcionado e o que se pretende com ele) devem ser consideradas (Van Dijk, 1985).

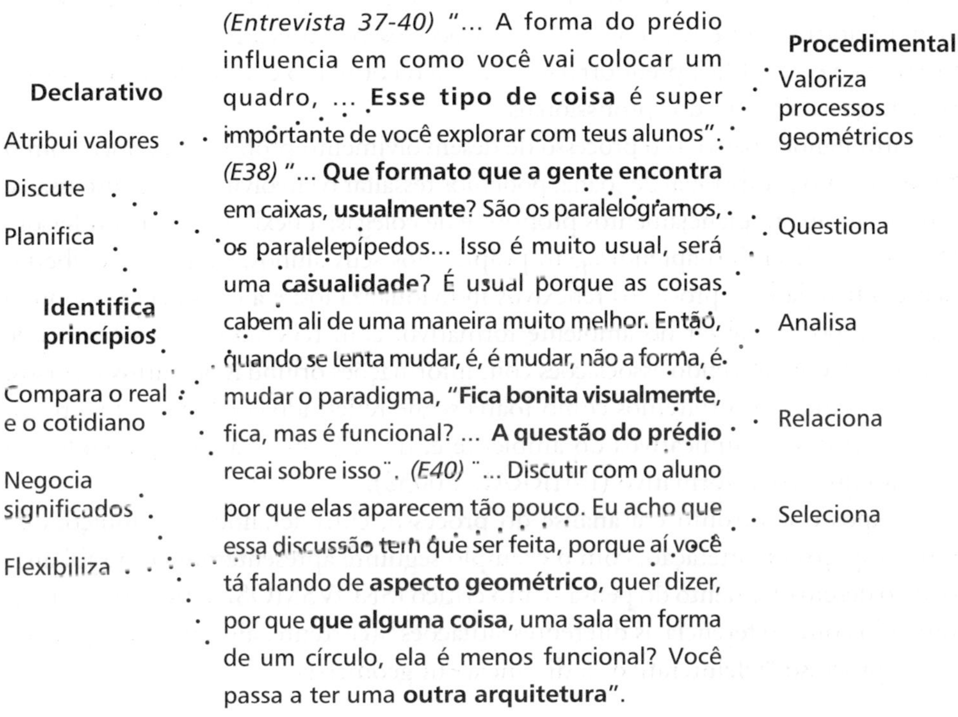

Exemplo de ação docente "reconstrutiva", com os três âmbitos do pensamento crítico e os aspectos do CCP

Procedendo à análise de uma ação reconstrutiva (SMYTH, 1991) de Joana, por exemplo, suas reflexões de 37 a 40, na entrevista, explicitam os âmbitos (declarativo, procedimental e de princípios) de pensamento crítico (KUHN, 1999) identificados e, nesse processo, evidenciam aspectos (geométrico, estratégico e afetivo) do conteúdo do conhecimento profissional da docente em fase de (re)significação crítica (BAIRRAL, 2002).

Podemos perceber que, metaforicamente, Joana (passo 3a) enfatiza que alterar a forma significa ampliar as perspectivas educacionais, no sentido de mudar paradigmas. Esse tipo de reflexão crítica constitui uma *ação reconstrutiva* da prática escolar na medida em que o docente reflete sobre o que considera importante do ponto de vista pedagógico e sobre as possíveis mudanças a serem introduzidas no processo ensino-aprendizagem. Em seu processo de pensamento crítico, Joana (passo 3b) apresenta, no âmbito declarativo, a atribuição de valores, a discussão e a busca de novos planejamentos sobre o que reflete. Ao identificar princípios, compara o real e o cotidiano, valorizando procedimentalmente diferentes processos geométricos, ao analisar e relacionar formas variadas. Como aspectos do conteúdo do conhecimento profissional de Joana, podemos perceber (passo 3c) que ela reflete e analisa criticamente estruturas, valoriza processos comunicativos, atribui valores, questiona e exemplifica pseudorrelações entre o cotidiano e o matemático e socializa e negocia significados profissionais.

Confrontando (passo 4) o processo de desenvolvimento profissional crítico com o conhecimento profissional de Joana, podemos ressaltar o envolvimento, a discussão e a contribuição em planejamentos próprios e de colegas; a flexibilidade da professora no processo de ensino-aprendizagem próprio dos seus alunos, explicitando abertamente dificuldades e processos reflexivos individualizados; e a consideração sobre o que se propõe a realizar no ambiente formativo, com reflexão crítica sobre o que desenvolve, estabelecendo associações com informações oriundas de outros recursos.

Continuando, mostraremos como Joana segue refletindo colaborativamente em outros espaços comunicativos do ambiente e, dessa forma, vai enriquecendo seu processo discursivo-formativo (BAIRRAL, 2003*b*).

Após o confronto e a análise do processo, considerando contribuições de outros espaços de interação, com o exemplo seguinte apresentamos como foi analisado o desenvolvimento do pensamento crítico (SKOVSMOSE e BORBA, 2000), tomando como referência as diferentes situações[8] (corrente, ajustada e imaginada) para o processo "teleinterativo" à distância em geometria.

8 Nos quadros ao lado de cada situação, apresentamos exemplos das categorias *a priori* e que constituíram os aspectos do CCP considerados (passo 3c). No quadro com linha pontilhada exemplificamos aspectos que podem ser identificados no confronto semântico entre os discursos na SI, na SA e na SC.

Exemplo da análise do desenvolvimento profissional crítico de Joana

<table>
<tr><th colspan="3">Passos 1-2: professora comparando tarefas (em diferentes momentos da entrevista)</th></tr>
<tr>
<td>Passo 3a
Ação reconstrutiva: refletindo sobre o que considerou pedagogicamente importante e o que poderia fazer de diferente para introduzir mudanças no ensino.</td>
<td>(Entrevista 37) "... A forma do prédio influencia em como você vai colocar um quadro ... Esse tipo de coisa é super importante de você explorar com teus alunos." (E38) "... Que formato que a gente encontra em caixas, usualmente? São os paralelogramos, os paralelepípedos... Isso é muito usual, será uma casualidade? É usual porque as coisas cabem ali de uma maneira muito melhor. Então, quando se tenta mudar, é, é mudar, não a forma, é mudar o paradigma... Fica bonita visualmente, fica, mas é funcional? ... A questão do prédio recai sobre isso." (E40) "... "Discutir com o aluno por que elas aparecem tão pouco. Eu acho que essa discussão tem que ser feita, porque aí você tá falando de aspecto geométrico, quer dizer, porque que alguma coisa, uma sala em forma de um círculo, ela é menos funcional? Você passa a ter uma outra arquitetura."</td>
<td>Passo 3b
Declarativo: atribui valores, discute, planeja.
Identifica princípios: compara o real e o cotidiano, negocia significados.
Procedimental: valoriza processos geométricos, analisa e relaciona formas.</td>
</tr>
<tr>
<td></td>
<td>Passo 3c
Geométrico: analisa estrutura, valoriza processos comunicativos.
Estratégico-interpretativo: atribui valores, questiona e exemplifica sobre o cotidiano, o matemático e a tarefa matemática.
Afetivo-atitudinal: negocia e troca significados.</td>
<td></td>
</tr>
</table>

<table>
<tr><th colspan="2">Passo 4: confronto e análise do processo (lista de discussão e e-mail)</th></tr>
<tr>
<td>(Lista 8) "Acredito que a minha dificuldade em responder a S5 esteja na forma como vem colocada. Aliás, esse é um comentário que acredito que vale a pena fazer. As atividades que têm sido propostas aqui no curso têm uma forma interessante, diferente da usual, que costuma ser pergunta e resposta. Acho que na S5 isso também aconteceu, além de ser novidade para mim aquelas classificações. Adequar os itens àquelas classificaçoes sem uma discussão prévia do que era para ser olhado ou enfocado, deixou uma lacuna... bem é isso... continuo pensando."</td>
<td>(E-mail C5.2) "Os livros didáticos trazem uma visão estática de ângulos e que eu gostei das atividades porque falavam de uma visão dinâmica de ângulo quando fala em abertura. Mas os livros falam assim, porque logo depois vão falar em figuras, poligonos e embora esses ângulos possam ser maiores ou menores dependendo das figuras... na figura ele é estático."</td>
</tr>
<tr>
<td>• Ponderação sobre o que está sendo proposto e tentativa de construir estratégias de resolução.
• Abertura e interesse para continuar refletindo e socializando idéias.
• Explicitação de processos cognitivos próprios.</td>
<td>• Busca de informação em outras fontes.
• Associação crítica de idéias.</td>
</tr>
</table>

Situação ajustada (SA)
"Que tal trabalhar o **conceito de área associado à fatoração de um número**? Se tomarmos 12 quadradinhos de mesmo tamanho, quais os possíveis retângulos que posso formar? Todas as respostas são **decomposições** possíveis para o número 12 (2×6; 3×4; 1×12). Existem outras decomposições possíveis($2 \times 2 \times 3$), não diretamente associadas à idéia de **área de um retângulo**. Mas que poderiam ser relacionadas com o **volume de uma caixa de dimensões.** 2; 2; 3. ..."

- *Atua pára fazer possível uma proposta.*
- *Exemplifica proposta e busca relações conceituais.*

SA

Pensamento crítico em processo

SC — SI

Situação corrente (SC)
"... **alunos e até mesmo muitos professores** do ensino fundamental (primeiro e segundo ciclos) têm essa dificuldade. **Acredito que** o fato de ser trabalhado esses conceitos como **simples cálculos**, ou seja, perímetro "soma dos lados" e área "produto dos lados". Essa **particularização para polígonos** e especificamente para retângulos termina por ser apreendida de forma mecânica. Perímetro soma, área multiplica. Sendo trabalhado dessa forma, é "natural" que os alunos **façam essa confusão**..."

Situação imaginada (SI)
"... Que **tipo de atividades** podemos propor para deslocar o foco das **definições** para o entendimento do conceito? A **integração** entre os diversos ramos da matemática deve ser priorizada."

- *Atenção para o valor e tipologia da atividade.*
- *Análise diferenciada de situações.*
- *Atenção para a complexidade no processo de ensino-aprendizagem.*

- *Identificação de alternativas: considera e critica opções metodológicas*
- *Discernimento, análise e controle do que diz.*

Atenção para:

- os processos cognitivos dos alunos e a apropriação de significados;
- as tarefas matemáticas e os diferentes processos geométricos inerentes a elas.

A partir do que propõe, Joana demonstra ir refletindo criticamente sobre os possíveis ajustes que podem ser implementados na situação corrente, de maneira a compreender com mais profundidade a situação imaginada. Por exemplo, fica evidente em seus três textos que vai desenvolvendo atenção especial sobre os processos cognitivos dos alunos em classe e a apropriação de significados e também sobre o valor das tarefas matemáticas e os diferentes processos geométricos inerentes a elas.

É importante destacar que não estamos interessados em identificar níveis de criticidade (SMITH, 1991) e hierarquizar o processo formativo, mas em analisar contribuições de cada ação profissional crítica em (re)significação contínua (BAIRRAL, 2002). Como dissemos anteriormente, em cada ação de criticidade também exemplificamos diferentes âmbitos no processo de desenvolvimento do pensamento crítico (KUHN, 1991). Com o esquema seguinte apresentamos indícios de melhora em aspectos do conhecimento crítico da professora Joana, a partir do processo "teleinterativo", em diferentes espaços comunicativos do ambiente virtual.

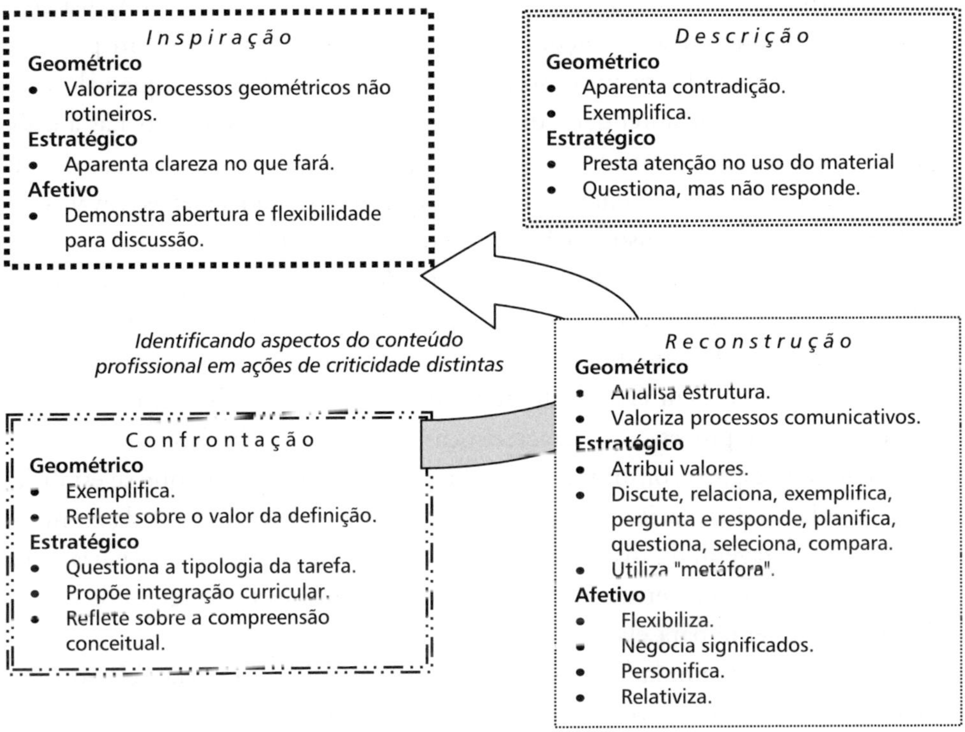

Numa ação inspirativa (no formulário de autoavaliação), Joana valoriza processos geométricos não usuais no currículo e mostra abertura para discutir temática que ainda não havia pensado. Num texto descritivo (via e-mail), ao questionar o uso de determinado recurso, aparenta contradição no que fala e exemplifica. No fórum de discussão, ao refletir sobre a definição em matemática, Joana aparenta uma crítica confrontativa ao inserir nesse processo a atenção sobre a construção conceitual, o valor da atividade geométrica e da integração curricular. Ao ser entrevistada, a professora apresenta elementos em seu discurso que caracterizam uma ação reconstrutiva. Por exemplo, Joana valoriza processos comunicativos, compara e analisa geometricamente estruturas cotidianas, atribui valores, questiona e insere em sua reflexão elementos que rompem com a prática de um ensino tradicional.

Conclusões

Nesta investigação verificamos que, para o desenvolvimento de relações sociais progressistas na formação continuada à distância e no ensino de matemática, torna-se crucial a abertura de canais de comunicação nos quais todos os envolvidos no processo formativo tenham a oportunidade de utilizar seu capital linguístico e cultural. Vimos que nosso ambiente virtual favoreceu e promoveu um processo comunicativo entre todos os professores atuantes e contribuiu para que valorizassem essa nova forma de aprender à distância. No entanto, não será apenas a utilização da Internet que promoverá melhoras no processo formativo, mas sua devida integração no currículo e no cenário educativo, que necessitarão de sérias reavaliações e reorientações didático-epistemológicas (BAIRRAL, 2003*b*).

A comunicação docente estabelecida a partir dos distintos espaços comunicativos foi outra característica importante do cenário implementado. Assim, a constituição da comunidade virtual de discurso colaborativo, por meio da comunicação docente e das diferentes interações, foi fundamental no desenvolvimento profissional docente. Nesse processo, as características discursivas – similares e distintas – próprias de cada espaço comunicativo foram imprescindíveis para que se estabelecesse uma relação de respeito e confiança entre todos os participantes da comunidade de aprendizagem, de maneira que todos puderam explicitar e socializar suas ideias e práticas, com a certeza de que os companheiros as respeitariam e contribuiriam criticamente para elas.

A estruturação das unidades didáticas em seis eixos hipertextuais relacionados com os pontos de interatividade e a tipologia utilizada nas tarefas de formação foram significativas para o desenvolvimento dos aspectos do conhecimento profissional. Ou seja, o trabalho hipertextual no ambiente e o processo teleinterativo construído a partir das tarefas possibilitaram a inserção e a integração de reflexões metacognitivas que foram continuamente (re)significadas, sustentadas ou reconstruídas em referenciais teórico-práticos disponibilizados e discutidos no ambiente. Apesar disso, é importante destacar que reflexões epistemológicas (KUHN,

1999) da prática docente (SMYTH, 1991) não são fáceis de serem identificadas em cursos de curta duração como o implementado (BAIRRAL, 2002).

O cenário mostrou-se bem organizado temporalmente, isto é, o tempo de que dispunha o professor para o desenvolvimento da(s) tarefa(s), a possibilidade de realização com sua turma e a discussão posterior com o coletivo profissional foi outra singularidade da dinâmica de trabalho virtual. Esse processo "retroalimentativo", de ativação constante e cada vez mais complexa dos processos cognitivos dos docentes em "teleinteração" – com tempo e necessidades próprias de reflexão (sobre o que fez, o que ocorreu na prática, os ajustes, as futuras alterações, etc.) – foi importante no desenvolvimento do pensamento crítico (SKOVSMOSE e BORBA, 2000) dos professores.

Apesar de propor um curso limitado temporalmente e com uma sequência curricular previamente determinada, percebemos que as interações no ambiente foram importantes para que os professores reavaliassem seu trabalho em geometria e se sentissem motivados e desafiados a investir em seu desenvolvimento profissional. A disponibilização de uma variedade de informações contidas na rede (atividades, *webs*, eventos, artigos e outras publicações, recursos, *softwares*, etc.), sem dúvida alguma, teve grande influência no interesse contínuo dos professores para estudos e aprofundamentos de caráter pessoal.

O ambiente foi elaborado tendo-se consciência da função de cada um de seus "teleinteratuantes" (professor, formador-investigador). Assim, o controle e a animação constantes do formador (propondo perguntas, contrastando pontos de vista, ajudando professores em dificuldades pessoais, organizando, replanejando, informando, estudando, pesquisando, etc.) foram essenciais no trabalho à distância. Nessa dinâmica de orientar e oferecer suporte contínuo ao desenvolvimento individual ou coletivo das atividades, o formador passou a atuar em função da demanda do(s) professor(es) e, nesse intercâmbio, também aprendeu. Com isso, no trabalho virtual, o protagonista passou a ser o aluno; em nosso caso, o professor de matemática.

Sobre o discurso eletrônico, a variedade de fontes de informação que utilizamos para conhecer o que pensava e fazia cada professor em seu cotidiano profissional, a triangulação das informações obtidas e os distintos esquemas de análise construídos durante o processo foram aspectos metodológicos fiáveis e que devem ser objetos de atenção das investigações interessadas no desenvolvimento profissional crítico pela Internet. Apesar da vantagem de ter toda a informação registrada no computador do formador, a criação de um diário de campo, para que as mesmas não se perdessem, foi outra estratégia metodológica importante. Aliás, a leitura constante dos textos no diário também propiciou momentos de reflexão metacognitiva.

A possibilidade de comunicação contínua com os professores foi outro fator importante, pois formador e professor(es) podiam esclarecer e complementar diferentes aspectos das tarefas em discussão. A realização da entrevista e a gravação em vídeo de uma aula de cada professor enriqueceram significativamente nosso processo de análise, pois forneceram outros elementos do discurso profissional dos docentes, principalmente daqueles que intervieram pouco. No entanto, em países de grande extensão territorial como o Brasil, devemos adotar outras estratégias que não sejam apenas a entrevista e o vídeo de aula. Alternativas como a utilização de videoconferências, animações e simulações gráficas, envio e disponibilidade de trechos de vídeo do professor trabalhando em aula, além de outras ferramentas comunicativas, etc. sem dúvida poderão enriquecer o processo de desenvolvimento do pensamento crítico.

Os docentes que participaram da investigação mostraram que é possível (re)construir conhecimentos à distância e aprender diferenciadamente, contribuindo, assim, com mudanças significativas na prática docente (ARROYO, 1996) e no desenvolvimento profissional. Da mesma forma, verificamos que os distintos aspectos (geométrico, estratégico-interpretativo e afetivo-atitudinal) do conteúdo do conhecimento profissional integraram, em diferentes momentos do processo formativo, as distintas ações docentes de criticidade (SMYTH, 1991) e favoreceram uma análise situada do cotidiano geométrico, à medida que o professor refletia acentuadamente sobre ele (LLINARES, 1994).

Além de explicitar diferentes papéis e significados pessoais construídos pelos professores, a pesquisa também identificou diversos indícios de melhora em aspectos do conhecimento profissional. Por exemplo, como aspecto geométrico destacamos uma maior consciência, valorização e identificação de potencialidades e limitações do próprio trabalho geométrico em aula. Com relação ao aspecto estratégico-interpretativo, verificamos uma implicação colaborativa na discussão coletiva (MAGDALENA e MESSA, 1998), seja em suas próprias propostas ou nas dos seus companheiros. No aspecto afetivo-atitudinal destacamos o desenvolvimento de atitudes favoráveis à autoaprendizagem, à de seus alunos e colegas de curso, bem como lembrança e reflexão socializada de episódios de sua história pessoal-profissional, sua importância e influência na prática educativa em matemática.

No processo teleinterativo, o conhecimento profissional dos professores foi enriquecido por um amplo espectro de ações docentes que se relacionaram indiscriminadamente e muitas vezes sem fronteira, em quatro contextos interrrelacionados, com grande influência no desenvolvimento docente, a saber:

(1) o contexto prático-pessoal, relacionado ao conhecimento situado (LLINARES, 1998) em seus diferentes aspectos (geométrico, estratégico-interpretativo e afetivo-atitudinal);
(2) o contexto das relações pessoais que se estabeleceram por intermédio da comunicação colaborativa;
(3) o contexto referente às histórias de vida do professor;
(4) o próprio ambiente virtual e seus diferentes elementos constitutivos.

Especifícamente em relação ao contexto da história de vida do professor, cabe destacar, com base neste estudo, que algumas ações experienciadas e posturas assumidas e desenvolvidas por ele ao longo de sua vida influenciaram de maneira significtiva seu desenvolvimento profissional. Tais ações e posturas foram: a colaboração e a ajuda mútua; a coletividade; a cumplicidade; a atenção e o respeito à diversidade cultural e de práticas; a emotividade; a ética e a identidade profissional, bem como os processos de socialização.

Finalizando, é importante enfatizar que, nas interações à distância, o saber docente desenvolve-se segundo uma teia discursivo-hipertextual que o professor vai (re)construindo na dinâmica de trabalho colaborativo. E analisar o desenvolvimento profissional em ambientes mediatizados pela tecnologia implica olhar para a atividade e a ação humana e, em especial, para as ações profissionais docentes (BAIRRAL, 2003a) que são construídas e significadas por meio das interações no ambiente formativo.

Referências bibliográficas

ARROYO, M. Reinventar e formar o profissional da educação básica. In: Maria Aparecida V. Bicudo e Celestino Alves da S. Júnior (orgs.). *Formação do educador*. São Paulo: Unesp, 1996. v.1, p. 47-67.

BAIRRAL, M. A. *Desarrollo profesional docente en geometria*: análisis de un processo de formación a distância. Tese de doutorado em Educação Matemática) – Universidade de Barcelona. Publicada eletronicamente em 08/10/2002 (http://www.tdcat.cesca.es/TDCat-1008102-120710/).

BAIRRAL, M. O valor das interações virtuais e da dinâmica hipertextual no desenvolvimento profissional docente. *Quadrante*.Lisboa, v. 2, nº 2, p. 53-87, nov. 2003*a*.

BAIRRAL, M. *Formar comunidades de aprendizagem docente e aprender matemática através da internet*. 26ª Reunião Anual da Anped. Poços de Caldas (MG), nov. 2003*b*. Em CD-ROM e http://www.anped.org.br/26/trabalhos/marceloalmeidabairral.rtf.

BALACHEFF, N. & SUTHERLAND, R. Epistemological domain of validity of microworlds: the case of logo and cabri-géomètre. In R. Lewis & P. Mendelsohn (eds.). *Lessons from learning*. IFIP Conference TC3WG3.3, North Holland, p. 137-50, 1994.

BRASIL: Ministério da Educação. *Parâmetros Curriculares Nacionais*. Brasília, Secretaria de Educação Fundamental, 1997-1998.

FIORENTINI, D. (org.) *Formação de professores de matemática*: explorando novos caminhos com novos olhares. Campinas: Mercado das Letras, 2003.

FONSECA, M. da C. et al. *O ensino de geometria na escola fundamental. Três questões para a formação do professor dos ciclos iniciais*. Belo Horizonte: Autêntica, 2001.

JONASSEN, D. & RAHRER-MURPHY, L. ¨Activity theory as a fromework for designing constructivist learning environments. *ETRyD*, nº 1, v. 47, p. 61-79, 1999.

KUHN, D. A developmental model of critical thinking. *Educational Researcher*, 28(2), p. 16-26, 1999.

LLINARES, S. Aprender a enseñar matemáticas: los videos como instrumento metodológico en la formación inicial de professores. *Revista de Enseñanza Universitaria*, nº 13, p. 29-44, 1994.

LLINARES, S. Aprender a enseñar matemáticas en la ensino secundaria: relação dialéctica entre el conocimiento teórico y práctico. *Revista Interuniversitaria de Formação do Professorado*, nº 32, p. 117-27, 1998.

LLINARES, S. et al. Prospective teachers, future teachers: a proposal of preservice primary education in mathematics education. *Proceedings ICMI*, Japan, 2000.

MAGDALENA, B. C. & MESSA, M. R. P. Educação à distância e Internet em sala de aula. Florianópolis, *Revista Brasileira de Informática na Educação*, nº 2, p. 25-34, 1998.

NCTM: National Council of Teachers of Mathematics (1989) *Curriculum and evaluation standards for teaching mathematics*. Reston, VA: National Council of Teachers of Mathematics.

OLIVEIRA, H.; SEGURADO, M. I. & PONTE, J. P. *Desenvolvimento curricular em matemática*. Portalegre: SPCE, 1998.

SKOVSMOSE, O. Towards a critical mathematics education. *Educational Studies in Mathematics*, nº 27, p. 35-57, 1994.

SKOVSMOSE, O. & BORBA, M. *Research methodology and critical mathematics education*. Centre for Research in Learning Mathemtics at the Royal Danish School of Educational Studies, Roskilde University Centre and Aalborg University, Denmark, Pre-Print Series, nº 18, 2000.

SKOVSMOSE, O. *Educação matemática crítica*: a questão da democracia. Campinas, SP: Papirus, 2001.

SMYTH, J. Una pedagogía crítica de la práctica en el aula. Madrid, *Revista de Educación,* nº 294, p. 275-300, 1991.

SMYTH, J. *Reflection-in action.* Victoria: Deakin University Press, 1996.

SMYTH, J. Perspectivas internacionales sobre la colegialidad docente: un enfoque crítico basado en el concepto de trabajo de los docentes. In Angulo Rasco et al. (eds.) *Desarrollo profesional docente*: política, investigación y práctica. Madrid: Akal, p. 52-77, 1999.

SOCIEDADE BRASILEIRA DE EDUCAÇÃO MATEMÁTICA (SBEM). A Educação Matemática em Revista. Publicação semestral da Sociedade Brasileira de Educação Matemática. São Paulo, nº 11A, abr./2002. Edição especial "Licenciatura em matemática, um curso em discussão".

SUTHERLAND, R. & BALACHEFF, N. Didactical complexity of computacional environments for the learning of mathematics. Internacional Journal of Computers for *Mathematical Learning,* nº 4, p. 1-26, 1999.

Van DIJK, T. (ed.) Semantic discourse analysis. *Handbook of Discourse Analysis.* New York: Academic Press, v. 2, p. 103-36, 1985.

4 FORMAÇÃO E DESENVOLVIMENTO PROFISSIONAL DE DOCENTES QUE FORMAM MATEMATICAMENTE FUTUROS PROFESSORES

Tadeu Oliver Gonçalves [1]

Dario Fiorentini[2]

Introdução

Quem são os principais responsáveis pela formação do futuro professor de matemática? Como se formam e se desenvolvem profissionalmente, enquanto formadores de professores de matemática, aqueles que atuam nos cursos de licenciatura em matemática? Essas são questões de fundo deste estudo e sobre as quais nos debruçaremos ao longo deste capítulo.

Mas, primeiramente, é preciso esclarecer que a formação e o desenvolvimento profissional de professores formadores de professores é ainda um campo de investigação praticamente inexplorado, sobretudo no Brasil. Além disso, segundo Gonçalves e Gonçalves (1998a), parece existir, por parte das universidades, um certo receio de enfrentar a questão de modo efetivo.

Especificamente em relação ao formador de professores de matemática, a pesquisa é praticamente inexistente, havendo poucos estudos teóricos e empíricos nesse âmbito. No Brasil, por exemplo, Fiorentini et al. (2002) identificaram, com base no "Balanço de 25 anos da investigação brasileira sobre formação de professores que ensinam matemática", que, dentre um total de 112 dissertações/teses acadêmicas, apenas quatro tinham como foco de investigação a formação, o pensamento e a prática de formadores de professores de matemática. Esses quatro estudos mostraram, que:

- Os futuros professores tendem a reproduzir os procedimentos didático-pedagógicos de seus formadores (SILVA, 2001).
- A maioria dos formadores de professores apresenta concepções absolutistas de matemática e de seu ensino e uma visão dicotômica entre bacharelado e licenciatura, desvalorizando geralmente esta última (BRASIL, 2001).

---

1 Docente do Departamento de Matemática da UFPa.
2 Docente da FE/Unicamp.

- A formação teórico-acadêmica dos formadores foi predominantemente técnico-formal, com ênfase quase exclusiva na formação matemática (GONÇALVES, 2000).
- Alguns formadores de professores apresentam uma concepção crítica ou reflexiva do papel da prova rigorosa em matemática na formação de professores, embora outros demonstrem possuir ainda uma concepção técnica ou meramente procedimental (GARNICA, 1995).

Além desses estudos acadêmicos, relacionamos pelo menos quatro artigos que tratam especificamente dos formadores de professores de matemática: trabalhos de Gonçalves e Gonçalves (1998b), Cury (2001), Fiorentini (2004), Sicardi e Fiorentini (2004).

Embora possamos considerar significativa a produção brasileira de pesquisas em educação matemática[3], Gonçalves (2000) e Fiorentini et al. (2002) avaliam que seus resultados pouco vêm sendo incorporados à prática de formação de professores e levados em consideração durante os processos de reestruturação curricular dos cursos de licenciatura em matemática.

É preciso reconhecer, entretanto, que muitas dessas pesquisas têm trazido novas compreensões sobre o processo de formação de professores de matemática e, em particular, dos formadores de professores, fato que certamente contribuirá para alterar, a longo prazo, esse quadro. Um exemplo disso é a pesquisa que deu origem à tese de doutoramento de Gonçalves (2000)[4] e que teve como objetivo principal de estudo investigar como vinham ocorrendo a Formação e o desenvolvimento profissional de professores universitários do curso de licenciatura em matemática da Universidade Federal do Pará (UFPA).

Neste estudo, partimos do pressuposto de que o formador de professores do curso de licenciatura em matemática é também um intelectual e um estudioso que tem como objeto de reflexão e investigação sua própria prática como formador; ou seja, é, ou deveria ser, alguém capaz – tanto teórico-metodologicamente quanto institucionalmente – de transformar sua sala de aula e seu trabalho de formador em um laboratório de estudo no qual ele, como formador, e seus alunos, como futuros professores, podem e devem desenvolver pesquisa e refletir sobre a prática docente em matemática, seja a de outros ou a própria (FIORENTINI, 1993).

---

3 Segundo a revista *Zetetiké*, em 2003 ultrapassamos a cifra de mil dissertações e teses em educação matemática produzidas no Brasil.

4 Essa tese foi produzida por Tadeu Oliver Gonçalves em 2000, na FE/Unicamp, e contou com a orientação do Professor doutor Dario Fiorentini.

O objetivo deste capítulo, portanto, é aprofundar a discussão em torno do problema da formação e do desenvolvimento profissional do formador de professores de matemática que atua junto às disciplinas de formação matemática do futuro professor. Para realizar esse propósito, tomamos por base o estudo desenvolvido por Gonçalves (2000).

A seguir, descrevemos inicialmente as motivações e os procedimentos metodológicos do estudo de campo realizado junto ao Departamento de Matemática da Universidade Federal do Pará (UFPA). Depois, passamos a analisar a formação acadêmica e profissional dos formadores de professores, destacando sua formação: matemática, científico-pedagógica, geral e didático-pedagógica relativa à atividade docente.

Motivações e procedimentos metodológicos para a realização do estudo

A ideia de investigar a formação do formador de professores nasceu das discussões realizadas durante o ano de 1996 junto ao Grupo Prapem da FE/Unicamp, o qual tinha como um dos focos de estudo a formação inicial e continuada de professores de matemática. Embora as leituras realizadas no grupo permitissem estabelecer um diálogo importante com autores como Angel Peréz Gomes, António Nóvoa, Donald Schön, Henry Giroux, John Elliot, Kenneth Zeichner, Lee Shulman, Paulo Freire, Stephen Kemmis, dentre outros, o problema do formador se fazia pouco presente.

Nossa experiência na coordenação de cursos de licenciatura na Universidade Federal do Pará (UFPA) e na Universidade de Passo Fundo (UPF) indicava que as mudanças curriculares dos cursos de licenciatura em matemática poderiam ser inócuas, se não houvesse também um investimento na formação e no desenvolvimento profissional dos formadores que atuam nos cursos de licenciatura.

Esse problema, no entanto, não é exclusivo dos cursos de licenciatura, pois afeta, de acordo com Zabalza (2004), o ensino superior como um todo. E também não é recente. De fato, como nos mostra Balzan (1997, p. 7), o American Council on Education (EUA) já afirmava, em 1950, que "o professor universitário é o único profissional de nível superior que entra para uma carreira sem que passe por qualquer julgamento de pré-requisitos em termos de competência e de experiência prévia no domínio das habilidades de sua profissão".

Decorridos mais de cinquenta anos, essa afirmação parece ainda atual, sobretudo no Brasil, onde "encontramos docentes atuando em cursos de formação de professores de matemática sem que tenham realizado, durante sua formação acadêmica, alguma disciplina teórica ou prática relativa à docência ou sem que tenham tido experiências prévias no magistério escolar" (FIORENTINI, 2004, p. 13).

Esse problema, além disso, não é exclusivo das ciências chamadas duras. Ele também se faz presente nas ciências humanas e nos institutos de educação. Por exemplo, recentemente, já em pleno século XXI, o investigador francês em ciências da educação Bernard Charlot (2002), em palestra proferida no Brasil, fez a seguinte declaração: "Fiquei anos fazendo de conta que formava professores. Não é por acaso que estou dizendo 'fazendo de conta', porque não é tão fácil formar professores. E não é porque não sabemos formar que não é tão fácil, mas porque não sabemos o que é exatamente o professor, ou o que é exatamente o ofício do professor" (p. 89).

Retomando o caso particular das licenciaturas em matemática, Fiorentini (2004, p. 15-7) identificou três categorias básicas de profissionais ali atuantes: o pesquisador-formador; o formador-pesquisador; e o formador-prático.

O pesquisador-formador é aquele profissional que prioriza a pesquisa de sua área de conhecimento, em detrimento da docência, sendo esta última uma atividade secundária e complementar, ou uma das possibilidades de socialização dos conhecimentos que produz. Esse profissional é, geralmente, bacharel em um campo científico e tende a identificar-se como matemático, físico ou até mesmo cientista educacional (sociólogo, filósofo ou psicólogo da educação).

O formador-pesquisador, por outro lado, coloca a docência como sua principal função na universidade, tendo a pesquisa como suporte fundamental para a realização e o desempenho dessa função. Esse profissional normalmente se identifica como educador matemático ou formador de professores.

O formador-prático, por último, "pode ser considerado tanto o professor contratado provisoriamente e com tempo parcial para cobrir a falta de docentes quanto o professor eventual – geralmente docente escolar, também chamado de 'formador de campo' –, o qual é convidado a colaborar esporadicamente nos cursos de licenciatura", seja como tutor de estagiários na escola, seja como convidado a falar de sua prática e de seus saberes experienciais. Essa terceira categoria é a que mais vem crescendo atualmente, pois, "no contexto neoliberal, ele representa um profissional de baixo custo que pode dedicar-se exclusivamente à docência, sem a exigência de realizar pesquisa" (FIORENTINI, 2004, p.15-6).

Embora as três categorias de profissionais sejam importantes para a formação do futuro professor, os formadores-pesquisadores, segundo Fiorentini (2004), deveriam constituir o grupo base de um curso de licenciatura, pois, por possuírem conhecimentos dos conteúdos no ensino[5], são mais qualificados, teórica e metodologicamente, para desenvolver profissionalmente o futuro professor. Mas o que observamos, na prática, é que essa categoria é ainda minoria nos cursos brasileiros de licenciatura em matemática. Isso, entretanto, não impede que os formadores-práticos e os pesquisadores-formadores possam, com o tempo, vir a ser formadores-pesquisadores.

Interessados em compreender melhor a problemática da formação do formador que atua na formação matemática de futuros professores, o primeiro autor do presente trabalho, Tadeu Oliver Gonçalves, sob a orientação do segundo autor, Dario Fiorentini, projetou e desenvolveu uma pesquisa tendo como objeto de estudo o caso da Universidade Federal do Pará (UFPA). Para isso, foram selecionados para entrevista oito docentes formadores da licenciatura em matemática da UFPA, abrangendo as quatro décadas de existência do curso, que teve seu início em 1955. Os critérios para a seleção dos oito docentes foram os seguintes:

- Dois docentes que fizeram parte da criação do curso na década de 50.
- Dois docentes que, na década de 60, pertenceram ao Núcleo de Física e Matemática.
- Dois docentes que criaram o Centro de Ciências Exatas e Naturais na década de 70.
- Dois docentes contratados na década de 80.
- Todos os docentes deveriam estar, em 1996, ainda atuando na licenciatura.
- Todos os envolvidos deveriam ter tido participação marcante nos processos de discussão e reformulação curricular do curso de licenciatura.

O Quadro 1 apresenta a relação dos oito formadores selecionados para estudo, sua formação acadêmica e experiência docente. Note-se que dois eram apenas graduados (bacharéis e licenciados em matemática), dois possuíam curso de especialização, um era mestre em matemática, dois eram doutores em matemática e um possuía pós-doutorado em matemática.

Cada docente foi submetido a uma entrevista semiestruturada, organizada em torno de três blocos de questões, versando sobre:

---

5 Segundo Shulman (1986), o conhecimento do conteúdo no ensino compreende conhecimentos conceituais/procedimentais, didático-pedagógicos e curriculares da matéria de ensino.

Quadro 1: Docentes selecionados, sua formação acadêmica e experiência profissional

Docentes investigados	**Início da docência no ensino superior**	**Curso de graduação e ano de conclusão**	**Experiência no EFM[6]**	Pós-graduação			
				Esp.	**Mest.**	**Dr.**	**Pós-dr.**
Luís	1961	Eng. e bach./lic. mat. – 1955	1955-1996	–	–	–	–
Thiago	1964	Bach./Lic. Mat. – 1955	1954-1991	–	–	–	–
Marta	1972	Lic. mat. – 1966	1967-1992	X	–	–	–
Dias	1980	Lic. mat. – 1968	1968-1987	–	X	X	X
Hermes	1976	Lic. mat. – 1972	1972-1990	–	X	X	–
Reinaldo	1976	Lic. mat. – 1973	1972-1991	–	X	X	–
Michel	1993	Bach. mat. – 1988	Não tem	–	X	–	–
Petrônio	1996	Eng. e lic. mat./fís. – 1981	1987-1996	X	–	–	–

- a formação inicial e continuada de cada um;
- a visão de cada um sobre a licenciatura de matemática da UFPA, sobretudo em relação ao coletivo dos professores, às mudanças curriculares ocorridas, ao que considerava um bom professor e como deveria ser a licenciatura de matemática;
- aspectos pessoais e profissionais dos formadores (GONÇALVES, 2000, p. 126).

Para analisar a formação acadêmica e profissional dos docentes formadores, tomamos como referência quatro eixos concebidos por Fiorentini (1993) e Fiorentini et al. (1998) como fundamentais à formação do professor de matemática:

- Formação matemática (acadêmica e escolar, relativa à disciplina, tanto em seus aspectos procedimentais e sintáticos quanto conceituais, semânticos e atitudinais).
- Formação geral (cultura geral, educação humanística, educação tecnológica).
- Formação científico-pedagógica (fundamentos históricos, sociológicos, filosóficos, psicológicos e epistemológicos relativos às ciências da educação).

6 EFM: Ensino Fundamental e Médio.

- Formação relativa à atividade profissional da docência (saberes da atividade profissional relativa ao ensino e à aprendizagem da matemática – saberes curriculares complexos relativos à experiência ou ao trabalho docente nos diferentes contextos, incluindo também o saber fazer e o saber ser. Um desses contextos é o universitário, relativo ao trabalho docente dos professores da licenciatura em matemática em face de sua tarefa de formar professores de matemática para o EFM).

Assumimos, que o principal eixo da formação profissional é o **relativo à atividade profissional**, tendo em vista que este contém os saberes fundamentais à realização do trabalho docente enquanto professor de matemática, os quais envolvem simultaneamente aspectos teóricos e práticos, conceituais e didático-pedagógicos, fundindo-se ao saber fazer e ao saber ser. É em função desse eixo que os demais devem orbitar durante o curso de licenciatura.

A seguir, analisamos como cada um desses eixos tem estado presente na formação e no desenvolvimento profissional dos docentes formadores de professores do curso de licenciatura em matemática da UFPA.

Ressalta-se que todos os docentes investigados foram, em épocas diferentes, alunos do curso de matemática na instituição.

A formação matemática dos formadores

Quando perguntamos aos docentes sobre os saberes adquiridos na formação acadêmica – formação inicial, mestrado e/ou doutorado –, todos destacaram a predominância quase absoluta da formação matemática.

Perguntamos, então: Que formação matemática teria sido essa? Seria aquela voltada para a prática profissional do professor formador de professores de matemática, ou aquela dirigida para a carreira acadêmica? Quatro docentes – dois doutores, um graduado e um especialista – destacaram a formação matemática sob a perspectiva escolar ou curricular da formação do professor, e outros três docentes – um com mestrado, um com doutorado e um graduado – apontaram uma formação sob a perspectiva acadêmica ou científica da formação do matemático.

Entretanto, para os que tinham mestrado e doutorado em matemática pura ou aplicada, a obtenção de uma maior titulação não significou melhoria dos conhecimentos necessários e fundamentais à sua prática docente como formadores de novos professores de matemática para o EFM. Isso ocorreu principalmente no final da década de 70, quando retornaram à UFPA os primeiros pós-graduados. Foi visível, segundo alguns entrevistados, a mudança dos formadores em relação à formação dos futuros docentes para o EFM:

> Antigamente nós formávamos – e muito bem – professores para o EFM e, muitas vezes, professores que assumiam, como a maioria deles assumiam – como é o caso do próprio entrevistador e outros – como professor da universidade, desempenhavam de uma maneira bastante aceitável seu papel. Mas, em termos gerais, nós podemos dizer, hoje, nós não formamos bem nem o professor para o EFM, nem o professor do terceiro grau. (Luís, Ent. 96)

A partir da década de 70, observou-se, entre as mudanças curriculares do curso de licenciatura em matemática, a introdução de novas disciplinas – geralmente voltadas à linha de pesquisa dos recém-pós-graduados, ou simplesmente copiadas das instituições onde estes realizaram pós-graduação –, as quais, na maioria dos casos, não atendiam às necessidades do futuro professor do EFM.

Além disso, alguns desses docentes, antes de saírem para a pós-graduação, tinham contato direto com a escola e procuravam exercer sua docência, na licenciatura, voltada à formação de professores para o EFM. Mas, após retornarem desses cursos, esses mesmos docentes, além de perderem o vínculo com o EFM, passaram também, como revela Luís, a direcionar sua docência para a preparação dos licenciandos para a pós-graduação em matemática pura ou aplicada:

> ...[antes] havia grande ligação... o curso era muito dirigido para a formação de professores em termos do EFM, e a prova aí está, que a maioria dos professores fizeram nome no EFM do Pará... Hoje se nota que a formação matemática é mais dirigida à pós-graduação. (Luís, Ent. 96)

Entretanto, para alguns formadores investigados, a obtenção de uma maior titulação acadêmica não representa necessariamente uma melhoria no desenvolvimento profissional do formador de professores, sobretudo em termos de aquisição de conhecimentos didático-pedagógicos, conceituais e histórico-epistemológicos da matemática escolar, os quais são fundamentais e necessários a uma formação consistente do professor de matemática do EFM.

Essa posição não é defendida somente pelos docentes que não realizaram pós-graduação. Reinaldo, por exemplo, fez doutorado em matemática e reconhece que uma melhor qualificação em matemática do formador não representa necessariamente uma melhoria no processo de formação dos professores:

> O curso atual é inferior. A nível principalmente didático, que eu quero dizer [...] estão sempre preocupados em formar um matemático, não um professor de matemática [...] Se tem diferença? Tem. [...] naquela época nós tínhamos

> um currículo bem consolidado. Não era o ideal, mas acho que ainda era melhor que o de hoje. (Reinaldo. Ent. 96)

Uma conclusão apressada que pode ser extraída dessa análise seria que se deve, portanto, desestimular os formadores de professores para o mestrado ou doutorado em matemática, ou estimulá-los apenas para a pós-graduação em educação matemática. Entendemos que a alternativa mais prudente seria redimensionar esses cursos de pós-graduação, de modo que não visem apenas a formação do pesquisador em matemática, mas também do pesquisador em ensino da matemática superior. Afinal, os pesquisadores que atuam na universidade não são, antes de tudo, professores ou educadores que formam profissionais em relação tanto aos conhecimentos de uma área específica de conhecimentos quanto à formação de valores, crenças e também ao modo de encarar e tratar o conhecimento matemático e, em especial, o saber matemático escolar?

Essa é, inclusive, a reivindicação do mais antigo docente do Departamento de Matemática:

> [...] Seria interessante que esse pessoal que vem de lá [da pós] pudesse provocar uma revolução [não só] em termos de melhorar o conteúdo do pessoal, mas também procurar fazer pesquisa em cima do que deve ser ensinado e do que não deve ser ensinado. (Luís, Ent. 96)

Por outro lado, poderíamos supor que, com a formação teórica adquirida nos cursos de pós-graduação, o formador teria maior autonomia e competência para desenvolver experiências e estudos que atendam às demandas locais, como é o caso da formação de professores. Nossa pesquisa, entretanto, mostra que isso, na prática, não é tão simples, pois cada um empreende um trabalho que considera mais adequado, segundo sua ideologia.

Dias, por exemplo, que chegou inclusive a fazer pós-doutoramento em matemática, diz que

> depois do doutorado, a gente teve modificações, porque a gente olha com outros objetivos... objetivo de caçar talentos, procurar pessoas... para dar continuidade ao que a gente está fazendo... Passei a me preocupar mais com o sentido de que o aluno tem de ter mais conteúdo, um pouco mais de informação. (Dias, Ent. 97)

Reinaldo, por sua vez, nos diz que, após o doutoramento, passou a ter

> uma visão muito mais ampla... Tem disciplina que antes eu ensinava e não tinha ideia específica para que era... Eu só vim me considerar apto a opinar

> sobre [a grade curricular] depois de ter concluído o doutorado. (Reinaldo, Ent. 96)

Os depoimentos de Dias e Reinaldo apresentam fortes indícios de que a formação matemática adquirida nos cursos de pós-graduação nem sempre vai ao encontro do que exige a função de formador. De fato, nesses cursos, o formador raramente tem oportunidade de estudar e refletir historicamente e epistemologicamente sobre as ideias matemáticas e sua prática social de produção e sistematização. A formação matemática, nesse nível de ensino, tem priorizado mais os aspectos procedimentais ou sintáticos do conhecimento (saber manipular algebricamente a matemática, saber demonstrar teoremas, saber resolver exercícios e problemas-tipo) do que seus aspectos conceituais, semânticos e atitudinais.

Também há pouco espaço, nesses cursos, para a reflexão e discussão de questões fundamentais ao trabalho docente em matemática, tais como: Qual o papel da matemática na formação do pensamento humano? Quais são as relações entre matemática, sociedade e cultura? Quais as diferentes formas de produzir e sistematizar os conhecimentos matemáticos? Qual matemática é relevante e imprescindível à formação do homem contemporâneo? Quais as diferenças entre a matemática científico-acadêmica, a escolar e aquela mobilizada e produzida nas diferentes práticas socioculturais? O que caracteriza e diferencia o pensamento e a linguagem da aritmética, da álgebra, da geometria, da estocástica, da análise matemática etc.

Sustentamos, apoiados em Shulman (1996), que o domínio de tais conhecimentos relativos à matemática é fundamental à formação e ao trabalho de qualquer professor de matemática do ensino superior.

A formação geral dos formadores

Com relação a esse eixo, focalizamos a educação humanística e cultural ampla dos professores pesquisados, na qual incluímos a educação tecnológica e o desenvolvimento da capacidade de comunicar-se, oralmente ou por escrito, tanto na sua língua materna como em outra língua.

Para Imbernón (1994), "o professor deve converter-se em um agente possuidor de uma cultura de âmbito geral e de uma cultura específica de conhecimento do meio no qual atua" (p. 317-8).

As poucas referências a esse tipo de formação, nos depoimentos dos formadores, nos possibilitam perceber que ela não foi marcante em seus processos formativos. Apesar disso, alguns assumem como importante uma formação ética, política e cultural ampla. Os que manifestaram possuir essa formação afirmam, porém, que ela não foi intencionalmente trabalhada durante sua formação acadêmica.

Michel, por exemplo, posiciona-se dizendo que são poucos os formadores que se preocupam em proporcionar a seus alunos, futuros professores, outro tipo de formação além da formação matemática:

> Não chamar atenção para a responsabilidade dele [aluno], enquanto educador, em todos os aspectos: no social e principalmente a nível político. [...] Não chamar a atenção para a responsabilidade dele, é não lhe chamar atenção para o poder dele de mudar a sociedade. (Michel. Ent. 97)

Essa postura ético-política de Michel, entretanto, não é decorrente de sua formação acadêmica, uma vez que nem chegou a cursar licenciatura em matemática. Conjeturamos que isso se possa explicar pelo contexto familiar, pois sua mãe é jornalista.

Outros dois docentes que dizem valorizar essa formação geral reconhecem que ela tem tido pouco espaço, tanto na graduação quanto na pós-graduação. Reinaldo, por exemplo, avalia que tem sido uma conquista pessoal: "Tudo que tenho de cultural geral é de leitura, leitura, leitura... Mas não foi trabalhada comigo nem eu trabalhei isso, tá?" (Ent. 96).

Outro aspecto relacionado à formação geral é a educação tecnológica. O desenvolvimento das tecnologias de informação e comunicação (TICs) vem cada vez mais rapidamente transformando as relações sociais, especialmente o trabalho, a comunicação e a educação. A educação, face a sua função social, é desafiada a desempenhar um papel que contemple essa demanda relativa ao domínio e à exploração das novas tecnologias, tanto em relação à formação, nas escolas, do homem contemporâneo, quanto no que se refere à formação dos profissionais da educação nos cursos de licenciatura, na universidade.

Saber promover o uso das TICs no ensino superior, sobretudo no ensino de matemática, e refletir sobre seu papel na educação dos jovens vem se tornando cada vez mais uma exigência do trabalho docente dos formadores. A criação de laboratórios de informática e a formação de grupos de docentes para a incorporação das TICs no ensino superior, como nos relata Souza Jr. (2003) sobre o ensino de cálculo na Unicamp, podem contribuir tanto para o desenvolvimento profissional dos formadores, quanto para a melhoria do ensino da matemática e, consequentemente, da formação dos novos professores.

Dos professores pesquisados, apenas dois com doutorado em matemática aplicada demonstraram possuir e valorizar a formação tecnológica do professor, especialmente aquela relativa à informática:

> Uma boa fundamentação em computação, que não pode deixar de fora, tá? Não dar esta formação ao professor é alienar o professor. E estamos correndo um grande risco de, cedo, estar desqualificados para o exercício do magistério, devido a não utilização desse forte elemento que aparece hoje que é a computação. (Reinaldo, Ent. 97)
>
> A gente vê que no curso de matemática não tem nenhuma disciplina de computação. Isso é um erro, mas quando houve a discussão da grade eu fui voto vencido, eu achava que tinha de colocar disciplina para o uso do computador. Hoje em dia a gente sabe que o uso do computador é primordial... (Hermes, Ent. 96)

A formação científico-pedagógica do formador

Neste eixo de formação, destacamos a formação pedagógica do docente do ensino superior no que se refere aos fundamentos pedagógicos e educacionais que embasam sua função de educador e formador de profissionais. São conhecimentos provenientes das ciências da educação e que tratam de aspectos didáticos, psicológicos, filosóficos, sociológicos, epistemológicos, históricos da educação, da estrutura e funcionamento do ensino superior e do ensino básico, da gestão escolar etc.

Esses conhecimentos nem sempre apresentam uma relação direta com a matéria de ensino, mas ajudam o educador a compreender melhor não apenas sua função social e política, como também as determinações e possibilidades de seu trabalho, o qual não se limita à transmissão de informação (conhecimentos), mas compreende também princípios, valores e modos de ler e ver o mundo.

Na pesquisa realizada, apenas três docentes fizeram referência direta a algum estudo – **didática geral** e **psicologia educacional** – nessa categoria de conhecimento. Petrônio foi quem mais destacou a importância dessas disciplinas em sua formação pessoal e profissional:

> [...] Matéria que o pessoal de exatas não gosta [as pedagógicas] foi ali que me encontrei [...] Aí que fui entender muita coisa da minha vida [...] Foi uma das melhores coisas que eu fiz, foi a licenciatura, tanto que hoje em dia, de engenharia eu não faço nada. Sou professor mesmo! (Ent. 97)

Mas, apesar das poucas referências, todos os docentes consideraram esse eixo importante àqueles que pretendem exercer a docência, qualquer que seja o nível de ensino. Questionam, entretanto, em relação ao curso de licenciatura da UFPA, a tendência dicotômica de desvincular os conhecimentos didático-pedagógicos dos conhecimentos matemáticos:

> Você fica fazendo aqueles cursos [psicologia, didática geral...], os alunos vão passando lá [no Centro de Educação] e parece assim que não adiantou nada... Eu acho que tem de haver uma ligação... Se não houver, vai ficar todo o tempo a coisa dispersiva... Essas disciplinas têm de ser dadas por um professor da matemática com formação em educação e em matemática. (Dias, Ent. 97)

O questionamento de Dias aponta para um problema muito frequente nas licenciaturas em matemática, que é a dicotomia entre a formação matemática e a formação didático-pedagógica. Para nós, entretanto, a dicotomia entre esses dois eixos da formação docente só faz sentido pela inexistência de um outro e fundamental eixo de "formação relativa à atividade profissional": aquele que explora e trabalha o principal conhecimento profissional do professor de matemática, articulando o conhecimento da matéria de ensino com os procedimentos e princípios didático-pedagógicos de como ensiná-la ou explorá-la em sala de aula. É sobre este quarto eixo que trataremos a seguir.

A formação relativa aos saberes da atividade profissional da docência

O eixo de formação relativa à atividade profissional de ensinar matemática diz respeito aos saberes fundamentais que são mobilizados para a realização do trabalho docente e guardam relação direta com o saber fazer e o saber ser, em determinados contextos de prática. Ou seja, são saberes práticos ligados à ação, mesclando aspectos conceituais, psico-cognitivos, curriculares, ético-políticos, didático-pedagógicos e emocional-afetivos.

São duas as instâncias de saberes relativos à atividade profissional dos formadores de professores de matemática. Uma diz respeito aos saberes da prática profissional do professor de matemática no EFM, reconhecidos pelos depoentes como fundamentais e orientadores para suas ações como professores do curso de licenciatura. A outra refere-se aos saberes da prática profissional, no ensino superior, enquanto professores formadores de novos profissionais para o ensino de matemática.

Para Tardif (2002), esses saberes práticos não podem ser confundidos com os "da prática" ou "sobre a prática", isto é, aqueles que se aplicam à prática para melhor conhecê-la. Os "saberes práticos" podem também ser chamados de "saberes da experiência", pois se "integram às práticas e são partes constitutivas delas enquanto prática docente".

Entretanto, tais saberes constituem-se a partir de outros saberes: os das ciências da educação; os da matemática enquanto ciência ou enquanto saber escolar; os curriculares; os da tradição pedagógica; os de cultura geral, entre outros. Esses saberes práticos constituem-se, portanto, como uma teia complexa formada de múltiplos saberes.

Fiorentini, Nacarato e Pinto (1999), a partir dessa visão de saber da prática pedagógica e da interlocução com alguns autores como Barth (1993), Gauthier (1998) e Tardif et al. (1991), conceituaram "saber docente como um saber reflexivo, plural e complexo porque histórico, provisório, contextual, afetivo, cultural, formando uma teia, mais ou menos coerente e imbricada de saberes científicos – oriundos das ciências da educação, dos saberes das disciplinas, dos currículos – e dos saberes da experiência e da tradição pedagógica" (p. 25).

Se a formação geral e científico-pedagógica dos formadores já era praticamente inexistente, podemos inferir de suas falas que a formação teórico-prática relativa à atividade profissional para a docência era ainda mais deficitária e inexistente.

Diante dessa realidade e tendo pela frente o desafio de formar professores de matemática para o EFM, perguntamos: Como esses docentes mobilizaram e desenvolveram os saberes necessários para dar conta de sua tarefa de formar professores?

Os docentes entrevistados, baseados na própria experiência profissional desenvolvida ao longo dos anos, ao sabor de erros e acertos, aprenderam a valorizar esse eixo de formação profissional e dos saberes a eles associados.

Marta, uma de nossas depoentes, destaca a importância de sua experiência na prática docente simultânea à realização da licenciatura. Foi durante essa prática que ela produziu um tipo de saber da ação docente que Shulman (1986) chama de "saber pedagógico da matéria de ensino". Eis o que diz a depoente:

> [...] Desde meu segundo ano de faculdade... comecei a ensinar... em sala de aula do governo... Foi importante para minha formação eu começar a ensinar, trabalhar em sala de aula, não ficava só na teoria. A gente podia praticar direto com nossos alunos, [...] só na hora que a gente vai fazer é que a gente vai aprender determinados assuntos, eu acredito que quando eu precisei ensinar é que eu fui mesmo notar que faltava alguma coisa [...] eu estava vendo, na prática, aquilo [conteúdo matemático] que os professores estavam colocando em sala de aula.

Na pesquisa realizada (GONÇALVES, 2000), os depoentes forneceram indícios de que grande parte dos saberes docentes relativos aos conteúdos de ensino – Como tratar e explorar didático-pedagogicamente um conceito ou ideia matemática? Como realizar uma aula? Como avaliar/medir a aprendizagem? etc. – foi elaborada durante sua formação ambiental, enquanto alunos. Isso porque o aluno, quando tem aula de cálculo ou de análise, não tem aí apenas uma formação matemática. Aprende também, segundo Fiorentini (1993), um modo de relacionar-se com a matemática, um modo de ensiná-la, aprendê-la e avaliá-la. Ou seja, o professor de cálculo ou de análise também forma didático-pedagogicamente o futuro professor.

Segundo Liston e Zeichner (1993), "os futuros professores ascendem a sua formação profissional com uma bagagem histórica de experiências educativas como estudantes. Têm ideias prévias sobre o que significa ser um bom professor, o conteúdo que devem ensinar, como devem fazê-lo e o tipo de ambiente de aula que gostariam de proporcionar" (p.80).

A formação ambiental, portanto, pode ser tanto positiva quanto negativa, pois depende do tipo e da qualidade do ensino experienciado. Esse fato remete à necessidade de os formadores explorarem e problematizarem intencionalmente, durante o curso de licenciatura, os saberes ou teorias implícitas que os licenciandos trazem de sua formação escolar.

Um exemplo positivo de formação ambiental, em relação aos saberes docentes, foi aquela experienciada pelo formador Michel, quando era aluno do ensino médio:

> Eu tenho uma formação do ensino médio boa, que me auxiliou muito, o fato de ter participado do Clube de Ciências, o próprio professor Neivaldo e a professora Lúcia me ajudaram enormemente eu ter essa visão hoje... me ajudou muito como professor na licenciatura [...] eles faziam questão de frisar a necessidade de você ter aproches distintos, aproches alternativos para aprender a ensinar. (Ent. 97)

A experiência discente e/ou docente no EFM, no ensino superior e em projetos especiais de formação continuada de professores tem sido apontada de forma recorrente, pelos formadores, como a principal responsável pelo seu desenvolvimento profissional.

Larrosa (1998) é um dos autores que mais tem discutido a importância da categoria experiência para a formação docente e humana. Para explicitar o sentido formativo da experiência, o autor decompõe essa palavra em três partes: "ex-per-iência". *Ex* tem o sentido de pôr para fora; *per* significa percurso, permanência, perigo, risco/aventura; e *iência* diz respeito ao conhecimento ou à tomada de consciência da lição ou do aprendizado proporcionado pela experiência. Chama, entretanto, nossa atenção para que não confundamos experiência com experimentação. Afirma que a primeira é imprescritível, irrepetível e idiossincrática, e a segunda é, ao contrário, prescritível, repetível, podendo ser replicada.

Para Larrosa (1998), o saber da experiência é finito, particular, subjetivo, relativo e pessoal, não sendo possível separá-lo do docente que o "encarna". A experiência ensina a "viver humanamente" e a conseguir a realização pessoal no âmbito "intelectual, moral, político, estético etc.". Para o autor, ela se torna válida, ou seja, tem sua validação na medida em que é refletida e "assimilada" pelo docente.

Isso parece sugerir que, quando um docente se envolve com inúmeras e diversificadas experiências, vivenciando-as de forma consciente e reflexiva, estas podem ser uma rica fonte de saberes. Marta, que foi professora do EFM e da licenciatura, coordenou o curso de matemática, orientou alunos do curso ameaçados pelo jubilamento, atuou em vários programas de formação continuada, afirma que

> toda essa vivência modificou minhas ideias sobre o ensino e até mesmo minhas atitudes, pois conhecendo melhor as pessoas e a nossa realidade, concluí que o educador é antes de tudo um formador de cidadão e que sempre é preciso olhar primeiro para o ser humano e suas necessidades: a informação é importante, mas não é fundamental para tornar feliz uma pessoa. (Ent. 97)

Barth (1993) esclarece, entretanto, que não é a experiência, em si, que faz o professor aprender: os diferentes contatos que ele estabelece e, sobretudo, a qualidade das experiências por ele vividas, além da forma como estas são produzidas, podem, efetivamente, proporcionar e gerar o saber da experiência.

Autores como Tardif et al. (1991) e Gauthier (1998), que focalizam a experiência no âmbito do ensino e da atividade docente, chamam de **saberes da experiência ou da prática** aqueles saberes que se incorporam à vida individual e coletiva sob a forma de *habitus*[7] e de habilidades de saber fazer e de saber ser. Tais saberes fundem e (re)significam os saberes adquiridos na formação inicial: "Os saberes experienciais não são saberes como os demais; são, ao contrário, formados de todos os demais, mas retraduzidos, 'polidos' e submetidos às certezas construídas na prática e na experiência" (TARDIF et al., 1991, p. 232). Tais saberes, segundo esses autores, constituem os fundamentos da competência docente.

Freire (1996) atribuiu um sentido à experiência que contribui para elucidarmos ainda mais sua função educativa; "Quem forma, se forma e re-forma ao formar e quem é formado forma-se e forma ao ser formado [...] Quem ensina aprende ao ensinar e quem aprende ensina ao aprender" (p. 25). Afirma, ainda, que a experiência ou a prática, quando produzida com certa rigorosidade metódica, torna-se formadora, pois possibilita ao professor aprender com o trabalho docente, uma vez

---

7 Segundo Perrenoud (1993, p. 108). Os sociólogos designam *habitus* o conjunto de disposições e esquemas que formam, segundo Bourdieu (1980), uma "gramática de práticas". Com esse conceito, afastamo-nos da imagem da ação como implementação de uma resposta pré-programada, retirada de repertório acabado (racionalidade técnica).

que, ao ensinar, ele estabelece outras relações, produzindo outros significados que o fazem rever permanentemente sua prática.

Na constituição e no desenvolvimento dos saberes da atividade profissional do formador de professores de matemática, a categoria experiência foi fundamental. Os formadores investigados consideraram as experiências vivenciadas como aluno e professor do EFM e como professor de cursos de formação inicial e continuada de professores muito importantes para seu desenvolvimento profissional.

De acordo com os depoentes, a experiência docente no EFM permite ao formador, de um lado, conhecer o contexto em que seu aluno, futuro professor, irá atuar e, de outro, estabelecer relações entre o conhecimento matemático que ensina na universidade e aquele normalmente mobilizado e desenvolvido na prática escolar.

Considerando, em síntese, que os saberes da atividade profissional adquirem sentido na própria prática docente e que esta prática é complexa e plural, envolvendo múltiplos sujeitos e experiências, torna-se fundamental que os formadores a tomem como objeto de estudo, tanto para si quanto para seus alunos, futuros professores. Isso significa criar, já durante o curso de licenciatura, um ambiente de reflexão e investigação sobre a prática pedagógica em matemática.

Considerações finais e algumas conclusões

O estudo realizado com os professores responsáveis pela formação matemática de futuros professores de matemática na UFPA, focalizando sua formação e seu desenvolvimento profissional, evidenciou, em síntese, que sua formação acadêmica, enquanto profissionais do ensino superior, foi predominantemente técnico-formal, com ênfase quase exclusiva na formação matemática Esta foi, até a década de 70, mais próxima da matemática escolar e, após a década de 80, mais voltada à formação do matemático profissional, visando mais a continuidade dos estudos acadêmicos dos licenciandos em cursos de mestrado e doutorado em matemática pura ou aplicada do que a docência no EFM.

Os depoimentos mostram que os próprios formadores reconhecem que a formação acadêmica recebida durante a graduação e a pós-graduação vem sendo pouco contributiva para sua docência nos cursos de licenciatura em matemática, principalmente tendo em vista sua tarefa de formar professores para o EFM. Os cursos de pós-graduação em matemática parecem priorizar mais os aspectos procedimentais e sintáticos da matemática do que seus aspectos conceituais, semânticos e atitudinais. Assim, os formadores, em sua formação acadêmica, tiveram pouca oportunidade de reflexão e estudo sobre aspectos epistemológicos, históricos e socioculturais das ideias matemáticas, principalmente seu processo de produção e sistematização.

Assim, faltaram a esses profissionais, durante a formação acadêmica, atividades que lhes permitissem discutir ou refletir sobre questões fundamentais ao trabalho docente em matemática, tais como: Qual o papel social e político da matemática no desenvolvimento da cultura, da sociedade e do pensamento humano? Que tipo de matemática e de abordagem é mais relevante à formação do cidadão contemporâneo? Quais as semelhanças e as diferenças entre a matemática escolar, a matemática popular e a matemática acadêmica ou científica? O que caracteriza e diferencia as várias formas de linguagem e de pensamento em matemática, tais como o algébrico, o aritmético, o geométrico, o funcional, o analítico, o integral e diferencial, o estocástico? Que (re)significações as TICs podem trazer ao conhecimento matemático? De que forma o ensino de cálculo, de álgebra, de estocástica ou de análise matemática poderia ser desenvolvido tendo em vista a formação do professor de matemática para o EFM?

A falta de uma formação acadêmica, do tipo teórico-prático, de certa forma explica por que os formadores investigados afirmaram que seus saberes da prática docente – isto é, como preparar, desenvolver e avaliar suas aulas; como problematizar e explorar os conhecimentos matemáticos ou que conteúdos e tarefas privilegiar, tendo em vista a formação do professor para o EFM – foram construídos e desenvolvidos quase exclusivamente a partir da própria experiência.

Como ainda sabemos muito pouco sobre as questões apresentadas, estas poderiam, pelo menos, ser tomadas como objeto de estudo por parte tanto dos formadores quanto dos programas de pós-graduação em matemática. Uma alternativa para desenvolver tais estudos, como mostra a investigação de Souza Jr. (2003), seria por meio da formação de grupos de estudos na universidade, envolvendo parceria e interlocução com educadores matemáticos e pedagogos da faculdade de educação. Ou seja, o objeto de estudo dos formadores poderia ser sua própria prática docente na formação inicial ou continuada de professores.

O trabalho colaborativo entre diferentes profissionais, exemplificado no estudo realizado pelo GEPFPM e publicado neste livro[8], pode ser um elemento catalisador do desenvolvimento profissional do formador de professores. Os formadores, assim, poderiam também ampliar sua formação geral e didático-pedagógica, quali-

8 Ver o capítulo intitulado "Pesquisas sobre trabalho colaborativo na formação de professores de matemática: um olhar sobre a produção do Prapem/Unicamp".

ficando-se para produzir uma prática docente capaz de articular formação matemática com formação didático-pedagógica do futuro professor.

Cabe, por último, destacar algumas ações decorrentes do estudo desenvolvido por Gonçalves (2000) na UFPA, visando principalmente enfrentar o problema da formação dos formadores que ensinam matemática naquela universidade.

A primeira ação decorrente foi a abertura, em 2002, de um Programa de Pós-Graduação – Mestrado em Ensino de Ciências e Matemática – na Universidade Federal do Pará, envolvendo docentes dos departamentos de Matemática, Física, Química, Biologia, Genética, Fisiologia, Psicologia, Geologia e Educação. O programa priorizou, nos dois primeiros anos, a formação acadêmica de professores da própria instituição e de outros formadores de professores. O objeto de estudo das pesquisas relativas às dissertações do programa tem sido a própria prática profissional dos formadores, em relação tanto à formação inicial quanto à formação continuada de professores.

Antes de iniciar o Programa de Mestrado, a universidade já havia oferecido um curso de especialização em educação matemática a oitenta professores, tendo como tema central do curso um problema recorrente no Pará, que é a Educação de Jovens e Adultos (EJA). A partir desse curso – o qual contou com a colaboração de vários especialistas nacionais e também com a realização de vários estudos acadêmicos ligados ao Programa de Mestrado em Ensino de Ciências e Matemática – foi possível formar, no Pará, uma base de conhecimentos didático-pedagógicos e curriculares para a prática educativa junto à EJA daquele estado.

Referências bibliográficas

BALZAN, N. C. Do estudante ao professor universitário: caminhos para a didática do ensino superior. *Revista de Educação*. PUCCamp, v. 1, nº 3, 1997, p. 7-24.

BARTH, B.-M. O. *Saber em construção: para uma pedagogia da compreensão*. Lisboa: Instituto Piaget, 1993. Trad Silvie Cnape.

BRASIL, V. R. A. *As concepções e crenças dos professores de matemática da URCamp sobre "formar professores de matemática"*. Dissertação (Mestrado). Orientador: Roque Moraes. Porto Alegre, RS: PUC-RS, 2001.

CHARLOT, B. Formação de professores: a pesquisa e a política educacional. In: *Professor reflexivo no Brasil*: gênese e crítica de um conceito. São Paulo: Cortez, 2002.

CURY, H. N. A formação dos formadores de professores de matemática: quem somos, o que fazemos, o que poderemos fazer? In: H. N. Cury (org.). *Formação de Professores de Matemática*: uma visão multifacetada. Porto Alegre: EDIPUC-RS, 2001.

FIORENTINI D.; NACARATO, A. M.; FERREIRA, A. C.; LOPES, C. S.; FREITAS, M.T. M. & MISKULIN, R. G. S. Formação de professores que ensinam matemática: um balanço de 25 anos da pesquisa brasileira. In: *Educação em Revista* – Dossiê: Educação Matemática. Belo Horizonte, UFMG, nº 36, 2002, (p. 137-60).

FIORENTINI, D. *A investigação em educação matemática sob a perspectiva dos formadores de professores*. In: Seminário De Investigação Em Educação MATEMÁTICA, XV-Siem, 2004, Covilhã, Portugal. *Actas...* Lisboa: APM, 2004, p. 13-35.

FIORENTINI, D. *A questão dos conteúdos e métodos no ensino de matemática*. II Encontro Gaúcho De Educação Matemática. Porto Alegre: PUC-RS, 1993. *Anais...* PUC-RS, p. 38-46.

FIORENTINI, D.; SOUZA JÚNIOR, A. J. & MELO, G. Saberes docentes: um desafio para acadêmicos & práticos, In: Geraldi, Fiorentini e Pereira (orgs.). *Cartografias do trabalho docente*: professor(a)-pesquisador(a) Campinas, SP: Mercado de Letras: Associação de Leitura do Brasil, 1998, p. 307-35.

FIORENTINI, D.; NACARATO, A. & PINTO, R. A. Saberes da experiência docente em matemática e educação continuada. In *Quadrante*: Revista Teórica e de Investigação. Lisboa: APM, v. 8, 1999, p. 33-59.

FREIRE, P. *Pedagogia da autonomia*: saberes necessários à prática educativa. São Paulo: Paz e Terra, 1996.

GARNICA, A. V. M. *Fascínio da técnica, declínio da crítica*: um estudo sobre a prova rigorosa na formação do professor de matemática. 1995. Tese de doutorado em Educação Matemática.) Orientadora: Maria Aparecida Bicudo. Rio Claro, SP: Unesp,1995.

GAUTHIER, C. et al. *Por uma teoria da pedagogia*: pesquisa contemporânea sobre o saber docente. Ijuí, RS: Ed. Unijuí, 1998. Trad. Francisco Pereira.

GONÇALVES, T. O. *Formação e desenvolvimento profissional de formadores de professores*: o caso de professores de matemática da UFPA. Tese de doutorado em Educação: Educação Matemática. SP: FE/Unicamp, 2000, 206 p.

GONÇALVES, T. O. & GONÇALVES, T. V. O. *A reconceptualização da formação do professor – a partir da reflexão sobre uma prática situada*. IX Endipe, 1998b.

GONÇALVES, T. O. & GONÇALVES, T. V. O. Reflexões sobre uma prática docente situada: buscando novas perspectivas para a formação de professores. In: Geraldi, Fiorentini e Pereira (Orgs.). *Cartografias do trabalho docente*: professor(a)-pesquisador(a). Campinas SP: Mercado de Letras: Associação de Leitura do Brasil, 1998*a*. p. 105-34.

IMBERNÓN, F. *La formación y el desarrollo profesional del profesorado*. Hacia una nueva cultura profesional. Barcelona: Graó, 1994.

LARROSA, J. *La experiência de la lectura*: estudios sobre literatura y formación. Barcelona: Laertes S.A., 1998.

LISTON, D. P. & ZEICHNER, K. M. *Formación del profesorado y condiciones sociales de la escolarización*. Madrid: Ediciones Morata, 1993.

SHULMAN, L. S. Those who understand: knowledge growth in teaching. *Educational Researcher*, 15(2), 1986, p. 4-14.

SICARDI, B. M. & FIORENTINI, D. *Quem são os formadores de professores de matemática da Universidade Metodista de São Paulo*. In: Seminário de Investigação em Educação Matemática, XV-Siem, 2004, Covilhã, Portugal. *Actas...* Lisboa: APM, 2004, p. 213-27.

SILVA, M. T. *Relação entre formação e prática pedagógica de matemática do professor do curso de magistério das séries iniciais do ensino fundamental*. Dissertação de Mestrado em Educação. Orientadora Lícia S. L. Maia. Recife: Universidade Federal de Pernambuco, 2001.

SOUZA JR., J. A. Trabalho coletivo na universidade: trajetória de um grupo de professores de cálculo mediado pelo computador. In: D. Fiorentini, (Org.). *Formação de professores de matemática*: explorando novos caminhos com outros olhares. Campinas SP: Mercado de Letras, 2003, p. 193-216.

TARDIF, M. *Saberes docentes & formação profissional*. Petrópolis: Vozes, 2002.

ZABALZA, M. *O ensino universitário*: seu cenário e seus protagonistas. Porto Alegre: Artmed, 2004.

5 O DESAFIO DE SER PROFESSOR DE MATEMÁTICA HOJE NO BRASIL[1]

Maria Teresa Menezes Freitas
Adair Mendes Nacarato
Cármen Lúcia Brancaglion Passos
Dario Fiorentini
Franceli Fernandes de Freitas
Luciana Parente Rocha
Rosana Giaretta Sguerra Miskulin[2]

INTRODUÇÃO

Em toda a história da escolarização, nunca se exigiu tanto da escola e dos professores quanto nos últimos anos. Essa pressão é decorrente, em primeiro lugar, do desenvolvimento das tecnologias de informação e comunicação e, em segundo lugar, das rápidas transformações no processo de trabalho e de produção da cultura. A educação e o trabalho docente, face a sua função social, passaram então a ser considerados peças-chave na formação do novo profissional do mundo informatizado e globalizado.

Além de novos saberes e competências, a sociedade atual espera que a escola também desenvolva sujeitos capazes de promover continuamente seu próprio aprendizado. Assim, os saberes e os processos de ensinar e aprender tradicionalmente desenvolvidos pela escola mostram-se cada vez mais obsoletos e desinteressantes para os alunos. O professor, então, vê-se desafiado a aprender a ensinar de modo diferente do que lhe foi ensinado.

Foi nesse contexto que começaram a surgir, nos últimos anos, em todo o mundo, reformas curriculares configurando uma nova ortodoxia educacional que padroniza saberes, habilidades e competências a serem adquiridos pelos jovens. Esses padrões são impostos por avaliações e sistemas de responsabilidades e monitoramento que recompensam as escolas bem-sucedidas e proporcionam

---

1 Versões deste estudo foram apresentadas na XI Conferência Interamericana de Educação Matemática (Blumenau, SC, 2003) e no VII Congresso Estadual Paulista sobre Formação de Educadores (Águas de Lindóia, SP, 2003).

2 Maria T. M. Freitas – FE/Unicamp e UFU. Adair M. Nacarato –USF. Cármem Lúcia B. Passos – DME/UFSCar. Dario Fiorentini, Franceli F. de Freitas e Luciana P. Rocha – FE/Unicamp. Rosana G. S. Miskulin – Unesp/Rio Clato e FE/Unicamp. Todos os autores deste estudo são membros do Grupo de Estudo e Pesquisa sobre Formação de Professores de Matemática (GEPFPM) do Prapem/Cempem da FE/Unicamp.

apoio, ou, por outro lado, ameaçam de fechamento as que insistem em fraquejar (Hargreaves, 2002, p. viii).

Paralelamente a esse movimento de reforma, existe também, por parte dos educadores, uma crescente preocupação mundial não apenas com o aparente desinteresse de muitos jovens em relação a sua vida escolar, mas também com os riscos que, cada vez mais, encontram em suas vidas: drogas, abuso ou negligência familiar, medo, violência, suicídio, alienação, consumismo e perda de propósito e direção (ibid.).

Diante desse quadro, parece haver, no contexto atual, certa ambivalência do papel do professor. De fato, a expectativa da sociedade informacional e pós-industrial é considerar os professores como **catalisadores** dessa sociedade, atribuindo-lhes a responsabilidade de formar o sujeito global com as habilidades e competências requeridas por ela. Segundo Hargreaves (2001):

> De todas as atividades que constituem ou aspiram ser profissões, somente a docência tem a tarefa formidável de criar as habilidades e capacidades humanas que capacitarão a sociedade a sobreviver e ser bem-sucedida na era da informação. Até mesmo e, especialmente, em países menos desenvolvidos, espera-se que os professores, mais que qualquer outro grupo profissional, construam comunidades de aprendizagem, criem a sociedade do conhecimento e desenvolvam as capacidades para inovação, flexibilidade e compromisso de mudança, que são essenciais para prosperidade econômica no século XXI. (p. 1)

Para atender a essa expectativa, espera-se que os professores tornem-se superdocentes capazes de desenvolver e aplicar estratégias de sala de aula cognitivamente profundas, emocionalmente envolvidas e socialmente ricas.

Mas, ao mesmo tempo que os professores são desafiados a criar e renovar a sociedade informacional ou do conhecimento, são também convocados pelos educadores críticos a assumir o papel de **contrapontos** à perspectiva pragmática da sociedade tecnológica atual, amenizando seus efeitos perversos, questionando e problematizando o consumismo e o individualismo, denunciando as injustiças e a desigualdade social. Espera-se, assim, que os professores, como contrapartida, promovam: valores éticos, respeito mútuo e o bem comum; trabalho colaborativo e cooperativo; relações de cuidado com o outro e com o bem-estar social; desenvolvimento social e emocional...

Apesar de a sociedade pós-industrial, de um lado, supervalorizar a educação e o papel do professor, de outro, em razão de uma política neoliberal de "enxugamento" das despesas públicas, tem feito dos professores, segundo Hargreaves (2001), as primeiras vítimas desse sistema. Algumas dessas evidências dos professores como vítimas podem ser percebidas pela ampliação do número de alunos por sala de aula e do tempo de duração de cada aula, pelo congelamento ou redução de salário, o que os obriga, muitas vezes, a trabalhar em três turnos e em várias escolas. Ou seja, os professores, além de terem caído na armadilha de fazer mais para ganhar menos, passaram a ter seu trabalho docente controlado e avaliado externamente, tendo como referência propostas que atendem aos padrões globais de conhecimento; comprometendo-se, no caso das grandes escolas privadas, a uma submissão profissional da franquia, ou, no caso das escolas públicas, às políticas centralizadoras dos governos autoritários. Tudo isso vem contribuindo para desencadear, junto aos professores, processos de estresse e de mal-estar.

A docência em uma sociedade informatizada

Hargreaves (2001), ao analisar essa condição de ser professor no contexto da sociedade informacional e pós-industrial (SIPI), caracteriza-a como *paradoxal*, pois sua docência e profissionalismo estão presos em um triângulo de interesses competitivos e imperativos cujos vértices abrigam diferentes visões: um deles apresenta os professores como catalisadores da SIPI, formando os profissionais requeridos pela sociedade tecnológica e de todos os benefícios que esta pode trazer; no segundo vértice, espera-se que sejam contrapontos da SIPI, denunciando as ameaças que esta possa trazer à igualdade, à justiça e ao bem comum; e, no terceiro, surgem como vítimas da SIPI, uma vez que as expectativas da educação entram em conflito com as soluções estandardizadas fornecidas a um custo mínimo.

O Grupo GEPFPM da FE/Unicamp[3], ao tomar conhecimento dos estudos do educador e pesquisador anglo-canadense Andy Hargreaves sobre a condição paradoxal da docência no contexto atual, tem-se interrogado sobre como esse fenômeno se manifesta em países menos desenvolvidos ou em desenvolvimento, como o Brasil.

Ser professor no Brasil, desde a segunda metade do século XX, não tem sido tarefa fácil. No entanto, nos últimos dez anos, essa tarefa parece estar se tornando ainda mais difícil. As políticas públicas de educação, decorrentes de modelos econômicos globais ou neoliberais, vêm promovendo uma série de reformas padronizadas e prescritivas, alavancadas por agências financeiras internacionais, notadamente o Banco Mundial.

Tais reformas são decorrentes do fato de, na atual sociedade da informação (HARGREAVES, 2001), atribuir-se à escola – e a seus professores – o papel fundamental "para 'consertar' a educação" (HARGREAVES, 2002, vii).

A Conferência Mundial "Educação para Todos", realizada em março de 1990, em Jomtien (Tailândia), promovida pela Unesco, Unicef, PNUD e Banco Mundial, foi um marco para o delineamento e a execução de políticas educativas em todo mundo – e, em especial, na educação básica (TORRES, 2001). Uma educação pública de qualidade para todos passa a ser preocupação de diferentes países.

No entanto, o Banco Mundial, em 1995, apesar de ser um dos patrocinadores dessa conferência, apresenta uma pauta de educação aos países em desenvolvimento que, na análise de Torres (1996; 2001), constitui uma visão bastante reducionista em relação aos princípios estabelecidos anteriormente, tratando-se de

> um modelo essencialmente escolar e um modelo escolar com duas grandes ausências: os professores e a pedagogia. Um modelo escolar configurado em torno de variáveis observáveis e quantificáveis e que não comporta os aspectos especificamente qualitativos, ou seja, aqueles que não podem ser medidos, mas que constituem, porém, a essência da educação. (TORRES, 1996, p. 139)

Desde a promulgação da Lei 9.394/96 de Diretrizes e Bases da Educação Nacional, os professores brasileiros vêm sentindo que, de certa forma, atendem à política do Banco Mundial. Dentre os principais itens da reforma, destacam-se: o currículo nacional (Parâmetros Curriculares Nacionais – PCNs), o Programa Nacional do Livro Didático e programa de avaliação nacional (provas do Saeb e Enem[4]).

---

3 O GEPFPM é um subgrupo do Prapem/Cempem (Prática Pedagógica em Matemática/Círculo de Estudo, Pesquisa em Educação Matemática) da Faculdade de Educação da Unicamp.
4 Saeb: Sistema de Avaliação da Educação Básica; Enem: Exame Nacional do Ensino Médio.

Nesse contexto de reformas, e influenciados pelos estudos de Hargreaves, fomos, instigados a realizar uma pesquisa junto aos professores brasileiros de matemática. Para orientar nosso estudo, elaboramos a seguinte questão diretriz: Como os professores de matemática do estado de São Paulo percebem e enfrentam os desafios atuais da profissão docente nas escolas?

Acreditando na hipótese de que as escolas privadas e públicas apresentam condições profissionais diferentes, consideramos pertinente contemplar, nesta pesquisa, as duas modalidades de escolas.

Elaboramos um questionário composto de duas partes: a primeira, com questões fechadas, tinha por objetivo caracterizar os docentes e, a segunda, com sete questões abertas, visava identificar as condições de trabalho deles e a forma como vêm lidando com as questões inerentes à prática profissional e como vêm enfrentando o desafio de ser professores de matemática nesse cenário de reformas educacionais e mudanças sociais.

Os membros do GFPFPM distribuíram, aleatoriamente, os questionários nas instituições escolares com as quais mantêm contato. De aproximadamente 50 questionários distribuídos, houve um retorno de 22 respondidos. Avaliamos que o não retorno de alguns se justifique pelas próprias condições do trabalho docente, que sobrecarrega o professor com jornadas exaustivas, impedindo-o até mesmo de realizar atividades extras, como responder a um questionário. Concluímos ainda, tendo como referência as respostas dadas aos questionários, que os docentes participantes dessa pesquisa – aqueles que responderam ao questionário – são profissionais com características especiais, uma vez que, desses 22 professores, 13 possuem ou estão cursando pós-graduação *lato sensu* e 3 possuem ou estão cursando o mestrado.

Sua idade média é de 34 anos, com um tempo médio de serviço de dez anos (variando de meio a 25 anos de magistério). Quanto à formação desses professores, constatamos que apenas três fizeram licenciatura em matemática em universidade pública. Alguns concluíram mais de um curso superior, tais como: pedagogia, engenharia civil e tecnologia mecânica, com complementação pedagógica em matemática. Apenas um desses professores não possuía formação específica em matemática, sendo graduado em ciências sociais.

Quanto ao tipo de escola em que atuam, encontramos 14 professores somente em escolas públicas, 3 somente em escolas privadas e 5 em ambas. Quanto ao nível de ensino, 6 deles trabalham somente no ensino fundamental, 3 somente no ensino médio e 6 em ambos. Um dos professores pesquisados atua nos níveis fundamental, médio e superior.

O número de aulas semanais ficou assim definido: os docentes ministram na rede pública, em média, 29 aulas e possuem uma média de 5 turmas, com aproximadamente 40 alunos em cada uma delas. Já os professores que trabalham na rede privada de ensino possuem uma média de 14 aulas semanais, divididas entre 3 turmas, em média, por docente, com 29 alunos por turma, aproximadamente.

A seguir, tomando por base as demais respostas do questionário e confrontando com os estudos de Hargreaves (1998, 2001, 2002), descrevemos e discutimos as condições do trabalho docente do professor de matemática no Brasil, sobretudo seus problemas e suas dificuldades em relação às aulas; a sua realização pessoal e profissional no cumprimento das tarefas sob sua responsabilidade, a seu desenvolvimento profissional e a sua perspectiva de futuro.

As condições do trabalho docente no Brasil: o professor como vítima e contraponto

Das três categorias relativas à paradoxalidade da profissão docente descrita por Hargreaves (2001), encontramos, nos depoimentos dos professores, a predominância de duas delas: o professor como vítima e como contraponto. Entretanto, apesar dessa predominância, as reformas educacionais implantadas recentemente no Brasil trazem fortemente a ideia do professor como catalisador da sociedade informacional e pós-industrial. Porém, tendo em vista a forma como vêm sendo implementadas, sem o envolvimento efetivo dos professores, estes, em sua grande maioria, não se identificam nem assumem essa perspectiva de catalisadores.

Dentre todos os docentes desse grupo, apenas uma professora – que realizou curso no exterior (Japão)[5] – manifestou-se propensa a assumir a perspectiva de catalisadora da sociedade informacional. Ela, entretanto, responsabiliza os gestores escolares pela inviabilização dessa perspectiva na escola em que atua:

> A escola, comparada há dez anos atrás, dispõe de materiais pedagógicos e equipamentos tecnológicos que facilitam o trabalho docente. Porém, a falta de preparo dos gestores (diretores de escolas) e a descentralização de fiscalização das delegacias de Ensino fizeram com que cada escola seja administrada sem a adoção de uma linha pedagógica, ausência de discussões e participação da comunidade escolar nas decisões importantes para o encaminhamento de projetos escolares. Por exemplo, na minha escola, o diretor decide qual professor, qual classe, qual turma pode utilizar a sala de informática sem adoção de

---

5 Essa professora também participa do Lapemec/Cempem/FE-Unicamp. Veja o site: http://www.cempem.fae.unicamp.br/lapemmec.

> critérios, e sem análise de projetos e discussão entre os pares da mesma disciplina (Docente P_{10})[6]

No caso do estado de São Paulo, o pacote atual de reformas, pós- LDB 9.394/96, tem sido implementado à revelia dos professores, das entidades representativas da categoria e da comunidade. A isso acrescenta-se, ainda, a forma como a progressão continuada – prevista na LDB – tem sido implementada. O depoimento de um dos docentes, participantes desta pesquisa, retrata não apenas a insatisfação, como também a ausência do professor nas decisões de mudanças de caráter pedagógico:

> ...de alguns anos para cá a POLÍTICA educacional da escola pública paulista tem trabalhado contra a qualidade do ensino. À medida que fui crescendo como professor, fui cada vez mais reprovando MENOS alunos. Nos últimos anos, com frequência aprovava 100% dos meus alunos. Mas isso era feito com grande empenho, com muita garra, à custa de muito trabalho... De repente, a Secretaria de Educação passou a trabalhar no mesmo sentido que eu, mas sem a minha participação. Os alunos passaram a ser aprovados, TODOS, à revelia dos professores e sem dominar o essencial e sequer o conteúdo necessário à promoção para a série seguinte... Os professores não foram envolvidos e grande parte deles SE OMITIU, CAPITULOU, SE ACOVARDOU diante da prepotência e do autoritarismo. (Docente $P_{18.}$ Destaques do próprio docente)

Segundo Almeida (1999), a reforma paulista além de manter a separação entre os que decidem e os que executam as mudanças, vem sendo apresentada de forma *atomizada*, isto é, pontualmente, de maneira desarticulada e fragmentada, não possibilitando ao professor uma visão mais global dos objetivos pretendidos:

> Esconde-se o projeto de reforma que orienta esse conjunto de mudanças e impede-se que os professores e a comunidade discutam seus objetivos, diretrizes e, especialmente, que dele se apropriem e busquem as adequações necessárias ante a realidade de cada escola e as condições concretas de sua viabilização. (p. 258)

A autora ressalta, ainda, a falta de "articulação entre as mudanças e as condições de trabalho, de jornada, de organização e funcionamento da escola, de formação de professores etc." (Ibid.).

---

6 Para preservar a identidade dos professores, utilizaremos um código de identificação: P_k (professor(a) k, com k variando de 1 a 22).

Se, por um lado, é esperado dos professores – agentes centrais na sociedade informacional atual – que sejam comprometidos, que estejam continuamente engajados para a construção de uma nova profissionalidade e, acima de tudo, que desenvolvam a "capacidade para assumirem riscos, lidarem com mudanças e conduzirem investigações quando novas demandas e novos problemas lhes são confrontados" (HARGREAVES, 2001, p. 9), por outro lado, as condições de trabalho impostas pelas políticas públicas parecem ser incompatíveis com tais exigências. É nesse contexto paradoxal que se encontram os sujeitos desta pesquisa. Ao mesmo tempo que destacam as dificuldades encontradas no trabalho docente, expressam o desejo de superá-las, tomando para si toda a responsabilidade. Assumem-se como vítimas, uma vez que suas expectativas como educadores entram em conflito com as propostas de reforma. Mas, na tentativa de superação dessas dificuldades, colocam-se como contrapontos, à medida que buscam promover uma educação inclusiva, voltada à formação de valores.

> O grande desafio de ser professor hoje na escola é que os problemas são tantos, o mundo está mudando tão rápido que o professor tem que estudar não só o conteúdo, mas a metodologia de ensino, a psicologia para lidar com os alunos, ser exigente e calmo ao mesmo tempo (às vezes saio da aula pensando "isso não funciona mais, é preciso mudar"). (Docente P_5)

Dentre as principais dificuldades e insatisfações apontadas pelos docentes destacam-se: a falta de trabalho em equipe na própria escola; a indisciplina e a falta de interesse dos alunos; e os problemas relacionados às condições estruturais ou à gestão escolar.

1. A falta de trabalho em equipe na própria escola

Similarmente àquilo que pesquisas vêm apontando como essencial à profissão docente, os professores paulistas também se ressentem da falta de um trabalho compartilhado na escola, quer com seus pares, quer com seus superiores:

> Outro problema é a falta de um trabalho coletivo junto ao grupo de professores, não temos horários comuns para nos reunirmos e também falta empenho da orientação pedagógica para que isso ocorra. Este problema tento resolver conversando nos corredores e nos intervalos com os colegas. (Docente P_{11})
>
> Atualmente sinto falta de um grupo de trabalho para discutir e reformular textos, exercícios – avaliações para que os alunos possam ter um melhor desempenho (Docente P_5)

Essa falta de um trabalho compartilhado sem dúvida gera insatisfação no professor. No entanto, muitos, apesar disso, buscam isoladamente formas de superação, como: conversas rápidas com pares em corredores (a caminho da sala de aula) e nos intervalos entre aulas, como destaca o docente P_{11}, durante a participação em grupos de estudos, fora da escola, até mesmo aos sábados, apesar da sobrecarga desumana de trabalho.

Segundo Hargreaves (1998), existem duas formas básicas de trabalho em grupo ou em equipe: a *colegialidade artificial*, na qual o trabalho de equipe é regulado administrativamente e as reuniões são compulsórias, orientadas para a implementação de tarefas geralmente de interesse externo ao grupo; e a *colaboração*, que é voluntária e espontânea e evolui a partir do desejo e interesse dos próprios docentes, não sendo previsível nem controlada externamente.

No caso dos professores em estudo, há o desejo de um trabalho compartilhado, na escola ou fora dela, que contribua para romper com o isolamento e o individualismo docente, muito frequente na cultura escolar atual. Entretanto, a forma almejada não é a da colegialidade artificial, mas, sim, a da colaboração voluntária e espontânea.

2. A indisciplina e a falta de interesse dos alunos

Os interesses dos adolescentes refletem as transformações sociais e econômicas que o mundo vem vivendo. A sociedade tecnológica lhes impõe novos hábitos: os jogos eletrônicos, a mídia com suas imagens instantâneas, a Internet, dentre outros, trazendo satisfações imediatas a seus desejos e anseios. Aliado a isso, para muitos deles, a família deixou de ser o ponto de referência. Em muitos casos, o único objetivo da vida familiar é a própria sobrevivência diária e imediata. Não há mais projetos a longo prazo. Impera, na maioria dos casos, a individualidade.

Nesse contexto, a educação escolar deixa de ser essencial. O conhecimento parece efêmero. "A ciência já não parece ser capaz de mostrar como viver, pelo menos com alguma certeza ou estabilidade. Nas sociedades pós-modernas, a dúvida é permanente, a tradição está em retirada e as certezas morais e científicas perderam sua credibilidade" (HARGREAVES, 1998, p. 64).

Do professor têm sido exigidas competências para as quais não está preparado, pois sua formação inicial não lhe deu e a continuada – quando existe – não aborda essas questões. Além de ministrar competentemente o conteúdo de sua disciplina, o professor deve exercer funções que deveriam ser de outras áreas: assistente social, psicólogo, orientador sexual.... Enfim, deve ser capaz de lidar com as questões emocionais, afetivas, sociais e cognitivas de seus alunos. Ou seja, ser professor hoje, como expressa um dos professores investigados, "requer competências e habilidades que vão além do que a formação ofereceu" (Docente P_{19}).

Nesse sentido, os professores paulistas expressam seus sentimentos de insatisfação diante da indisciplina e do desinteresse de seus alunos:

> O maior desafio é ensinar matemática a alunos que não querem aprender nada, pois falta a eles interesse, perspectiva, cultura, equilíbrio emocional e familiar. E fazer do conteúdo extenso algo atraente e de fácil entendimento. (Docente P_{22})

Colocam para si, como desafio maior da profissão docente, "criar nos alunos uma perspectiva de vida, principalmente para aqueles que não têm uma família estruturada" (Docente P_{13}). Para isso, buscam diversidade de estratégias para suas aulas, tentando conquistar seus alunos, mantendo uma relação mais dialógica de escuta recíproca.

Vale destacar que mesmo os docentes que atuam em escolas privadas, com menor número de alunos por classe (em média 29), também enfrentam o desinteresse dos alunos.

3. Problemas relacionados às condições estruturais ou à gestão escolar

A problemática analisada anteriormente é agravada pelas atuais condições de trabalho docente, do ponto de vista estrutural: excessiva carga horária, trabalho em mais de uma escola, em redes de ensino diferentes e, às vezes, em três períodos do dia, além de um número excessivo de alunos por sala de aula.

Embora o Banco Mundial considere não haver relação entre o rendimento escolar e o número de alunos por sala, afirmando textualmente que "acima de vinte alunos por sala, não faz diferença se são trinta ou cinquenta ou mais" (TORRES, 1996, p. 167), a Organização Internacional para o Trabalho (OIT) e a Unesco têm uma posição diferente. Segundo essas organizações, o número ideal estaria entre vinte e trinta, e o Brasil é um dos países com o maior número de alunos por classe, o que prejudica o ensino e acarreta ao professor uma série de problemas de saúde.

Os professores, em seus depoimentos, manifestam-se insatisfeitos com o número de alunos por classe, mas, mesmo assim, buscam formas alternativas de lidar com esse problema, tais como realizar trabalhos em grupos, recuperações paralelas, utilizar os horários de trabalho pedagógico como plantão de dúvidas ou divisão da turma para atendimento individualizado: "*Salas lotadas dificultando o atendimento individual do aluno... Atendo a metade numa aula e depois a outra...* (Docente P_{22})

A tudo isso acrescenta-se, além do desprestígio profissional, a sobrecarga de trabalho decorrente dos baixos salários:

> O principal problema do professor hoje é a quantidade de escolas em que tem de trabalhar para que possa ter um salário regular; isso faz com que o profissional não prepare suas aulas nem tenha tempo para se atualizar. (Docente P_8)

Há ainda a questão da gestão escolar. Uma política educacional centralizadora gera dirigentes escolares também centralizadores. O Estado controlador acaba impedindo processos autônomos de gestão escolar, de construção de projetos pedagógicos com a participação democrática dos professores e da comunidade. Os dirigentes educacionais (diretores, coordenadores, secretários de ensino) impõem exigências ao trabalho docente, sobrecarregando os professores com atividades burocráticas e, muitas vezes, revelando insensibilidade para lidar com essa complexidade. "Ter pessoas competentes e sensíveis trabalhando nos cargos superiores, desde direção até secretário da educação", é a sugestão apresentada pelo Docente P_{11} como condição para a melhoria do trabalho docente.

Tais dirigentes, muitas vezes, fazem-se ausentes nas resoluções dos problemas da escola, na visão dos professores: "Quase tudo o que tem que ser conversado ou discutido, é transmitido simplesmente por meio de bilhetes colados nas salas dos professores" (Docente P_{13}). Ou revelam-se, ainda, incompetentes, provocando a fuga de docentes da escola pública regular para um curso supletivo diferenciado, como ocorreu com o Docente P_{18}:

> Os coordenadores pedagógicos eram pessoas que não tinham a mais elementar noção do que seja coordenar um projeto pedagógico. Os alunos estavam à deriva e os professores desesperados e sem ânimo para reagir.

Entretanto, apesar de todas essas condições, os professores continuam realizando seu trabalho, sem perder a esperança e, principalmente, acreditando que depende deles a superação de muitos desses problemas. É isso que constitui o grande desafio de ser professor atualmente.

O desafio de ser professor de matemática

As condições de trabalho docente descritas anteriormente tornam-se ainda mais complexas em se tratando de um profissional da área de matemática. Além de lidar com a indisciplina e o desinteresse dos alunos, a esse professor cabe ainda a tarefa de romper com o estigma de a matemática ser uma disciplina difícil e privilégio de poucos: "Ser professor hoje é muito difícil, seja qual for a área, e de matemática é pior ainda, pois ela já vem rotulada pela criança como uma matéria difícil" (Docente P_7), ou ainda: "O grande desafio hoje é tirar o estigma de que a matemática é o grande carrasco da escola e conseguir trazê-la, o mais próximo possível, para o dia a dia" (Docente P_{12}).

A fala do Docente P_{12} de certa forma revela o desejo da maioria dos docentes pesquisados, ou seja, tornar suas aulas de matemática significativas e prazerosas, mesmo sendo essa tarefa trabalhosa: "O grande desafio hoje é fazer com que o aluno entenda e compreenda a matemática, tenha prazer em estudar, conhecê-la; com isso precisamos proporcionar aulas diferentes, isso dá trabalho" (Docente P_7).

Despertar o interesse e a motivação dos alunos pelas aulas de matemática acaba exigindo dos docentes atividades que extrapolam sua própria formação:

> O grande desafio enquanto professora é, com poucos recursos, como fazer com que minhas aulas sejam prazerosas e, ao mesmo tempo, atinjam o objetivo de fazer com que meu aluno aprenda aquilo que ensino [...] O maior problema é conquistar o aluno que não quer aprender, que não quer vir para a escola, a aprender Matemática e que ela é importante para a vida dele. Tento de "tudo" para solucionar esse problema, desde jogos, material concreto, resolução de problemas, trabalho de pesquisa de campo, até teatro ultimamente tenho feito. (Docente P_{11})

O desejo de romper com o mito da matemática como algo inacessível, mostrando sua utilidade, revelado na fala anterior, manifestou-se também nas falas de outros docentes. Aproximar o conhecimento matemático do cotidiano do aluno pode representar uma saída para atribuir significados aos conteúdos trabalhados. Nesse sentido, os Parâmetros Curriculares Nacionais, ao proporem um trabalho com temas transversais, acabam gerando no professor uma expectativa de possível sucesso, ao nortear-se por tais diretrizes. Assim, mesmo sem conhecimentos profundos de como isso possa ser feito, pelas próprias condições de trabalho expostas anteriormente, há docentes que se sentem angustiados por não trabalharem nessa perspectiva:

> Tenho dificuldade em apresentar aplicações mais práticas, relacionadas ao dia a dia, aplicando vários assuntos da matemática (Docente P_5)
>
> Em minha prática, falta o trabalho com temas transversais. Na verdade minha prática tem sido mais conteudista, com um pensamento ainda vinculado com a ideia de cumprir o planejamento. (Docente P_{15})

Outro desejo bastante manifesto na fala dos docentes é o de possibilitar aos alunos a construção de conceitos matemáticos e, principalmente, que eles aprendam matemática:

> Muitos alunos vêm do ensino fundamental sem a base necessária, alguns até semianalfabetos, e fica difícil de trabalhar em uma sala consideravelmente cheia (35) e com várias realidades diferentes. Tento sempre rever conceitos, recuperações paralelas e contínuas (Docente P_6)

As reflexões dos professores paulistas, reveladas pelas respostas apresentadas nos questionários, quanto ao desafio de ser professor de matemática hoje sinalizam o quanto carregam para si a culpa dos fracassos dos alunos, da escola e da educação como um todo. Almejam, entretanto, mudanças nas condições de trabalho e trazem para si a maior responsabilidade de fazer o aluno aprender matemática e, para isso, pedem socorro: "É importante que haja um retorno de nossa prática, onde estão os buracos e as lacunas, que não possibilitam a construção do conhecimento. NECESSITAMOS DE AJUDA" (Docente P_4).

O PROFESSOR DE MATEMÁTICA E AS REFORMAS CURRICULARES

A maioria (73%) dos docentes tem procurado individualmente tomar conhecimento das reformas curriculares (Cenp[7] e PCNs) e tentado implementá-las, pelo menos em parte.

Alguns professores, entretanto, destacam que a implementação da proposta da Cenp foi mais efetiva que a dos PCNs. Justificam esse fato dizendo que, participaram da elaboração da primeira, enquanto, que com relação aos PCNs, não foram ouvidos nem tem havido encontros de estudo coletivo com seus colegas de escola.

> (...) a reforma curricular do Estado (Cenp) já faz tempo que utilizo... Algumas atividades propostas já realizei em sala e o resultado foi positivo. Os PCNs, dois anos atrás chegaram na escola, não houve um interesse por parte da orientadora e dos professores em discuti-los, e o que achei interessante são os temas transversais, mas acredito que precisamos estudá-los em conjunto, pois visam uma interdisciplinaridade ou transdisciplinaridade...(Docente P_{11})
> [...] Com base nos PCNs e em discussões promovidas em alguns encontros de que participei – tenho tentado mesmo que timidamente trabalhar com alguns aspectos do ensino de matemática, como: a história da matemática, resolução de problemas, além disso tenho procurado integrar melhor a geometria no ensino de matemática. Mas acho que o grande problema é que de certa forma acabo trabalhando ou refletindo individualmente, já que em minha escola os professores não têm o interesse em promover uma discussão sobre

---

7 Cenp: Coordenadoria de Estudos e Normas Pedagógicas, Secretaria de Educação, Estado de São Paulo, responsável pela publicação das últimas reformas curriculares.

> currículo, aliás eles não se interessam em discutir nada e nem ao menos têm uma noção de como?, para quê? .... como se estrutura um currículo efetivamente, a maioria acha que currículo é simplesmente o programa e/ou grade curricular (Docente P_{18}; grifo nosso).

Mais uma vez, ficam evidentes, nas falas acima, a ausência e o desejo, entre os professores, de um trabalho do tipo colaborativo, que promova discussões, experiências e reflexões sobre o processo de inovação curricular do ensino da matemática na escola.

A BUSCA DE ATUALIZAÇÃO E DE DESENVOLVIMENTO PROFISSIONAL

A forma de atualização profissional mais procurada e citada (64%) pelos professores consiste na participação em palestras, cursos, oficinas, congressos e seminários oferecidos pela SBEM, universidades ou delegacias de ensino. Como alternativa de desenvolvimento profissional, 45% dos docentes também apontam a leitura. Essas leituras são bastante variadas: revistas especializadas, livros paradidáticos, materiais instrucionais, textos da Internet, entre outros. Chama a atenção, também, como já adiantamos na introdução, que 16 dos 22 docentes, isto é, 73%, possuem ou estão cursando algum tipo de pós-graduação. Destes, um tem mestrado concluído e dois ainda estão cursando.

Outras formas de atualização profissional citadas pelos professores foram: a troca de ideias e experiências com colegas (4); a participação em grupos de estudo e pesquisa ligados à universidade (4); a participação em programas de pós-graduação à distância (TV Escola e Educomunicação); bolsas de estudo no exterior (Japão); preparação (organização, planejamento) e apresentação de palestras/cursos a outros professores (1).

No geral, todos os docentes investigados expressam uma preocupação com sua formação permanente, sendo esta entendida de múltiplas formas, a partir do próprio trabalho, e sempre inconclusa:

> [me desenvolvo profissionalmente] na preparação das aulas... na atualização e adaptação dos textos didáticos e na produção dos mesmos, surge a necessidade de estudar e aprender. Além disso, estou sempre atento a cursos, palestras, congressos... [Também] para as palestras e cursos que eu próprio faço para outros professores, também tenho que estudar e me preparar... (Docente P_{18})
>
> Sempre, um professor ou qualquer outro profissional, hoje, nunca estará realmente formado (Docente P_7)

Todos esses aspectos apontam para o esforço do professor na busca de sua atualização profissional, a qual, segundo Fullan e Hargreaves (2000), embora imprescindível, é sempre parcial ou incompleta: "Há o problema do ensino ser uma profissão de mudanças e de cada vez mais amplas e diferentes expectativas que exigem mais consulta e contato entre professores, entre colegas e entre uma gama de outros adultos – contatos para os quais eles costumam apresentar treinamento, tempo e apoio insuficientes" (p. 31).

Perspectivas futuras e considerações finais

Apesar de todo o envolvimento e esforço dos professores na busca de atualização e permanente desenvolvimento profissional, a escola na qual atuam, constitui-se em um espaço de contradições e conflitos para a realização satisfatória de seu trabalho docente. Isso mostra quão complexa e desafiadora é a atividade docente, hoje, nas escolas brasileiras.

Entretanto, os professores, diante desse quadro sombrio, ainda alimentam esperanças de que é possível reverter essa situação. Mas, para isso, reivindicam mudanças e melhorias: na cultura e na gestão escolar; nas condições físicas e estruturais da escola; no trabalho didático-pedagógico de sala de aula; e nas políticas públicas.

Em relação à **mudança de cultura e da gestão escolar**, reivindicam: maior comprometimento da direção e da coordenação pedagógica com o papel educativo da escola (P_{13}, P_{16}), uma cultura de trabalho em equipe em torno de um projeto coletivo elaborado e conduzido por todos os responsáveis pela escola (P_3, P_5, P_{15}), envolvendo inclusive pessoas da comunidade (P_{19}, P_{21}), de modo que os problemas didático-pedagógicos de sala de aula e da gestão escolar sejam discutidos por todos e as soluções buscadas conjuntamente. Além disso, consideram importante o intercâmbio entre professores da rede e professores universitários, para o desenvolvimento de projetos, com ampla divulgação dos sucessos e fracassos. Mas, para isso, é preciso uma boa liderança – gestores realmente democráticos –, que incentive e mobilize os professores para a mudança compartilhada.

Quanto à **melhoria das condições materiais e estruturais da escola**, os professores reivindicam: redução da carga horária de sala de aula do professor (P_5, P_{10}, P_{15}, P_{14}, P_{22}), aumentando o tempo para estudo, discussão de problemas e construção coletiva das mudanças curriculares (P_8, P_{17}); redução do número de alunos por classe (P_8, P_{17}); melhoria salarial (P_8, P_{11}, P_{22}); compromisso do professor com apenas uma escola (P_{17}); melhorias das condições físicas da escola, ampliando as salas e os espaços de estudo e pesquisa (P_{21}); ampliação e disponibilidade de recursos didáticos (P_{20}) como, por exemplo, aquisição de computadores e montagem de laboratórios que funcionem realmente (P_{11}).

Reivindicam, ainda, **maior comprometimento das políticas públicas** em relação: à efetivação dos professores; à formação continuada e ao desenvolvimento profissional dos professores (P_7, P_9, P_{19}); à abertura de novos concursos; à redução do número de alunos por classe; à melhoria salarial e das condições de trabalho. Há disponibilidade e desejo dos docentes em participar efetivamente dos processos de mudança curricular.

Em relação ao **trabalho didático-pedagógico** em sala de aula, os docentes pouco se manifestaram, deixando entender que este pode efetivamente ser melhor desenvolvido se as condições anteriores forem de fato garantidas. Ou seja, se houver espaço para estudo e trabalho coletivo entre os professores, transformando a escola realmente em um lugar em que todos assumem o desafio de aprender uns com os outros, se houver intercâmbio entre os professores...

As expressões anteriores traduzem os anseios e as expectativas dos professores na busca incessante de melhorar a condição docente e nos conduzem a outra dimensão, ou seja, a dimensão da esperança, percebida pelas palavras de alguns professores:

> Gostaria de ter um lugar ou alguém que pudesse mostrar cominhos alternativos para melhorar a minha aula e que também pudesse me animar quando tudo parecesse que perdeu a importância, o valor, a necessidade. Tem momentos, no dia a dia da sala de aula, que estou sozinha, lutando para que meus alunos gostem e aprendam matemática. Muitos artigos ou livros discutem assuntos que parecem ser baseados em alunos perfeitos, ideais e ficam distantes da realidade do adolescente da minha escola. Sugiro que montem grupos de estudo com os professores que estão na sala de aula do ensino fundamental ou médio, mas de alguma forma que a Secretaria da Educação apóie e custeie. (Docente P_{22})
>
> Melhorar a vida da escola tendo verdadeiramente grupos trabalhando em conjunto para um mesmo objetivo. Professores com número de aulas menores, para que tenham espaço dentro da escola para se reunir (de verdade) para discutir os problemas e suas possíveis soluções. Melhorar o trabalho docente de Matemática. Um coordenador de área que possa propiciar o encontro dos professores da área para discussão do que não dá certo e soluções.(Docente P_5)

Pelos depoimentos dos professores, fica evidente que eles têm consciência da complexidade que envolve a profissão docente e acenam para caminhos que melhorem essa condição. Para isso, esperam contar com parceiros que possam contribuir para o redimensionamento da prática profissional. Parceiros esses que se encontram nas universidades, na própria escola ou em outros contextos, sendo indispensável o envolvimento e o apoio dos gestores escolares. Mas, talvez, mais importante e desafiador, subjacente à fala dos professores, é o desejo de transformar a própria escola em um espaço efetivo de aprendizagem, onde professores e alunos possam aprender, uns com os outros, novas alternativas de fazer escola, tendo em vista os desafios contemporâneos.

Referências bibliográficas

ALMEIDA, M. I. Os professores diante das mudanças educacionais. In: M. A. V. Bicudo e C. A. Silva Jr. C. A. (orgs.). *Formação do educador*: organização da escola e do trabalho pedagógico. São Paulo: Unesp, 1999. v. 3, p. 249-61. Seminário & Debates.

FULLAN, M. & HARGREAVES, A. *A escola como organização aprendente*: buscando uma educação de qualidade. Porto Alegre: Artes Médicas Sul, 2000. Trad. Regina Garcez.

HARGREAVES, A. *Os professores em tempo de mudança*: o trabalho e a cultura dos professores na Idade Pós-Moderna. Portugal: MacGraw-Hill, 1998. 308p.

______. Teaching as a paradoxical profession. In: *ICET– 46th World Assembly: Teacher Education (CD-ROM)*. Santiago, Chile, 2001. 22p.

HARGREAVES, A.; EARL, L.; MOORE, S. & MANNING, S. *Aprendendo a mudar*: o ensino para além dos conteúdos e da padronização. Porto Alegre: Artmed, 2002. 206p.

TORRES, R. M. Melhora a educação básica? As estratégias do Banco Mundial. In: Tommasi, M. J. Warde, & S. Haddad, (orgs.). *O Banco Mundial e as políticas educacionais*. São Paulo: Cortez, 1996. p. 125-93.

______. *Educação para todos*: a tarefa por fazer. Porto Alegre: Artmed, 2001. Trad. Daisy Vaz de Moraes.

PARTE II
O trabalho colaborativo na formação e na pesquisa docente

6 UM GRUPO COLABORATIVO DE EDUCADORAS DE INFÂNCIA E SUAS RELAÇÕES COM A ESTOCÁSTICA

Celi Aparecida Espasandin Lopes[1]

Este artigo refere-se a uma pesquisa de doutorado (LOPES, 2003), na qual se investigaram as contribuições que o estudo, a vivência e a reflexão sobre conceitos de estatística e probabilidade podem trazer ao desenvolvimento profissional e a prática pedagógica de um grupo[2] de professoras da educação infantil. Realizamos uma intervenção planejada, trabalhando com um grupo que se tornou colaborativo, ao longo de três anos de encontros que tinham por objetivo possibilitar a ampliação do conhecimento profissional das educadoras, no que se referia ao conhecimento da matemática, da estatística, do currículo e do processo de ensino -aprendizagem.

Enfatizamos o conhecimento didático da Estocástica, ao trabalhar as interseções da estatística e da probabilidade, proporcionando não apenas oportunidades para melhor compreensão do processo de aprender a ensinar, mas objetivando a conversão desse conhecimento em "critério apropriado para avaliar a qualidade das experiências oferecidas aos professores em formação" (MARCELO GARCIA, 1999, p. 54).

No decorrer da trajetória dessa investigação, privilegiamos a concepção de Estatística como arte e ciência de coletar, analisar e fazer inferências a partir de dados e a ideia de uma matemática que se desenvolveu e se tornou ciência pelo movimento da necessidade humana, ao solucionar problemas relacionados a diferentes conhecimentos.

A percepção de que o conhecimento profissional dos professores não apenas resulta de uma integração entre teoria e prática mas também é pessoal e manifesta-se especialmente pela ação que norteou esta pesquisa. Guiou-nos também o pressuposto de que o desenvolvimento profissional dos professores é uma opção para envolver-se com um projeto de formação intencional, no qual deverão refletir sobre sua prática, individual e coletivamente.

Nossa diretriz foi a discussão sobre a interação entre conhecimento, práticas pedagógicas e desenvolvimento profissional do professor, durante sua ação, em seu contexto. Destacamos que foi essencial a adesão livre e voluntária de todas as participantes.

---

1 Docente do Programa de Mestrado em Ensino de Ciências e Matemática da Universidade Cruzeiro do Sul – UnicsuL/SP.

2 Esse grupo foi denominado GEPEPEI – Grupo de Estudos e Pesquisa sobre a Estatística e a Probabilidade na Educação Infantil.

Na pesquisa, tivemos um papel vital ao apoiar o professor para um melhor conhecimento de si e de sua prática, por meio de nossa presença interativa, de nosso conhecimento profissional, de nossa capacidade em promover questionamentos e expressar afetividade.

Partimos do princípio de que o professor é um profissional competente e responsável, que tem um papel fundamental a desempenhar no desenvolvimento curricular e em seu próprio desenvolvimento; de que ele detém conhecimento próprio e capacidade reflexiva e de ação quanto a sua prática e a seu desenvolvimento profissional, em concordância com autores como Ponte (1998) e Schön (1992), para quem o professor desempenha papel essencial em sua atividade profissional.

Essas crenças e concepções foram norteadoras do processo de formação que será descrito neste capítulo, ao relatarmos as interações ocorridas no GEPEPEI e o estudo de caso da professora Maria Ida, para evidenciar os resultados emergentes do desenvolvimento profissional desencadeado pela participação em um grupo colaborativo de estudo e pesquisa.

O CONTEXTO E A CONSTRUÇÃO DAS INFORMAÇÕES

O contexto no qual esta pesquisa se desenvolveu foi uma escola que tem sua proposta pedagógica centrada em uma concepção de ensino e aprendizagem construtivista e interacionista (ECC, 2002), concebendo o conhecimento como construção de significado e abordando o conteúdo das diversas áreas de estudo nas dimensões: conceitual, procedimental e atitudinal. O currículo da educação infantil centra seu foco no trabalho com projetos integrados, que têm por objetivo formar uma rede de relações e interdependências entre diferentes conhecimentos.

Encaminhamos uma carta-convite a dez professoras que trabalhavam com crianças da faixa etária entre 5 e 6 anos, no curso infantil da Escola Comunitária de Campinas – com o objetivo de organizar um grupo de estudos e pesquisa sobre Estatística e Probabilidade; tivemos retorno positivo de quatro titulares e uma auxiliar. Duas coordenadoras de curso apresentaram interesse em participar das reflexões. Solicitamos às primeiras que se manifestassem sobre essa participação, e elas foram unânimes em concordar. Tínhamos a preocupação de que as coordenadoras pudessem inibi-las; todavia, durante os encontros, percebemos que a presença delas enriquecia a equipe e as professoras estavam muito acostumadas ao trabalho conjunto.

Iniciamos a pesquisa em fevereiro de 2000, quando realizamos entrevista individual com as professoras e coordenadoras a partir de questões abertas.

Em março, o grupo teve dois encontros, sendo o primeiro destinado à aplicação de um questionário elaborado pela pesquisadora, com a intenção de analisar o momento cognitivo das participantes em relação à Probabilidade e Estatística, embora já tivéssemos alguma ideia a partir da entrevista inicial. Esse momento permitiu observar como cada educadora se comportava diante do conteúdo matemático e estatístico, quando apresentado de maneira mais formal. No segundo encontro do mês, discutimos algumas questões aplicadas por Green (1982) a três mil alunos ingleses, com idade de 11 a 16 anos, para pesquisar o pensamento probabilístico.

Em abril, realizamos experimentos probabilísticos, com lançamentos de moedas e dados, retiradas de fichas, análise de situações, envolvendo o certo, o provável e o impossível. No segundo encontro do mês, estudamos o pensamento estatístico, analisando o processo de tratamento de dados, a representação e a construção de gráficos estatísticos e o significado das medidas estatísticas.

Em maio, a discussão do primeiro encontro centrou-se no relato a respeito do projeto integrado de áreas que cada professora estava desenvolvendo e fizemos um exercício de pensar sobre que ideias – que envolvessem Combinatória, Probabilidade ou estatística – poderiam ser incorporadas ao projeto atual ou ao que se iniciaria. Ao final do encontro, cada professora socializou seu *insight* e o grupo apresentou, comentários e considerações. Na quinzena seguinte, assistimos ao vídeo de uma aula filmada por uma das docentes, focalizando uma atividade que envolvia coleta, organização e análise de dados.

Contagiadas pela atitude da colega, as demais adotaram o mesmo procedimento. Então, fizemos a proposta de dividir o encontro em dois momentos: um de discussão mais teórica, com leitura prévia de textos curtos, e outro em que assistiríamos às aulas e faríamos as reflexões. Assim foram as reuniões de junho, nas quais debatemos os capítulos de nossa dissertação que focalizavam alguns apontamentos históricos, a Estatística e a Probabilidade no currículo brasileiro e propostas de currículos internacionais.

Em agosto, iniciamos o estudo sobre acaso e probabilidade, com base no livro *A emergência da matemática no jardim-de-infância*[3], no qual os autores apresentam uma síntese teórica das pesquisas e implicações educativas sobre a temática. No segundo encontro desse mês, debatemos o texto *Teaching and Assessing Statistical Reasoning*[4], cem que os autores discutem atividades recomendadas para desenvolver o raciocínio estatístico.

---

3 BARROS, Maria G. & PALHARES, Pedro. **Emergência da matemática no jardim-de-infância**. Porto: Porto Editora, 1997.

4 GARFIELD, Joan B. & GAL, Iddo. Teaching and Assessing Statistical Reasoning. IN: L. Stiff, d F. Curcio. **Developing mathematical reasoning in grades K-12**. USA: The National Council of Teachers of Mathematics, 1999.

A partir de setembro, durante nosso estágio na Universidade de Granada, o grupo realizou cinco reuniões. Nossa interferência ocorreu por intermédio de e-mails e telefonemas. Cada educadora ficou responsável por coordenar um encontro, gravando em fita cassete e redigindo ata. As pautas de trabalho haviam sido definidas em agosto. A equipe elaborou atividades, analisou a aplicação delas e realizou reflexões teóricas a partir de textos enviados da Espanha.

Na última semana de novembro, tendo retornado de Granada, relatamos ao grupo as repercussões e considerações feitas pelos investigadores espanhóis e portugueses sobre o trabalho. Houve ainda uma avaliação dos encontros dos quais estivemos ausentes.

Em dezembro, realizamos uma reunião de duas horas para avaliação do trabalho desenvolvido durante o ano letivo e uma autoavaliação de cada participante. Ao encerrarmos as atividades de construção das informações da pesquisa, fizemos uma entrevista individual com as educadoras.

Nessa ocasião, três professoras comunicaram e justificaram a impossibilidade de participar do grupo no ano seguinte, por motivos particulares. Porém, três outras professoras e mais uma coordenadora do curso infantil ingressaram no GEPEPEI em 2001; destas, duas professoras trabalhavam com crianças de 4 anos, o que ampliava o desafio. A equipe decidiu continuar realizando os encontros, porém com intervalo de três semanas, devido à pesada carga horária de trabalho de todas.

Dessa forma, nossos encontros ocorreram nos períodos letivos dos anos 2000, 2001 e 2002. Nesse período, destacaram-se o entusiasmo, a cooperação, a solidariedade, a cumplicidade, a alegria e a espontaneidade com que o grupo desenvolvia seus trabalhos. Observávamos que o tema se lhes apresentara essencial, motivador, pois tratava de um universo desconhecido e instigante.

O cronograma de encontros, assim como as propostas a serem realizadas, foi sugerido pela pesquisadora para discussão e aprovação do grupo, que passou a se reunir em uma sala de aula da Escola Comunitária de Campinas, após o término do período da tarde. Ou seja, nossas reuniões foram e são realizadas, até hoje, no horário das 18 às 20 horas, nas datas agendadas no início de cada ano letivo. É importante ressaltar que esse grupo de estudo e pesquisa sempre contou com participação opcional e sem qualquer vínculo com a carga horária profissional contratada pela escola.

No processo de intervenção, priorizamos as leituras e discussões teóricas sobre estocástica; a resolução de problemas envolvendo raciocínio combinatório; a realização, observação e reflexão sobre experimentos probabilísticos; a construção e leitura de gráficos estatísticos; a análise de utilização de conceitos estatísticos básicos, ao desenvolver um processo de tratamento de dados.

Passamos a uma segunda etapa do processo de intervenção, na qual as professoras deveriam elaborar atividades de ensino que envolvessem a temática, mas inseridas nos projetos integrados[5] entre áreas que estivessem desenvolvendo. Nesse momento, socializaram suas ideias iniciais e obtiveram sugestões e considerações do grupo. As professoras tiveram a iniciativa de gravar as aulas durante as quais desenvolveram a atividade que focalizava a temática e disponibilizaram esse material ao grupo de pesquisa.

Nesse processo, buscamos diversificar as estratégias, investindo sistematicamente no processo reflexivo individual e coletivo a respeito de textos teóricos; permitindo a assimilação de uma linguagem matemática e estatística sobre a observação de experimentos; analisando situações de simulação; resolvendo e elaborando problemas. Desenvolvemos um processo de formação que rompesse com o uso de fórmulas, regras e cálculos sofisticados, pois consideramos que esse tipo de trabalho não permitiria às educadoras elaborar e reelaborar seu raciocínio combinatório e os pensamentos estatístico e probabilístico.

A aquisição dos conceitos lógicos e formais de Probabilidade e Estatística ocorreu em uma trajetória de estabelecimento de conexões cognitivas com o conhecimento acumulado em outras áreas ou na própria temática, lembrando que a estatística tem suas raízes na interdisciplinaridade das áreas de conhecimento (LOPES, 1998) e a Probabilidade e a Combinatória são utilizadas nas ciências humanas e da natureza.

O trabalho desenvolvido pelo grupo apresentou-se muito produtivo em relação à aquisição de referencial teórico e, especialmente, à reflexão constante sobre a prática pedagógica. As professoras inseriram, em seus projetos integrados, atividades de ensino que envolviam Estatística e Probabilidade. Isso despertou a atenção para quão criativas eram as propostas. Quando as apresentamos em congressos e encontros científicos nacionais ou internacionais dos quais tivemos oportunidade de participar, percebemos o interesse demonstrado pela comunidade pesquisadora, especialmente no que se refere à qualidade das atividades elaboradas e desenvolvidas pelas docentes, em relação ao pensamento estocástico. A partir do interesse que as pessoas demonstraram em relação às atividades elaboradas e desenvolvidas pelas professoras, fizemos a proposta ao grupo de elaborar uma publicação[6] na qual elas relatassem esse trabalho.

---

5 O curso de educação infantil da Escola Comunitária de Campinas está organizado e estruturado para trabalhar com projetos integrados de áreas. Neles, diferentes áreas do conhecimento são trabalhadas não de forma partida ou compartimentada, mas de modo a formar uma *rede* de relações, de interdependências. São essas múltiplas relações que dão significado ao aprendizado e ao conhecimento adquirido e construído pelas crianças.

6 LOPES, Celi A. E. & MOURA, A. R. L. (orgs.). **Encontros das crianças com o acaso: as possibilidades, os gráficos e as tabelas**. (Desvendando mistérios na educação infantil; v.1).Campinas, SP: Graf. FE; Cempem, 2002.

Destaca-se, como diferencial no processo de intervenção desta pesquisa, o trabalho colaborativo do grupo de educadoras na preparação, observação e reflexão sobre as aulas, bem como a importância da "problematização" adequada à faixa etária com a qual se trabalha na educação infantil. Vale destacar o valor da sistematização dos exemplos socializados pelas docentes, que elucidavam suas práticas ao meio da elaboração de relatos escritos, nos quais ressaltaram o domínio dos aspectos teóricos relativos ao aprender a ensinar.

O PROCESSO DE ANÁLISE

Construímos seis estudos de caso (LOPES, 2003), buscando elucidar os resultados mais significativos em relação a cada categoria de análise. Utilizamos as informações dos registros audiovisuais e das notas de campo para construir uma análise narrativa e argumentativa.

Usamos a técnica da triangulação, a qual Denzin (1989) considerou como abordagens diversificadas, utilizadas para se conseguir resultados mais abrangentes, mais fidedignos e rigorosos ao realizar a análise das informações. Esta técnica consiste no uso de múltiplos métodos no estudo do mesmo objeto, ou seja, podemos utilizá-la para obter maior clareza na identificação de diferentes formas de ver um fenômeno.

A triangulação permite ao pesquisador usar vários métodos, com diferentes combinações. Pode-se concebê-la como um processo de uso de múltiplas percepções para clarificar os sentidos, verificando-se a repetição da observação ou interpretação, como afirma Flick (1992).

Nesta pesquisa, triangulamos as informações das entrevistas, dos registros em *tapes* e *videotapes* dos encontros e os relatórios escritos, bem como a triangulação de agentes, considerando professoras, coordenadoras e pesquisadora. Nesse processo, esquematizado na próxima página, realizamos o cruzamento das informações produzidas pelos instrumentos de registro e a interação entre os agentes produtores de conhecimento.

Essa opção metodológica decorre do que entendemos sobre a aquisição de dados descritos, obtidos no contato direto do pesquisador, na situação estudada, com a intenção de enfatizar mais o processo que o produto e com a preocupação de retratar a perspectiva dos participantes (LÜDKE e ANDRÉ, 1986).

No processo de pesquisa desenvolvido (LOPES, 2003), cada participante do GEPEPEI teve acesso ao estudo de caso que considerou como centro de análise e pôde manifestar-se a respeito do que escrevemos antes que este trabalho se tornasse público. Consideramos esse procedimento não apenas ético – uma vez que éramos

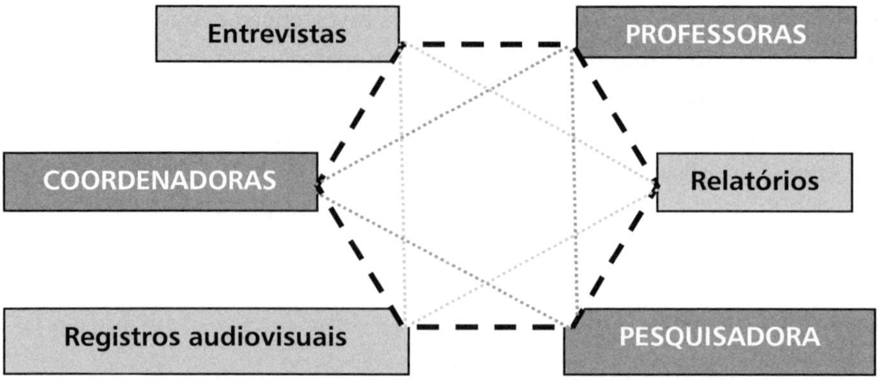

todas coprodutoras das informações originárias do texto da tese –, mas reforçador das relações de confiança estabelecidas no grupo que dará continuidade aos trabalhos após a conclusão da pesquisa. Além disso, buscamos coerência com nossos pressupostos, que explicitam respeito e reconhecimento à competência ante a produção de conhecimento profissional do professor.

Para evidenciar o potencial do trabalho colaborativo do grupo como contexto de formação, apresentaremos um estudo de caso de uma das educadoras.

O estudo de caso Maria Ida

Maria Ida nasceu no estado do Paraná, Região Sul do país, teve sua formação básica em escolas públicas e optou pelo antigo curso de Magistério com especialização em pré-escola. Graduou-se em pedagogia e fez pós-graduação em psicopedagogia. Em 2005, iniciará seu vigésimo segundo ano de atividade docente, como professora de uma turma de Infantil IV[7].

Filha de professora e comerciante, sempre recebeu muito incentivo e apoio para dedicar-se aos estudos e buscou trilhar outros caminhos que não a docência, mas, segundo suas palavras, "as armadilhas do inconsciente a levaram à paixão pela educação".

Professora na Escola Comunitária de Campinas desde o início da década de 90, Maria Ida declarou, em um de seus relatórios, o quanto se sentia inserida em um movimento dialético no qual aprender e ensinar permitiam-lhe ampliar sua própria história. Essa visão coincide com a argumentação de Freire (1997), ao dizer que quem ensina aprende ao ensinar, e quem aprende ensina ao aprender, pois

---

7 O Infantil IV abriga turmas com crianças que têm idade entre 5 e 7 anos.

quem ensina sempre ensina alguma coisa a alguém. Dessa forma, não há docência sem discência: "Quanto mais criticamente se exerça a capacidade de aprender, tanto mais se constrói e desenvolve o que venho chamando de *curiosidade epistemológica* do educando, promovida por uma prática educativa que evite a dicotomia leitura do mundo/leitura da palavra, leitura do texto/leitura do contexto" (FREIRE, 1997, 2000).

A professora trabalhou oito anos em uma clínica, em que atendeu crianças com distúrbios de aprendizagem. Maria Ida sente-se atraída pela relação humana e pela aquisição de conhecimento, mas não tinha a intenção de ser professora. Vê no relacionamento com a criança um desvendar de mistérios. Escolheu atuar na educação infantil pela identificação que percebe ter com o aluno dessa faixa etária, especialmente pelas relações emocionais que se manifestam nesse período. Para ela, provocar questionamentos e perceber que, dessa forma, as crianças elaboram ideias e descobrem o mundo é um processo de sedução.

> Eu acho que também tem muito a ver com a resposta que essa faixa etária me dá. Então, assim, tá muito ligado com a emoção, que eu acho que é uma coisa muito gostosa de viver, com a formação dessa pessoa. Então, você olha pra eles e vê eles descobrindo o mundo, você vê eles construindo as coisas. Principalmente dessa maneira como a gente costuma trabalhar. Dando oportunidade para eles estarem construindo... isso pra mim é altamente sedutor. Então, tanto eu estar trabalhando, montando coisas que propiciem isso quanto de ver o que como eles reagem, as respostas..., então, acho que é isso. (Entrevista, fev./2000)

Maria Ida percebe-se em um momento de maior maturidade profissional, porque se identifica com a filosofia e com as pessoas que compõem o ambiente da escola onde trabalha.

> [...] Encontro-me em um momento de maior maturidade profissional, no qual organizo melhor minhas percepções, redefinindo meus caminhos pedagógicos, sem preocupar-me em explicitar certezas para a realização dos projetos didáticos, me permitindo enunciar dúvidas e sair em busca de respostas, porém de forma tranquila, sem deixar-me envolver pela ansiedade. (Entrevista, dez./2002)

A professora explicita seu conhecimento prático – que pode ser definido em termos de planos, roteiros, esquemas ou regras construídas para a resolução de problemas da prática pelo próprio professor –, diretamente aplicável às situações reais da sala de aula (MORAL SANTAELLA, 1998).

Nas aulas da professora a que assistimos, durante os encontros do grupo e nos relatos de atividades apresentados por ela, constatamos de fato seu conhecimento profissional, ao manifestar-se quer no cotidiano do trabalho docente, quer na relação com seus pares e coordenação de curso, ou ainda no convívio com as crianças e os pais.

Maria Ida atribuiu a aquisição do conhecimento matemático a um processo de descoberta. Tinha bom desempenho na escola em que teve sua formação básica e contou que, mesmo assim, necessitou de algumas aulas particulares, pois "sentia muito prazer, quando entendia o que estava acontecendo", e nem sempre apenas as aulas da escola lhe possibilitavam isso.

Ela apresenta "a curiosidade como inquietação indagadora, como inclinação ao desvelamento de algo, como pergunta verbalizada ou não, como procura de esclarecimento" (FREIRE, 1997, p. 35). Essa relação com o conhecimento explicitada pela professora é o caminho que precisa percorrer o educador, segundo uma visão freireana, para que passe da curiosidade ingênua à criticidade.

A professora declarou que, após esse período de formação básica, afastou-se da matemática. Somente nos últimos anos de profissão é que retomou suas relações com esse conhecimento, porém, por meio do trabalho desenvolvido, percebeu-se que ela não relacionava os conceitos matemáticos que havia aprendido com as situações do cotidiano da sala de aula.

Maria Ida apontou questões pertinentes à formação de professores e ao conhecimento profissional, pois, embora tivesse um bom conhecimento de matemática, obtido na escola básica, durante sua formação profissional não adquiriu os conhecimentos didáticos relacionados à Matemática e Estatística necessários para sua atuação docente. A professora, apesar de reconhecer que passou a estabelecer mais vínculos em seu trabalho entre outros conhecimentos e a Matemática, ainda deseja adquirir maiores competências em relação à inserção do trabalho matemático em suas aulas.

Nas entrevistas e relatos de Maria Ida percebe-se que ela se compromete com seu desenvolvimento profissional, ao inserir-se em um processo reflexivo sobre a relação teoria-prática.

Na ação pedagógica, a professora apresentou uma crescente habilidade em problematizar situações envolvendo Estatística e Probabilidade, à medida que adquiria domínio conceitual desses temas.

Para Maria Ida, o processo de trabalho colaborativo do grupo foi significativo, pois sua fala, após quatro meses da entrevista inicial, revela nova qualidade em sua relação com as noções estatísticas.

> [...]Consegui fazer mais relações e propor desafios com enfoques diferentes do que estávamos habituadas. Tenho conseguido registrar e organizar informações de várias maneiras, onde posso valorizar e agilizar as habilidades do pensamento (meu e das crianças), enriquecendo, assim, as informações que temos do mundo, percebendo a relação entre fatos que interferem uns nos outros, concluindo e agindo sobre essas informações. (Relatório, jun./2000)

Após o primeiro ano de trabalho do grupo, a professora declarou considerar mais fácil abordar a Probabilidade em suas aulas. Em relação à estatística, nesse mesmo tempo de trabalho, disse ainda não ter se apropriado de outra concepção de ensino dessa temática, embora já participasse mais das discussões sobre o tema nos encontros.

Maria Ida considera que os Parâmetros Curriculares Nacionais, publicados pelo Ministério da Educação, não influenciaram a mudança de sua prática pedagógica, pois "muito das orientações que estão lá já fazemos há muitos anos, aqui na escola. Acho mesmo que estamos à frente, por causa da nossa proposta de projetos integrados." (Encontro, mar./2002).

A educadora apresentou uma postura muito favorável ao processo de problematização que se recomenda para a educação de infância, o qual não se restringe a questões matemáticas. Defendeu que "precisamos elaborar atividades que tenham um caráter de desafio e prazer, porque as crianças se envolvem muito no levantamento de hipóteses e isso lhes permite a leitura de mundo" (Relatório, jun. 2000). Em seu relato de experiência, notamos que a professora acredita que

> a formulação e o preparo de situações que promovam a construção do conhecimento e o desenvolvimento das habilidades do pensamento devem estar constantemente presentes na elaboração das atividades propostas para as crianças. Dessa forma, possibilito que elas trabalhem e reflitam, frente a um contexto envolvente, prazeroso e significativo. (TESTOLINO, 2002, p .43)

Maria Ida, com essa prática, pode ser considerada *boa professora* na perspectiva freireana, pela qual

> o bom professor é o que consegue, enquanto fala, trazer o aluno até a intimidade do *movimento* de seu pensamento. Sua aula é assim um desafio e não uma *"cantiga de ninar"*. Seus alunos *cansam*, não *dormem*. Cansam porque acompanham as idas e vindas de seu pensamento, surpreendem suas pausas, suas dúvidas, suas incertezas. (FREIRE, 1997, p. 96)

Para Maria Ida, o conhecimento matemático pode ser abordado por meio da inclusão, nos projetos integrados de áreas "como uma linguagem e uma forma de raciocínio que permitem relações significativas de conteúdos conceituais, procedimentais e atitudinais. Ao problematizarmos a questão da lição de casa, as crianças levantaram várias possibilidades, analisaram quais as possíveis, desenvolveram a habilidade de construir tabela e refletiram sobre suas ações de responsabilidade, compromisso e cuidados com o material escolar" (Encontro, mar./2002).

A educadora, durante o segundo encontro de abril de 2002, quando preparávamos o minicurso a ser ministrado pelo grupo, no XVI Encontro Regional de Professores de Matemática, no Imecc/Unicamp, mostrou conhecer o currículo desenhado para a educação infantil quando, ao enunciar os projetos já desenvolvidos por ela em anos anteriores, apresentou a análise dos conteúdos e das atividades orientadas de ensino que deles fizeram parte.

Maria Ida também considera que, ao pensarmos a elaboração de atividades orientadas de ensino, devemos estar atentos a nossos objetivos frente aos conteúdos que desejamos desenvolver nos projetos, pois

> podem aparecer situações do cotidiano, quando somos questionados sobre algo ou quando surgem dilemas que não merecem simplesmente uma resposta determinista, mas que suscitem dúvidas, promovam argumentação, problematizem, gerem processos e produtores, criando situações e sujeitos que fazem história. (TESTOLINO, 2002, p. 43)

Na entrevista inicial, ela analisou positivamente a necessidade de sistematizar seu conhecimento profissional, ao ministrar oficinas pelo Centro de Estudos da Escola Comunitária de Campinas, que tem por objetivo a socialização do conhecimento profissional produzido com a comunidade docente da região.

> E à medida que também a gente foi fazendo as oficinas, que você começou também a trabalhar com a gente, isso foi se tornando cada vez mais interessante, porque, daí, eu acho que eu também comecei a compreender mais algumas coisas e tenho procurado colocar isso no dia a dia. Então, sempre que eu vou fazer alguma elaboração de semana, nos planejamentos, tento também sempre dar ideia pro pessoal: *Vamos, olha, e se a gente colocasse probabilidade, um pouquinho de estatística?* Estatística não ainda, porque eu não sei nada de estatística... mas o que a gente trabalhou de probabilidade, ou mesmo de situações-problema que a gente tá resolvendo... Acho superlegal. (Entrevista, fev./2000)

Nos dois minicursos elaborados e ministrados pelo GEPEPEI, a professora teve um empenho produtivo, denotando domínio de conteúdo, bom nível de argumentação e bons exemplos de sua prática.

Maria Ida quer dar oportunidade aos alunos para pensarem, para explicitarem suas hipóteses. Nesse sentido, ela estabelece objetivos para suas aulas, levando em conta o respeito aos saberes que as crianças trazem, suas etapas de desenvolvimento e o conhecimento profissional referente ao currículo.

Procura situações contextualizadas para propor às crianças, influenciada (movida?) pela imaginação e constante atenção e interesse que expressam pelo conhecimento, seja em sala de aula ou no parque – são várias questões inusitadas. Mostra-se, dessa forma, uma professora atenciosa e afetiva com os alunos.

Aliada a isso, outra característica se fez evidente, em muitas ocasiões: sua capacidade reflexiva de questionar sua própria prática, realçando a complexidade educativa e também o conhecimento profissional.

Maria Ida tem por hábito, logo no início das aulas, escrever a pauta do dia na lousa e discutir as propostas de trabalho planejadas, o que não impede que tome decisões de novos encaminhamentos, sempre que necessário, demonstrando um processo reflexivo sobre sua ação pedagógica.

Ao lhe perguntarmos se avaliava sua prática pedagógica, ela nos disse:

> Bom, a gente vai passando por uma porção de coisas. É um processo mesmo. Tem coisas, na verdade, que hoje eu revejo e eu busco resgatar algumas que foram se perdendo, algumas características que eu achei que foram se perdendo um pouco, quando você entra muito em contato, às vezes, com a técnica, com o formal, com a ciência. E que elas não podem ser abandonadas. Eu sinto isso. Que eu sei que é superimportante você ter informação, você conhecer mais, você melhorar os seus conteúdos. Mas você nunca pode perder de vista também algumas coisas ligadas ao intuitivo, sabe? E que eu percebo que os primeiros anos que eu trabalhei, eu fui jogada em algumas situações que era eu comigo mesma e que eu sentia muito prazer e até muito orgulho em ver como é que eu tinha conseguido me sair naquela situação. À medida que o tempo foi passando, eu sentia, assim, que algumas coisas eu estava deixando um pouquinho de lado, sabe? Até para colocar outras no lugar, você também vai testando, vai descobrindo o que que fica melhor, o que você... e uma coisa que eu valorizo muito, que eu fui procurando recuperar é a espontaneidade. É o olhar pro outro e tentar enxergar quem é o outro, o que que ele tá querendo me dizer. Pra eu também poder fazer as minhas propostas. Então, eu acho assim de poder fazer uma leitura mesmo de quem tá ali. Pra

> quem eu estou fazendo as propostas..., até pra eu repensar a maneira de fazer as minhas propostas. (Entrevista, dez./ 2000)

Maria Ida explicitou a necessidade de ouvir o aluno e iniciar um processo reflexivo sobre suas propostas de ensino. Nesse sentido, "ensinar exige saber escutar, se impõe o educador escutar o educando em suas dúvidas, em seus receios, em sua incompetência provisória. E ao escutá-lo, aprendo a falar com ele" (FREIRE, 1997, p. 135). A docente manifestou um processo de autoformação, que é a base do desenvolvimento profissional de um professor: ao ensinar, exerce sua *curiosidade epistemológica* indispensável à produção de conhecimento.

Após quatro meses de estudos, discussões e elaborações, Maria Ida, em seu relatório, destaca "quanto valorosa tem sido a vivência desse grupo de estudos e quanto ela tem valorizado e acrescentado em minha prática profissional." Essa declaração da professora revela que o processo de intervenção desta pesquisa, ao promover a aquisição de fundamentação teórica e elaboração e análise de atividades orientadas de ensino, possibilitou que ela e suas colegas tivessem

> maior prontidão e percepção diante de situações que podemos aproveitar em nosso dia a dia e que antes passavam despercebidas. Conseguimos fazer mais relações e propor desafios com enfoques diferentes do que estávamos habituadas. Temos conseguido registrar e organizar informações de várias maneiras, podemos valorizar e agilizar as habilidades do pensamento (nosso e das crianças), enriquecendo, assim, as informações que temos do mundo, percebendo a relação entre os fatos que interferem uns nos outros, concluindo e agindo sobre essas informações. Essa maneira de trabalhar com os dados que colhemos tem também um caráter de desafio e prazer, tanto enquanto lidamos com os dados quanto no momento de interpretarmos as informações. (Relatório, jun./ 2000)

Maria Ida, mais uma vez, evidenciou sua capacidade reflexiva de questionar a própria prática, realçando a complexidade do conhecimento profissional, nomeadamente em relação às motivações que fazem mover o professor – no caso, o prazer da atividade matemática comparativamente com o da aprendizagem dos alunos. Como professora reflexiva, ela tem necessidade de entender e solucionar novas situações problemáticas oriundas de sua prática, sempre considerando as singularidades apresentadas. Declara, em seu relatório: "tenho procurado anotar as respostas das crianças e tenho observado os diferentes pontos de vista deles. É muito interessante" (Entrevista, dez. 2000).

Quando fala sobre sua prática, apresenta aspectos que a intrigam e que não se relacionam apenas aos conteúdos e conceitos, mas à intuição e à emoção. Ela manifesta que, ao entender o porquê dos conceitos matemáticos, o estudo passa a ser prazeroso. Isso é coerente com a relação que demonstra em sua prática. Declara a necessidade de estabelecer relações da matemática, que (re)significa com as atividades que propõe para suas aulas.

A professora manifesta sua tendência para a pesquisa quando expressa análises dos processos das crianças nas atividades propostas, a fim de observar como reagem às atividades que propõe e o modo como constroem conhecimento.

Nesse sentido, percebemos que o professor constrói um novo conhecimento a partir da interação entre o conhecimento que já possui e as novas informações adquiridas durante o processo reflexivo que se inicia a partir de abordagens teóricas ou dos dilemas emergentes em sua prática.

Maria Ida, durante esses três anos de participação no GEPEPEI, ampliou seu processo de autonomia diante da elaboração de atividades que envolver conteúdos estatísticos e matemáticos.

Essa autonomia pôde ser constatada em diferentes tarefas (momentos, circunstâncias, atividades): aperfeiçoou seus relatos escritos, na medida em que esteve mais atenta a registrar informações oriundas de sua prática; demonstrou desenvolver um processo de autocrítica em relação aos problemas que ocorreram durante o desenvolvimento de atividades orientadas de ensino com sua turma em 2000; quando da apresentação de vídeo ao grupo, ela mesma destacava os equívocos havidos no encaminhamento do trabalho.

Maria Ida estabelece relação ampla e multidisciplinar com o conhecimento, demonstra investir em seu desenvolvimento profissional, priorizando a aquisição de conhecimentos específicos. Ao lado disso, valorizou o trabalho do grupo, foi participante na execução de propostas e na interação com as colegas, o que lhe permitiu perceber que o trabalho colaborativo proporcionou maior prontidão e percepção durante a ação pedagógica dela e das colegas.

Considerações sobre um grupo colaborativo

O desenvolvimento desta pesquisa adquiriu um movimento centrado na interdependência entre as educadoras participantes do grupo e a investigadora, que estiveram comprometidas com a construção coletiva do conhecimento e com o processo contínuo de reflexão, caracterizando-se, assim, um processo colaborativo de formação continuada.

O processo de reflexão apresentado pelas docentes em relação a sua atividade profissional – em sua prática, reuniões do grupo, encontros com coordenadoras, encontros de parceria – ou durante a redação de relatórios a serem apresentados ao

GEPEPEI, foi fundamental para a sistematização do conhecimento profissional das professoras, denotando significativo desenvolvimento profissional.

O conteúdo das discussões reflexivas evoluiu ao longo de praticamente três anos de trabalho colaborativo de investigação, centrando-se nos conceitos matemáticos e estatísticos e, posteriormente, com a filmagem das aulas, nas análises sobre a ação pedagógica.

O trabalho baseou-se na ação reflexiva, respeitando o ritmo, as curiosidades epistemológicas e as trajetórias dos membros.

Como resultado desta pesquisa, tivemos um grupo de educadoras que, ora em conjunto, ora individualmente, buscaram e experimentaram o que para elas e para seus alunos tivesse significado, comprovando que modelos prontos e objetivos bem definidos por outros, no currículo, não são eficazes, uma vez que reduzem a capacidade de juízo profissional do professor e sua possibilidade de aspiração educativa.

Faz-se necessário frisar que, neste tipo de pesquisa, os resultados de certa forma dependem do envolvimento e do sentimento que o professor coloca na tarefa e da relação que é estabelecida entre ele e o investigador, o qual não deve ignorar sua própria contribuição para o contexto social do trabalho – ele é um agente que influencia o fenômeno que está tentando compreender.

Pudemos constatar, nos estudos de caso, que o currículo em ação de cada professora teve êxito de acordo com seu envolvimento, tendo em vista a temática, a reelaboração de sua prática e seu comprometimento com o próprio desenvolvimento profissional.

As docentes desenvolveram um processo de raciocínio didático/pedagógico e uma atitude profissional em que se valeram de suas compreensões, ao se confrontarem com os dilemas de ensinar Estatística e Probabilidade em um contexto particular. Manifestaram criatividade e, habilidosamente, alteraram seus encaminhamentos em sala de aula, diante da imprevisibilidade das situações de ensino. Como consequência, desenvolveram novas compreensões, aprimoraram intuições e elaboraram novos conhecimentos.

Dessa forma, defendemos um processo de formação que valorizasse o saber dessas educadoras; que provocasse uma reflexão sistemática sobre as questões em curso; que as habilitasse a ser pesquisadoras de sua própria prática; e que investisse em uma produção coletiva de conhecimento.

O cenário da pesquisa mostrou-se favorável por envolver, no grupo que produziu as informações, educadoras com um histórico de investimento no desenvolvimento profissional. As professoras, ao elaborarem as atividades orientadas de ensino, conseguiram expressar o domínio do conceito formal de Combinatória, Probabilidade e Estatística Básica, o que lhes permitiu estabelecer relações entre conhecimentos de outras áreas, promovendo a aquisição de ideias conceituais não formalizadas por meio de situações contextualizadas e inseridas nos projetos integrados de áreas.

No desenvolvimento desta pesquisa, percebemos que os conhecimentos sobre a criança e a prática são os mais elaborados pelos profissionais da educação infantil, por apresentarem consistência e confiabilidade, possibilitando um processo de autonomia na construção curricular. Neste estudo, esse perfil possibilitou às professoras uma ousadia pedagógica, quando assumiram a participação em um projeto investigativo, com os objetivos que o caracterizam. E foi essencial que percebessem que seria uma opção incorporar ou não a Estocástica nos projetos integrados que fossem desenvolver durante o período letivo.

Em relação ao conhecimento profissional, as docentes tornaram-se construtoras de currículo. Elaboraram atividades de ensino, considerando a problematização, a experimentação e a vivência de situações inter-relacionadas às temáticas dos projetos integrados de áreas. Efetivaram a inclusão de Combinatória, Probabilidade e Estatística às atividades de ensino, de forma significativa e adequada à faixa etária com a qual trabalhavam.

No que concerne aos conhecimentos matemáticos e estatísticos, abordaram as ideias estocásticas, conectadas a outras relações de conhecimentos diversos, à medida que formalizaram os conceitos estudados. A abordagem curricular realizada centrou-se em torno dos interesses das crianças e das relações com a temática dos projetos. No âmbito das operações combinatórias, as atividades desenvolvidas revelaram que, quando o número de casos possíveis é pequeno, os alunos são capazes de desenvolver métodos que lhes permitem determinar os arranjos e as combinações.

O domínio e a curiosidade que os professores têm por determinados temas matemáticos e estatísticos influenciaram a predisposição para a realização de abordagens mais investigativas, problematizadoras, experimentais e analíticas. Esse processo evidenciou o professor como construtor de conhecimento, um profissional que pode teorizar, interpretar e criticar própria prática.

O processo de formação desenvolvido no GEPEPEI teve influência direta nas problemáticas e formas de questionamentos realizadas com as crianças, provocando a criticidade e a reflexão sobre a tomada de decisão após o tratamento de informações. As atividades de ensino elaboradas e executadas pelas professoras enquadraram-se nos projetos integrados de área definidos pelas parcerias, a partir da visualização e de contextos realísticos.

As educadoras explicitaram, durante os encontros, a responsabilidade quanto à elaboração das propostas, a dinâmica de desenvolvimento, os erros e acertos ocorridos quando da ação pedagógica.

Considerações finais

Em Lopes (2003), percebeu-se que o movimento dialético do processo reflexivo sobre a ação pedagógica permitiu a mútua renovação teoria/prática, originando uma prática autônoma e criativa a partir de discussões e estudos teóricos, tendo em vista o conhecimento profissional sistematizado e o que se encontrava em construção. Esse movimento foi marca crucial dessa prática colaborativa de formação.

A pesquisa teve o grupo colaborativo como um potencializador do processo reflexivo, individual e coletivo, pois não se tratou de um agrupamento de pessoas, mas de uma equipe na qual os membros apresentaram compromisso e adquiriram confiança mútua.

No decorrer deste estudo, ficou claro que a reflexão na ação e sobre a ação profissional não é algo sistemático, pontual e, muito menos rápido. Requer que o educador seja capaz de ampliar sua visão a respeito do processo de ensino e aprendizagem, para compreender a complexidade e a diversidade cada vez mais presentes no universo escolar. Postando-se assim, ele consegue vislumbrar novas formas e soluções que possibilitam a reelaboração de seu conhecimento profissional.

A análise feita pelos professores de suas aulas e também daquelas ministradas por outros docentes é um desencadeador do movimento reflexivo a respeito da prática profissional, o que certamente promove alterações no processo de ensino-aprendizagem.

Esta pesquisa exigiu uma postura fundamental da pesquisadora, ao se debruçar sobre os dados empíricos: ter consciência da necessidade de estabelecer categorias de análise emergentes, mas extremamente significativas para responder aos questionamentos da investigação, e redirecionar os trabalhos com o grupo. Após cada encontro, avaliávamos os aspectos positivos e os que deveriam ser revistos para não nos desviarmos do objetivo inicial, produzindo resultados que significassem a expressão da ética e da veracidade necessárias à produção científica – especialmente em educação –, as quais percebemos interferir em projetos educacionais que são norteadores das diretrizes para a melhoria social.

A reflexão a respeito de nosso papel de pesquisadora, membro do grupo, alertounos sobre a inadequação de priorizar apenas a coleta de dados para o projeto de investigação. Nossa visão e condução da pesquisa estiveram além da realização de um trabalho acadêmico. Assumimos um comprometimento com cada participante direto ou indireto do grupo. Percebemos quanto o investigador deve motivar os participantes, apresentando encontros organizados, valorizando a fala de cada um, solicitando a opinião relativa a todas as decisões, construindo o cronograma e as pautas coletivamente, dividindo as responsabilidades pelo desenvolvimento da equipe, compartilhando dúvidas e certezas, estimulando aulas investigativas, bem como a socialização da produção coletiva do conhecimento.

Essa investigação revelou, ainda, que uma investigação com um grupo colaborativo oferece ao professor a oportunidade de envolver-se em uma pesquisa sistemática de sua prática, com a ajuda do investigador. Este deve atuar como conselheiro, fornecendo recursos e apoiando intelectualmente os educadores de modo que se envolvam em um processo de autoexame. É um trabalho que não mantém distância entre o ator e o contexto. Evidenciam-se nesta pesquisa as contribuições e potencialidades do trabalho colaborativo, percebendo-se uma perspectiva significativa para os processos de formação continuada de professores a partir de uma concepção que promove o desenvolvimento profissional.

Outra questão favorável à natureza colaborativa deve-se ao fato de o investigador ter acesso a informações mais fidedignas, pois lhe é permitido conhecer e analisar o contexto em que os professores atuam.

Consideramos importante destacar que a colaboração não impede o exercício da autonomia profissional; muito pelo contrário, estimula seu desenvolvimento. Neste tipo de pesquisa, o professor e o investigador entram em um modo de cooperação diferente daquele utilizado na ciência aplicada. O docente não funciona como mero utilizador do produto da pesquisa: apresenta ao pesquisador as formas de pensamento que traz para a prática, e a investigação é, para ele, uma ajuda a sua própria reflexão na ação. Por sua vez, o investigador não pode manter distância e muito menos superioridade em relação à experiência da prática. Este tipo de estudo exige parceria entre educador e pesquisador, ao se apoiar um no outro.

Os projetos colaborativos adquirem importante dimensão quando consideram o processo reflexivo na e sobre a prática docente, o conhecimento e o desenvolvimento profissional do professor, não se limitando apenas às questões conceituais de uma área de conhecimento.

O trabalho de formação desenvolvido no GEPEPEI teve influência direta sobre as problemáticas e formas de questionamentos realizadas com as crianças, provocando a criticidade e a reflexão na tomada de decisão, após o tratamento das informações. As atividades de ensino elaboradas e desenvolvidas pelas professoras enquadraram-se nos projetos integrados de área definidos pelas parcerias, a partir da visualização e de contextos realísticos.

As docentes explicitaram, durante os encontros, a responsabilidade em relação à elaboração da proposta para aprendizagem, a dinâmica de desenvolvimento, os erros e acertos ocorridos durante a ação pedagógica. O fato de o grupo tornar-se colaborativo potencializou a formação continuada das professoras.

O gradativo aprofundamento que as professoras e coordenadoras manifestaram em suas falas, em destaque nos excertos dos registros, sobre suas avaliações de como ensinar estatística e probabilidade às crianças (LOPES, 2003) convence-nos de que o processo de formação deve possibilitar ao professor reconhecer a si próprio como verdadeiro protagonista curricular, capaz de tomar decisões fundamentais para sua prática, em função das necessidades de seus alunos e de seus contextos institucionais.

Nesse processo, a aquisição de conhecimento profissional destaca-se, especialmente em relação à ampliação da capacidade de promover questionamentos, essencialmente os que envolvem conceitos matemáticos e estatísticos; à capacidade autocrítica e reflexiva, resultante da análise de aulas filmadas; e, além disso, ao lidar com situações realísticas, relacionadas à Estocástica, pois, ao ensinarem e aprenderem esse conteúdo, as educadoras de infância também estiveram inseridas nessa mesma formação e imersas em um processo constante de reflexão a respeito da própria prática, o que influenciou seu desenvolvimento profissional.

Esse movimento ocorrido em relação ao conhecimento didático denota que formação do educador matemático e estatístico que atua ou atuará na educação infantil deve prever um processo de ensino-aprendizagem de conteúdos que ocorra por meio da resolução de problemas, de simulações e experimentos, os quais permitam ao profissional construir conhecimentos à medida que estabelece relações com informações adquiridas e com o domínio de diferentes linguagens e formas de expressão. Consideramos que a amplitude do conceito seja mais importante que o conceito formal para o trabalho docente.

O conhecimento profissional didático deverá incorporar o domínio de conceitos, representações, procedimentos, resolução de problemas, habilidades de exploração e investigação. Isso exige que o docente tenha boa relação com a Matemática, gosto e disponibilidade para se envolver na preparação das aulas, para refletir sobre os redirecionamentos no decorrer destas e durante momentos de formação e trabalho colaborativo.

A realização de projetos colaborativos, envolvendo docentes e pesquisadores pode contribuir de maneira decisiva para o desenvolvimento profissional dos professores que deles participem. Pode constituir, igualmente, um contexto favorável à ampliação do conhecimento do pesquisador, uma vez que proporciona situações construtoras de informações mais férteis que as centradas apenas em entrevistas ou observações distanciadas.

Referências bibliográficas

DENZIN, Norman K. (ed.). *Handbook of qualitative research*. Thousand Oaks, Calif.: Sage Publications, 1989.

ECC – Escola Comunitária de Campinas. *Projeto Político Pedagógico*. Campinas: Gráfica da ECC, 2002. p. 6-11.

FLICK, Uwe. Triangulation revisited: strategy of or alternative to validation of qualitative data. *Journal for the Theory of Social Behavior*, 22, 1992, p. 175-97.

FREIRE, Paulo. *Pedagogia da autonomia – saberes necessários à prática educativa*. Rio de Janeiro: Paz e Terra, 1997.

_______. *Pedagogia da indignação – cartas pedagógicas e outros escritos*. São Paulo: Unesp, 2000.

GREEN, D. R. A survey of probability concepts in 3.000 pupils aged 11-16 years. In: GREEN et al.(eds.). *Proceedings of the First International Conference on Teaching Statistics*. Sheffieldd: Teaching Statistics Trust, 1982. v. II.

LOPES, Celi A. E. *O conhecimento profissional de professores da educação infantil e suas relações com A ESTATÍSTICA E A PROBABILIDADE*. Tese (Doutorado em Educação: Educação Matemática). Campinas/SP: FE/Unicamp, 1998. 125p.

_______. *A probabilidade e a estatística no ensino fundamental*: uma análise curricular. Dissertação (Mestrado em Educação: Educação Matemática)Campinas: FE/ UNICAMP. 1998. 125p.

LÜDKE, M. & ANDRÉ, M. E. D. A. *Pesquisas em educação*: abordagens qualitativas. São Paulo: EPU, 1986.

MARCELO GARCÍA, C. *Formação de professores*: para uma mudança educativa. Lisboa: Porto, 1999.

MORAL SANTAELLA, Cristina. *Formación para la profesión docente*. Granada: Grupo Editorial Universitario, 1998.

TESTOLINO, Maria Ida L. Lição de casa: eis a questão!? In: Celi A. E. Lopes; Anna R. L. Moura. *Encontro das crianças com o acaso: as possibilidades, os gráficos e as tabelas* (Desvendando Mistérios na Educação Infantil; v. 1). Campinas: FE/Unicamp, 2002.

PONTE, João P. Da formação ao desenvolvimento profissional. In: *Actas do Profmat*. Lisboa: Associação dos Professores de Matemática, 1998, p. 27-44.

SCHÖN, Donald A. *La formación de profesionales reflexivos. Hacia un nuevo diseño de la enseñanza e el aprendizaje en las profesiones*. Barcelona: Paidós, 1992.

7 ESPAÇOS INTERSTICIAIS NA FORMAÇÃO DOCENTE: INDICATIVOS PARA A FORMAÇÃO CONTINUADA DE PROFESSORES QUE ENSINAM MATEMÁTICA

Ettiène Guérios[1]

INTRODUÇÃO

Neste capítulo, pretendo trazer contribuições para discussões, reflexões e indicativos de caminhos para a promoção da formação profissional continuada, oferecendo subsídios advindos de minha prática como docente e pesquisadora. Para os aportes aqui desenvolvidos, foco o aspecto da formação continuada que permeou a tese de doutorado intitulada *Espaços oficiais e intersticiais da formação docente: histórias de um grupo de professores na área de ciências e matemática*[2], em que investiguei professores que vivenciaram experiências formativas em um contexto coletivo de produção e de troca de experiências e saberes sobre o ensino.

Inicio descrevendo o objeto e a metodologia da pesquisa que resultou na tese de doutoramento citada, o espaço oficial de formação pesquisado e os critérios de seleção e características dos sujeitos envolvidos. A seguir, exponho brevemente alguns pressupostos teóricos, relacionados ao desenvolvimento profissional que sustentam o conceito de formação continuada que defendo. Apresento extratos de histórias dos professores entrevistados e discorro sobre a configuração do espaço intersticial descoberto. Finalmente, teço considerações sobre as potencialidades educativas do espaço intersticial a ser promovido e favorecido no contexto da formação continuada de professores que ensinam matemática.

O CONTEXTO DA PESQUISA

Objeto e metodologia

Tendo como questão central de estudo o desenvolvimento profissional de professores, a prática pedagógica como norte, o processo de constituição do professor como núcleo, o Laboratório de Ensino e Aprendizagem de Matemática e Ciências

---

1 Docente do Departamento de Teoria e Prática de Ensino e do Programa de Pós-Graduação em Educação Matemática da Universidade Federal do Paraná.

2 Orientada pelo professor doutor. Dario Fiorentini e defendida na Faculdade de Educação da Universidade Estadual de Campinas – Unicamp – em 2002.

Físicas e Biológicas da UFPR[3] como espaço consolidado de trabalho colaborativo a ser observado, esta pesquisa teve o objetivo geral de compreender como professores se constituem profissionalmente em pensamentos, ações e saberes, identificando elementos da sua formação que sejam significativos para compreender a prática pedagógica.

Tendo em vista esse objetivo geral, investiguei o processo de desenvolvimento profissional de professores formadores e de professores do ensino fundamental e médio que participaram de ações nesse espaço oficial de formação – que doravante denominarei Laboratório –, identificando transformações que foram ocorrendo em sua ação docente, tais como atitudes assumidas diante de situações didáticas e o papel que esse espaço desempenhou nesse processo. Para tanto, procurei identificar elementos constitutivos da formação para a prática pedagógica; observar como tais elementos foram incorporados ou construídos no *continuum* da ação profissional, perceber transformações processadas no movimento de constituição profissional, decifrar como os professores fizeram o que fizeram e o que os levou a tomar as decisões que tomaram, compreender como eles constroem o fundamento de suas ações, identificar as relações que estabelecem entre a prática que desenvolvem e a teoria que as sustenta, entender o papel do Laboratório como espaço de trabalho colaborativo.

Realizei um estudo histórico documental para descrever o contexto histórico que impulsionou professores de Matemática e Ciências a instalar, em 1985, o espaço oficial de formação do Laboratório e narrei quinze anos de sua trajetória. Utilizei os recursos da história oral para escutar o que os professores quiseram contar sobre suas vidas profissionais. Percebi que havia conexões entre as práticas executadas num passado em que atuaram naquele espaço e as atuais que desenvolvem em suas instituições. Como meu interesse era entender como tais conexões foram construídas, e não apenas diagnosticá-las, procurei identificá-las longitudinalmente, no *continuum* das histórias profissionais, para captar como iam se consolidando processualmente. Como estratégia, criei textos literários a partir de suas vozes, tendo como eixo principal a "experienciação"[4], e centrei a dinâmica de construção textual em modalidades, atividades e ações didáticas que desenvolveram ao longo dos anos

---

3 Instalado no Departamento de Teoria e Prática de Ensino do Setor de Educação da Universidade Federal do Paraná, nasceu em 1985 como projeto Capes/PADCT/SPEC, assim permanecendo até 1988. Entre 1988 e 1991, integrou o Projeto de Rede Disseminação de Inovações Curriculares no Ensino de Ciências e Matemática entre Paraná e Santa Catarina, também projeto capes/PADCT/SPEC. Em 1991, foi vinculado à Pró-Reitoria de Extensão e Cultura da UFPR, assim permanecendo até o momento.

4 Originalmente, utilizo o termo "experiência" no sentido de Larrosa, ou seja, abordo a idéia de experiência autêntica, idéia esta que desenvolvo mais à frente.

de atuação profissional. Incorporei as dimensões subjetiva e emocional-afetiva à construção textual e as considerei no estudo analítico-interpretativo efetuado, visto que, para entendê-los em sua integralidade, não dissociei de suas próprias vidas a prática profissional que desenvolviam. As temáticas referentes ao desenvolvimento profissional tiveram como base os estudos teóricos de Ballenilla (1995), D'Ambrosio (1996, 1999), Fiorentini (2000), Gauthier et al. (1998), Imbernón (1994, 2000), Marcelo (1995), Ponte (1996), Tardiff (2000), entre outros. De Larrosa (1996) adotei o conceito de "experiência autêntica" que, associado aos ensaios de Prigogine (1996), possibilitou conceber a experiência na perspectiva da transformação. Adotei as perspectivas epistemológicas *verificacionista* e *experiencial* de Doll (1997), princípios do paradigma da complexidade (MORIN, 1996, 1998), assim como as noções de sistemas abertos, intercambiáveis e transformativos de Prigogine (1996) para entender como os professores se formam e se transformam profissionalmente no contexto da prática profissional.

No estudo analítico interpretativo, adotei o princípio da recursividade para compreender como noções conceituais acerca do conhecimento profissional foram sendo elaboradas pelos professores no decorrer dos anos. As obras de Prigogine (1996), Morin (1996, 1998) e Morin e Moigne (2000) mostram como o princípio da recursividade permite observar que a reflexão realizada no decorrer das ações pode iluminar concomitantemente ações já efetivadas e as que se estão efetivando, assim como fundamentar paulatinamente, em um *continuum*, ações futuras.

Princípios do paradigma da complexidade permitiram observar que ação e reflexão ocorrem como processos simultâneos e contínuos. Embora contínuos, não ocorrem como uma relação direta, imediata e linear de causa e efeito, em que uma determina a outra. Ao contrário, dependendo de como se vivencia o percurso profissional, ideias vão se transformando ao longo do tempo e se constituindo em fundamento teórico para a prática que, simultaneamente, oferece subsídios para a configuração de novas ideias que vão sendo desenvolvidas pelos professores, ideias estas que são amparadas por conhecimentos pedagógicos e específicos de cada área de conhecimento.

Com esses subsídios teóricos persegui os objetivos aqui declarados e, do que pude observar, recorto desta pesquisa o aspecto referente à formação continuada de professores.

O espaço oficial: características e modos de trabalho

O Laboratório de Ensino e Aprendizagem de Matemática e Ciências Físicas e Biológicas – o Laboratório – tem, desde sua fundação, congregado professores universitários formadores e professores da educação básica, alunos de cursos de licenciatura, investigadores e especialistas de diferentes áreas do conhecimento. Envolve as áreas de ensino em Matemática, Física, Biologia, Educação Ambiental e Pedagogia, integrando ensino, pesquisa e extensão, tendo como campo de ação a formação inicial e continuada de professores.

Embora o Laboratório tenha nascido num momento histórico em que propostas formativas sustentavam-se em paradigmas regidos pela certeza positivista, seus idealizadores, já no início da década de 80, demonstravam preocupações com o "modelo aplicacionista"[5] de formação inicial, que traz em si características da racionalidade técnica. Foi o espírito questionador do grupo que o impulsionou a ultrapassar barreiras e investir no novo, discutindo conceitualmente fundamentos preestabelecidos e pensando em possibilidades formativas. Nessa busca, superaram o modelo linear e vertical de desenvolvimento profissional e iniciaram um processo construtivo de outra lógica de formação profissional. Possivelmente, esse movimento para a superação tenha possibilitado que, no decorrer dos anos, por meio do trabalho coletivo, fosse sendo construída a concepção singular que hoje rege esse espaço oficial de formação: a concepção de Laboratório é a do artista. É o espaço da liberdade para a criação, para a composição de novos fazeres, para as tentativas, para a inovação. É o espaço da ação em grupo, no grupo e pelo grupo. Os interesses dos que vão vivenciando suas experiências podem ser diferentes, mas o que propicia que as efetivem é o intercâmbio de ideias, a vivência com o outro, os múltiplos olhares, as convergências e as divergências.

A dinâmica para o desenvolvimento das ações vem girando em torno da estruturação de grupos interdisciplinares de pesquisa, de grupos integrados de trabalho (formados por profissionais de universidades, professores da educação básica, membros de instituições da sociedade civil e alunos universitários, de acordo com a natureza e a especificidade das ações), de grupos temáticos de estudo, de programas de aperfeiçoamento de professores, da produção de materiais didáticos e da criação de inovações metodológicas que cooperem com o aprimoramento da prática pedagógica em Ciências e Matemática. Exemplos disso são: "O jogo em aulas de matemática e de ciências", "Modelagem/modelação matemática", "O ensino dos conteúdos do bloco temático recursos tecnológicos para as séries iniciais do ensino fundamental", "Educação matemática ambiental", "A matemática escolar existen-

---

5 Modelo prescritivo, supondo uma relação de ordem, na qual, em primeira instância aprende-se, para só depois aplicar na prática o conhecimento teórico aprendido. O conhecer e o fazer são dissociados, de modo que o fazer está subordinado temporal e logicamente ao conhecer. (Guérios, 2002, p.14)

te nas profissões", "Conversa aberta com professores do ensino fundamental e médio", entre outros[6]. Como exemplo atual de pesquisa destaco a denominada "Possíveis entendimentos acerca de dinâmicas didático-metodológicas em matemática reveladas por professores escolares envolvendo formação inicial e continuada", cujo grupo integrado de pesquisadores é formado por quatro professores da UFPR, oito da educação básica, cinco mestrandos em Educação Matemática da UFPR e 02 alunos do Curso de Licenciatura em Matemática.

Com o passar dos anos, foram se consolidando práticas coletivas que potencializaram a organização de ações por projetos em que o trabalho colaborativo desencadeou uma postura de grupo que permite aos sujeitos constituírem-se individualmente, ao mesmo tempo que constituem a identidade dos próprios grupos, pelas reflexões particulares que efetivam na atividade coletiva. Tal dinâmica propicia a ocorrência sistemática de práticas colaborativas, congregando formação inicial e continuada, em que ambas se autoalimentam e se renovam pelas relações advindas de ações conjuntas.

Em minha pesquisa, narrei a trajetória do Laboratório, tentando abstrair o significado das ações efetivadas sem que elas próprias me interessassem, olhando-as muito mais do que elas próprias, buscando compreender o que estava por detrás de seus "resultados" e das definições dos modos de operacionalização delas e as mesmas experiências narradas à luz do que dizem os teóricos em quem me pautei para tentar entender o processo de constituição profissional em espaços de formação docente.

Procurei compreender como os professores foram ultrapassando suas barreiras, superando posturas consolidadas e como foram se transformando com suas experiências.

Os sujeitos da pesquisa

Os seis professores pesquisados atuaram em períodos e épocas diferentes, e suas origens institucionais são peculiares. Há vozes durante os quinze anos pesquisados da trajetória do Laboratório, embora os professores tenham atuado em épocas distintas e em ações diferentes. Atuaram em grupos, mas não necessariamente nos mesmos grupos, visto que sempre houve vários grupos em atuação, em razão dos

---

6 Historicamente, desde sua fundação, existiram, entre outras modalidades: elaboração de alternativas metodológicas; construção de recursos didáticos para a instrumentação da sala de aula; realização de eventos; organização de cursos de extensão; organização de curso de especialização; assessoria técnica didático-metodológica a professores da educação básica; realização de pesquisas; apoio às disciplinas de didática, metodologia e prática de ensino dos cursos envolvidos; apoio à elaboração de projetos de ensino por alunos de cursos de graduação; apoio logístico, financeiro, com infraestrutura e com disponibilização de pessoal na estruturação de entidades científicas, como, por exemplo, a Sociedade Brasileira de Educação Matemática-Pr e seus eventos. A substituição desta última expressão por "por exemplo" tem por objetivos: 1) deixar clara sua referência ao último item da enumeração; 2) evitar que pareça uma repetição da idéia já expressa por "entre outras modalidades", na primeira linha desta nota.

projetos e das ações a que os sujeitos estavam vinculados. Os critérios para seleção dos sujeitos da pesquisa foram:

- duas professoras formadoras fundadoras do Laboratório, tendo uma delas participado desde a concepção e redação de seu projeto (Vilma) e a outra, desde sua instalação (SÔNIA);
- duas professoras que, ao longo de sua formação inicial no curso de Licenciatura em Matemática, participaram de atividades no Laboratório durante pelo menos dois anos, estando uma delas atuando no Ensino fundamental (JOCELI) e a outra no ensino superior, com formação de professores (TÂNIA);
- dois professores que não participaram de atividades no Laboratório na fase de sua formação inicial, mas o fizeram durante sua prática profissional, por pelo menos dois anos, estando ambos atuando no ensino fundamental e médio (MARCIONEY e VERA).

Outros três aspectos somaram-se a esses critérios: 1) um dos professores de cada grupo deveria ter um tempo de afastamento das atividades do Laboratório, para observar se, ao se afastarem, transformações continuariam a ocorrer e a influenciar as respectivas práticas pedagógicas; 2) que houvesse intersecção entre as práticas em diferentes projetos e em diferentes períodos; 3) nas falas dos professores, todos os anos, de 1985 até 2000, deveriam ficar representados.

Vilma e Sonia atuam em programa de pós-graduação de diferentes setores da UFPR e são professoras formadoras na Universidade Federal do Paraná. Vilma atuava nos cursos de Licenciatura em Biologia e em Pedagogia, tendo já atuado nos de Enfermagem e de Ciências, época em que este último era licenciatura curta. Formada em história natural na década de 70, Vilma envolveu-se com o Laboratório desde a concepção do primeiro projeto apresentado ao MEC/PADCT/SPEC em anos anteriores ao de sua instalação. Afastou-se do Laboratório apenas durante os anos de seu doutoramento. Sônia, licenciada em química, atua nos cursos de Licenciatura em Química e em Pedagogia, tendo trabalhado temporariamente no de Matemática. Iniciou sua participação no Laboratório à época de sua instalação, em 1985, e esteve no grupo até 1993. Nessa época atuava também em instituições privadas no ensino.

Joceli e Tânia iniciaram-se no Laboratório quando eram alunas do curso de licenciatura em matemática, já em meados da década de 90. Tânia atualmente, é professora formadora nos cursos de Matemática e Pedagogia na UFPR e continua atuando no Laboratório, agora como membro da coordenação geral. Joceli atuava em escolas do ensino fundamental e médio e atualmente é docente no ensino superior.

Vera e Marcioney já tinham vários anos de experiência no magistério quando se inseriram no Laboratório, no início da década de 90, tendo ali permanecido até 1999. Vera licenciou-se nos anos 70 e Marcioney nos anos 80, ambos em Matemática. Continuam atuando em escolas do ensino fundamental e médio. Marcioney é hoje, também, autor de material didático.

Em resumo, em minha pesquisa, realizei uma retrospectiva histórico-documental referente a quinze anos da trajetória do Laboratório, desde o ano de sua fundação, utilizando documentos institucionais e materiais ali produzidos; historiei sua gênese, buscando expor as raízes de sua criação, seus objetivos manifestos e o movimento evolutivo de ações efetivadas. Em função da variedade e da multiplicidade das linhas de ação, foram elencadas as que cobrissem, em um *continuum,* o período em estudo de sua existência, para possibilitar a captação de seu movimento coletivo e, ao mesmo tempo, permitir contextualizar as ações historiadas dos professores, a fim de torná-las mais compreensíveis. A seguir, mergulhei nas histórias de formação e nos meandros das ações e reflexões que caracterizam e configuram o processo formativo dos professores nesse espaço. Então, cruzei as histórias e os percursos, buscando, por meio de um processo analítico-interpretativo, significados que ajudassem a compreender como se foram constituindo profissionalmente esses professores.

Um conceito de formação continuada: alguns pressupostos teóricos que o embasam

Entendo o termo "formação" como um movimento processual e permanente de constituição profissional do professor, tendo a "experiencialidade" como foco central do processo dinâmico de constituição do sujeito. Nesse movimento, considero as vertentes experiencial e formal como constitutivas de um mesmo processo, sem dissociá-las. Simpatizo com a expressão "momentos formais de formação", com a qual Ponte (1996) designa as situações oficiais – cursos, grupos de estudos etc – em que são oferecidas informações ao professor.

Os momentos formais de formação são pontuais. A depender da concepção que se tenha sobre formação continuada, tais momentos podem ser estanques e estéreis ou, embora pontuais, podem converter-se em "momentos" que fertilizam a prática que desenvolvem, impulsionando-os a novos fazeres. É como se a cada ação pontual (imediata) correspondesse uma reação não-pontual (não apenas imediata), cujos efeitos se fazem sentir ao longo da caminhada profissional, entrelaçando-se a reflexos de tantas outras reações provocadas por tantos outros momentos formais que, por sua vez, vão adquirindo sentido, ao se darem refletidas experiencialmente. A raiz dessa afirmação está na ideia de experiência autêntica de Larrosa (1996, 1999), para quem a experiência é autêntica quando uma situação vivida provoca um movimento interior na pessoa, transformando-a. Ora, se é interior, é própria de cada pessoa e está atrelada a seus múltiplos condicionantes, sendo, portanto, única. Ou seja, entendo que uma experiência só é significativa se a pessoa não passar imune pelo que vivencia.

Para fundamentar teoricamente essas ideias, busquei apoio no conceito de complexidade de Morin (2000, 2001). Este autor, em síntese, esclarece que *complexus* significa o que é tecido junto e que "há complexidade quando elementos diferentes são inseparáveis constitutivos do todo e há um tecido interdependente, interativo e inter-retroativo entre o objeto de conhecimento e seu contexto, as partes e o todo, o todo e as partes, as partes entre si [...] por isto a complexidade é a união entre a unidade e a multiplicidade" (2000, p. 38)[7]. Embora não seja objetivo deste capítulo aprofundar teoricamente esse conceito, quero destacar que ele permite compreender o processo de constituição profissional como um movimento contínuo e orgânico, levando em consideração que os múltiplos elementos constituintes da prática pedagógica são inter-relacionados. Concebo, portanto, o contexto pedagógico como uma rede de relações, conexões e interconexões em que os elementos constitutivos da prática pedagógica vão se tecendo juntos, em sua totalidade.

Com esses referenciais como substrato, entendo que os conhecimentos adquiridos em momentos formais interagem, ou pelo menos devem interagir, com a vida do professor – considerada nas dimensões profissional e pessoal, incluindo os âmbitos emocional e afetivo. E mais: é esta composição – a do conhecimento formalmente adquirido pela experiencialidade – que assumo como constitutiva de uma lógica profissional que se torna referência na construção de seus saberes em seu transcurso profissional. Entendo como lógica profissional a que vai se estabelecendo, aos poucos, no decorrer da prática cotidiana. É essa lógica que, muitas vezes, leva o professor a rejeitar o que lhe é imposto verticalmente, em momentos formais de formação. É ela também que provoca nos professores afirmações, como as que estamos acostumados a ouvir, de que o conhecimento produzido alheio à realidade da sala de aula não lhes serve, por ser dissociado daquilo que o trabalho cotidiano exige.

Nesse sentido, os estudos de Tardif, Lessard e Lahaye (1991), Imbernón, (1994), Gauthier et al. (1998); Zeichner (1998) e Tardif (2000) chamaram minha aten-

7 Na tese de doutorado que deu origem a este capítulo, as idéias apresentadas por Morin, Prigogine, Doll e Larrosa foram amplamente desenvolvidas e podem ser consultadas pelo leitor.

ção, ao focarem as reações extremadas dos professores quanto aos saberes da formação profissional teoricamente produzidos em pesquisas dissociadas da sala de aula. Em um dos extremos, os professores aceitam-nos dogmaticamente, crendo que, adotando-os, resolverão de imediato os problemas de sua prática. Acreditando ser o melhor a fazer, repetem fórmulas, modelos ou métodos, tais como verticalmente foram recebidos. No outro extremo, agem com rejeição *a priori*, justificando não haver identificação entre a prática que vivenciam e o conhecimento teoricamente produzido que lhes é disponibilizado. Chamou-me a atenção porque tanto a rejeição quanto o aceitamento tácito de conhecimento não fazem sentido em um processo de formação continuada, tal como o concebo. Mantêm o estatismo próprio de ações que não produzem um movimento interior que provoque no professor um processo de transformação. Tais extremos me causam desconforto, uma vez que o que buscamos é o aprimoramento da prática pedagógica pela continuidade de sua formação, numa perspectiva de transformação.

É unanimidade entre os teóricos que o desenvolvimento profissional deve ser entendido como um processo que se prolonga ao longo da carreira, com o que concordo. É um transcurso. Minha concepção acerca da formação continuada está centrada na convicção de que esse transcurso pode ser interpretado como um único e contínuo caminhar, o que nos leva a conjeturar que nesse caminhar, transformações vão ocorrendo, provocadas pela interação entre etapas formais de formação e a experiencialidade, na dinâmica do cotidiano coletivo.

A partir desse contexto teórico, exponho três conceitos por mim construídos: 1) entendo "formação" como o movimento contínuo de elaboração interior que ocorre no âmago da experiencialidade de cada ser humano em sua interação com o mundo, com os programas oficiais, com os conhecimentos institucionalizados e com outros sujeitos; 2) "desenvolvimento profissional" é, a meu ver, um processo contínuo de permanente transformação resultante do movimento interior protagonizado pelo professor em sua dialógica relação com o campo de conhecimento que lhe é pertinente e com sua experiencialidade. 3) "educação permanente" designa um estado de abertura para o espírito: crescer a cada dia, desenvolver-se sempre, fazer-se na prática, embasando-a e subsidiando-a teoricamente, em um movimento cíclico e encadeado em que cada experiência teoriza-se e fundamenta o que há por vir.

Nessa tríplice relação está meu entendimento sobre formação continuada: advém da simbiose dos conceitos de "formação", "educação permanente" e "desenvolvimento profissional" elaborados, impregnada pelas ideias subjacentes ao conceito de experiência autêntica de Larrosa e por reflexos provenientes de princípios do paradigma da complexidade, na perspectiva de Morin.

Adoto como postulado que o professor é sujeito de sua formação, o que possibilita conjeturar sobre a importância que a perspectiva experiencial adquire no processo de desenvolvimento profissional, pois entendo que a formação continuada vislumbra a promoção de um processo transformativo provocado pelo movimento interior advindo de relações estabelecidas entre o conhecimento produzido e sua prática. Assim, o modo de "receber" verticalmente conhecimentos em momentos formais de formação converte-se em catapulta para a ocorrência de um movimento interior em que a experiência produz sentidos. Diz Larrosa que uma situação vivida que não modifique o sujeito não pode ser considerada experiência, pois, "quando sabemos muitas coisas mas nós mesmos não mudamos com o que sabemos... essa seria uma relação com o conhecimento que não é experiência, posto que não se resolve na formação ou na transformação daquilo que somos"(1996, p. 136-37). Se houver experiência autêntica, na formação continuada os momentos formais, ao longo do percurso, vão fazendo sentido e embasando novos fazeres. Eis porque afirmei que a efetividade dos momentos formais de formação é dependente da concepção que se tenha sobre formação continuada, podendo ser estanques e estéreis – quando não provocam transformação – ou se converter em "momentos" que fertilizam fazeres diferenciados, aperfeiçoados, aprimorados, jamais repetidos mecanicamente. A transformação se faz presente, permanente e incorporada como modo de ser, parte integrante e natural num processo de desenvolvimento profissional.

Os protagonistas e suas histórias

Gosto muito de Larrosa (1996, p. 137) quando diz "Assim como se os livros, assim como se as pessoas, os objetos, as obras de arte, a natureza, ou os acontecimentos que sucedem ao nosso redor quisessem nos dizer alguma coisa". Gosto também quando diz que" a formação implica, necessariamente, a nossa capacidade de escutar (ou de ler) isso que as coisas têm a nos dizer. Uma pessoa que não é capaz de se pôr à escuta cancelou seu potencial de formação e de transformação."

Vilma, professora formadora desde os anos 70, iniciou sua atividade profissional sob os ditames da racionalidade técnica. Incomodada com os resultados de aprendizagem que os alunos apresentavam na escola fundamental, olhou para si – não culpou o sistema como fazem os que se acomodam –, olhou para sua atuação como professora formadora de professores. Se os alunos da escola apresentavam dificuldades, deles é que não podia ser a culpa, dizia ela. Nem do professor da escola, isoladamente. Olhou para o interior da própria licenciatura em que atuava. Era preciso aperfeiçoar o sistema. Mas, para isso, era preciso olhar a escola. Para ela, nada poderia ser pensado, decidido, planejado de cima para baixo, de fora para dentro. A literatura alertando sobre o distanciamento na produção do conhecimento relativo aos saberes docentes ainda não estava em voga – no início dos anos 80 –, mas ela já dizia que não teria sentido dizer a alguém como fazer sem que a própria pessoa que estivesse dizendo conhecesse a realidade para a qual dirigisse seu dizer.

Com uma trajetória diferente, Marcioney, atuante em diversas frentes de trabalho pedagógico, escreve material didático, desenvolve projetos na escola, atua junto a seus colegas professores "ensinando-lhes" a aprender profundamente o conhecimento matemático que ensinam. Na época em que atuou no Laboratório, a pedido da coordenação pedagógica da escola pública em que trabalhava, desenvolveu atividades com os professores das séries iniciais, contemplando conteúdo e metodologia. Não lhes "dava" o conhecimento, não lhes ministrava o que sabe para que repassassem aos alunos, mas "ensinava-lhes" a buscar caminhos para o exercício da ação docente – para ensinar. Esses professores – com anos de magistério – "descobriam" os conceitos matemáticos durante as atividades com Marcioney e se impressionaram com essa descoberta. Perplexo com tais ocorrências, indagou: Como pode alguém ensinar o que não sabe, e nem saber que não sabe o que ensina? Como autor de material didático, outro âmbito de sua atividade profissional, não repete modelos. Sua experiência, mais o conhecimento que vai adquirindo, lhe dá indícios de como, em sua visão, será possível criar o que lhe parece pertinente. É um criar ousado, mas consciente. Como um artista, compõe seu "riscado", buscando ser original, arriscando-se e fazendo como acredita que o aluno vá aprender. Não só matemática, mas conhecimentos gerais, noções de ética e outros tantos conhecimentos que auxiliem na formação para a cidadania, por meio da aula de matemática. Disse que aprendeu esse modo de ser profissional ao estar concomitantemente com professores universitários, com alunos da licenciatura e com colegas do ensino fundamental e médio. Ele, professor, aprendia com os alunos aprendizes da Universidade!

Vera, por sua vez, descobriu o poder do ato de criar como desencadeador de aprendizagem. O aluno gosta de criar e, quando percebe que algo é criação dele, toma posse e tem prazer em aprender, diz ela. Os projetos de que participou, particularmente os de jogos e de modelagem[8], abriram seus olhos para outra leitura do mundo, inclusive do mundo físico. Na continuidade de suas ações, foi percebendo que se fazia professora na relação com os demais membros dos grupos de que participava; que os alunos da licenciatura lhe mostravam caminhos; que os

8 A atividade com Modelagem Matemática iniciou no Laboratório com alunos de Prática de Ensino. Depois foi incorporada como linha de ação permanente e, com os anos de criação e pesquisa, foi teorizada para o ensino fundamental.

professores da universidade a apoiavam, ao mesmo tempo que aprendiam com ela. Era difícil, disse ela. Mas ficou "quase paranoica" quando descobriu um mundo matemático a sua frente, que sua vida se convertia em referência para suas aulas, que seus alunos pequenos tinham um poder invejável de trazer o mundo externo para a sala de aula, e que tais fatos desencadearam ações didáticas criativas.

Processo diferente envolveu Joceli: foi configurando seu pensamento com as revelações que se lhe apresentavam. Envolveu-se em um projeto interdisciplinar em que teve que, em grupo, participar até mesmo do processo de construção conceitual de uma área de conhecimento que, a *priori*, não era a sua: Educação Ambiental, em Matemática. Ela sofreu, quase desistiu, pois ninguém no grupo sabia o que fazer, como fazer e, o que lhe era pior: questionavam se o que tentavam fazer daria certo. Não havia receita. O caminho era desconhecido, precisava ser construído. Ela, ainda aluna de licenciatura, estava envolvida em um projeto de doutorado[9] que visava implementar, em um município do estado do Paraná, um programa sócio-educativo de intervenção em valores ambientais. A proposta era desenvolver nos alunos conhecimentos, valores, atitudes e habilidades geradoras de comportamentos embasados em posturas favoráveis à melhoria do ambiente, visando o desenvolvimento sustentável. A participação no trabalho de elaboração das atividades, numa dinâmica efetivamente interdisciplinar fora assumida pelo Laboratório, conglomerando professores de escola, profissionais de órgãos estaduais ligados ao meio ambiente, colegas dos cursos de licenciatura e a professora da universidade da área de ensino de matemática, que, como Joceli, estava debutando na temática e tentando descobrir o caminho, embora não estivesse como ela, debutando nesse modo compartilhado de trabalhar. A compreensão da "educação ambiental" como processo educativo era o elemento deflagrador da pesquisa e todos precisavam entendê-la conceitualmente. Transcendia o que Joceli acreditava poder fazer. Mas seguiu em frente. Inicialmente, chorou de aflição e, muitas vezes, de medo. Pensou em desistir. Algum tempo depois, chorou de emoção ao relembrar o caminho percorrido. Disse que, "no Laboratório, aprendemos a deixar a coisa acontecer... criamos confiança e coragem... confiança de que daríamos conta de traçar os rumos didáticos necessários... de desenvolver estratégias para dar conta das situações emergentes, até porque são elas que ajudam a matemática a ter significado... A gente tendo fundamento mais experiência, terá confiança para enfrentar novas 'acontescências'" (GUÉRIOS, 2002, p. 178).

---

9 Trata-se da tese de doutorado da professora Vilma Barra, denominada *Exploração de necessidades sócio educativas e análise de modelos de programas formativos de educação ambiental com caráter experimental*, defendida na Universidade de Santiago de Compostela, no ano de 2000.

Os demais participantes do Laboratório pareciam irrequietos em seus espaços de trabalho, sempre procurando novos caminhos. As práticas colaborativas que vivenciaram no Laboratório, em alguma época de suas vidas, provocaram reflexos na realidade atual em que desenvolvem a ação docente. Tornaram-se corajosos para mudanças, pois perceberam a potência didática das situações que emergem. Perceberam que não há como prever todos os acontecimentos quando se trabalha com projetos e com inovações metodológicas. Perceberam que a reflexão é parceira da ação e que, com essa parceria, o passo é mais sólido e consistente. Descobriram a diferença entre adaptar fatos novos a teorias antigas e teorizar tendo como referência a prática que desenvolvem. Teorizar é produzir o novo. Para produzir o novo, é preciso estar aberto às situações inesperadas, que ocorrem quando a atividade programada não é engessante. A pesquisa mostrou que ser capaz de permitir a ocorrência do inesperado é um saber que se dá ao longo de um processo de desenvolvimento profissional, pois não é um saber que se possa adquirir por transmissão acadêmica. Exige a elaboração de um modo de ação que se configura paulatinamente.

Descobrir por que os professores fazem o que hoje fazem, do modo como fazem, permitiu perceber que, independente do método e do recurso didático que estejam utilizando, desenvolveram princípios didáticos que sustentam a prática que efetivam. Esses princípios foram sendo construídos no decorrer dos anos, cada um a seu tempo, à medida que faziam interagir a prática que efetivavam com os conhecimentos que iam ora recebendo, ora produzindo. Se para Vilma, qualquer que seja o método, o princípio investigativo pauta sua ação didática para estimular e dar significado aos conhecimentos, para Joceli, perceber que o "mundo da situação-problema" – como se dizia no Laboratório – é muito maior do que as possibilidades dos "problemas enunciados", transformou a perspectiva didática de sua docência. Por isso, até a modalidade expositiva oral de aula pode ser desafiadora e instigante. Basta partir de uma situação a ser investigada. Foi possível descobrir também que nem sempre é possível usar questões do cotidiano com as crianças, mas é sempre possível criar uma situação-problema em todo tipo de atividade. Joceli disse que essas descobertas mudaram sua vida no trabalho, e foi isso o que "mais amou" em sua passagem pelo Laboratório. Esses professores, na continuidade do processo formativo, foram desenvolvendo a capacidade de escutar – ou de ler – o que as coisas a seu redor tinham a lhes dizer. Foram estabelecendo relações dialógicas entre o que ouviam e viam e os conhecimentos que iam adquirindo. Foram construindo seus princípios. Teorizaram tendo como referência a prática que desenvolvem.

Eis o motivo por que não aposto em modalidades de formação continuada em que conhecimentos produzidos externamente à sala de aula sejam verticalmente entregues aos professores em momentos formais de formação, sem que eles façam parte da dinamização desse conhecimento.

Embora suas histórias sejam únicas e eles atuem em diferentes esferas educativas, todos foram se transformando pela relação dialógica que estabeleceram entre conhecimentos adquiridos em momentos formais de formação e as experiências que foram coletivamente vivendo. Aos poucos desenvolveram a capacidade de escutar e de ler o que as coisas estavam dizendo. Ao mesmo tempo, foram aprendendo que os alunos também dizem, que os parceiros também têm a dizer. Aprenderam a dar voz e a escutar o que dizem. Quem dá voz pode ouvir o que não está preparado para ouvir. E, ao ouvirem, tiveram que criar estratégias necessárias para lidar com as situações imprevistas que emergiram dessas vozes e adentrar por novos caminhos. Foi o que aconteceu com eles.

A EMERGÊNCIA DE UM ESPAÇO INSTERSTICIAL: UM OUTRO ESPAÇO EM UM OUTRO TEMPO

Durante meus estudos, percebi que o professor pode estar repetindo fórmulas, replicando dizeres, ou criando novos caminhos, adentrando outros espaços. Descobri a existência de um espaço ímpar na formação docente: um espaço que não é encontrado por acaso, não está projetado em documentos oficiais e não pode ser receitado vertical e externamente. Ao contrário, é construído pelo professor durante seu caminhar, na continuidade de sua formação. Um espaço em que a chave para a autonomia no fazer docente e no fazer-se docente está na criatividade e no desenvolvimento do pensamento estratégico, associados ao domínio profundo de conhecimentos específicos não apenas da área em que exerce a docência, mas também do campo pedagógico. É um espaço aberto que se amplia e se multiplica, possibilitando dinamicidade nas ações, em que a imaginação e a criatividade superam e transcendem os limites impostos pelas paredes da sala de aula, da sala dos professores, das coordenações pedagógicas. Para designar esse espaço ímpar na formação docente, doravante utilizarei, alegoricamente, o que Larrosa chamou de espaço intersticial:

> O que conta para a transmutação formativa não são as aulas... sempre simplificadoras[10] [...] O que conta são os espaços intersticiais: o lugar do

---

10 No sentido de ordenado, disjunto, restrito, segmentado, compatível, previsível, linear. Compatível com os pilares do pensamento simplificador, os quais estão explicitados em Morin e Moigne (1999).

> perigo, porque aí, fora do mundo seguro e insignificante das salas de aula, não valem as seguranças da verdade, da cultura, do saber, do sentido. Renunciando à segurança dos espaços tutelados, nos quais se comercia uma verdade intranscendente, habitando a diversidade caótica e sem marcas dos lugares marginais, os estudantes divagam... (1999, p. 81-2)

Espaço intersticial, em minha interpretação, não se caracteriza como um espaço materializado, mas como espaço do livre pensar, pela ação em rotas inovadoras, pela ousadia. É quando professores e alunos embarcam na arte de criar, para a qual não há tempo marcado; convivem com o predeterminado para ser aprendido e ensinado (os programas escolares), desprendendo-se das amarras que predeterminam o fazer (modelos e técnicas estáticas, mortas). As técnicas adquirem vida e movimento e embasam fazeres ousados, mas responsáveis. A transcendência se refere à ousadia responsável, em um espaço construído pela relação criativa entre teoria e prática, em um tempo indeterminado, porque não há tempo para estancar os processos que se desencadeiam. Os espaços intersticiais estimulam a realização de projetos e de inovações no modo de fazer, no modo de agir, no modo de pensar. Se forem novos projetos, as rotas terão que ser construídas. Diante de projetos previamente conhecidos, o modo de ação será inovador: é a dinamização do técnico.

Nesse sentido, o espaço físico da sala de aula pode converter-se em um espaço insterticial. Dependerá da postura do professor frente à dinamização de seu cotidiano profissional. Vera conta que, ao trazer o mundo para a sala de aula, os alunos se sentiam estimulados. Disse que "os alunos têm que ter ‹tesão› pela matemática a ponto de quererem assumir os projetos como seus. Se ele assume, ele é dono. Aí não sou mais eu. Ele é dono do saber, ele guarda para o resto da vida." (GUÉRIOS, 2002, p. 142).

O desenvolvimento profissional, concebido como formação, fundado em base experiencial, tendo o professor como sujeito de seu próprio processo e construtor de sua caminhada, leva-o a um estado permanente de transformação, a embrenhar-se por espaços intersticiais. Em contrapartida, se fundado em base verificacionista[11], sendo periférico a seu próprio caminhar, leva-o à prática individualizada, informada por sistemática assimilação solitária de modelos prescritivos. Repetirá fórmulas e replicará dizeres. O que se busca, portanto, no percurso do professor em sua

---

11 Entendo por epistemologia verificacionista a que "vê a prática como instância de confirmação daquilo que é idealizado ou estabelecido 'a priori' como verdade, não interessando os processos internos pelos quais os professores passam quando se apropriam, aplicam ou produzem conhecimentos. Interessa apenas verificar como os conhecimentos estão sendo postos em prática... a experiencial, em contrapartida, valoriza o sujeito e considera seus percursos, isto é, seu movimento interno no processo de realização da prática, da produção de conhecimentos e de formação" (GUÉRIOS, 2002, p. 18-9)

prática é que ele possa passar de uma epistemologia verificacionista para outra, experiencial, que conduzirá à composição de uma postura indagativa, aberta e embasadora de novos fazeres, sempre subsidiada por um corpo de conhecimento que lhe dê sustentação.

Não é nos ambientes formais, senão nos corredores da vida, que somos autênticos e deixamos, sem pudores, vir à tona o que está dentro de nós. A ação docente indagativa e aberta dará à formalidade das salas de aula conotações de corredores da vida, onde experiências autênticas poderão efetivar-se. O que conta para a transmutação formativa são os espaços intersticiais,o lugar dos perigos, do imprevisível, do inesperado, do imponderável e das emoções, da imaginação, da criatividade. É nos corredores da vida que...

> [...] o inesperado surpreende-nos. É que nos instalamos de maneira segura em nossas teorias e ideias, e estas não têm estrutura para acolher o novo. Entretanto, o novo brota sem parar. Não podemos jamais prever como se apresentará, mas deve-se esperar sua chegada, ou seja, esperar o inesperado. E quando o inesperado se manifesta, é preciso ser capaz de rever nossas teorias e ideias, em vez de deixar o fato novo entrar à força na teoria incapaz de recebê-lo. (MORIN, 2000, p. 30)

A ação em espaços intersticiais contrapõe-se aos postulados positivistas, por abdicar das ações dogmaticamente predeterminadas. Reconhecer que a prática pedagógica é complexa e que a própria complexidade inclui sua dinamicidade é aceitar a ideia de que os perigos que ocorrem nos lugares não tutelados são os que fogem ao controle da cadeia de ações e expectativas predeterminadas, fato que transforma saberes constituídos em provisórios. Para possibilitar a emergência do imprevisível, é preciso improvisar. A que chamamos de improviso? O que possibilita ao professor improvisar e potencializá-lo didaticamente? Somente a clareza de princípios pedagógicos associados ao profundo conhecimento do que ministra permite o improviso responsável, pois exige grau de deliberação. Não aceito o improviso descabido, em nome da criatividade e da autonomia da ação.

O novo brota sem parar em espaços intersticiais... É preciso deixar o novo brotar... "Aprendemos a deixar a coisa acontecer, disse Joceli. A gente sabe que dá certo! A gente tem certeza que dá certo porque a gente aprendeu que sabe como fazer quando as coisas acontecem"[12] (GUÉRIOS, 2002, p. 124). Vera conta que,

---

12 "Como fazer" refere-se ao modo de trabalhar com situações imprevisíveis e inesperadas que emergem na prática cotidiana.

ao enveredar por espaços intersticiais, arriscando-se em novas vivências ao trabalhar com geometria, aprendeu até a ver e a observar o mundo. Disse ela: " Eu aprendi a olhar para o chão. Eu nunca havia me dado conta de olhar para o chão. Eu aprendi a olhar para o chão durante as atividades dos projetos do Laboratório... eu comecei a ver hexágonos, pentágonos... tudo isso a meus pés. Como dizíamos no Laboratório: o mundo matemático está a seus pés! (id. p. 114). Vilma fazia, e faz até hoje, de cada nova ideia brotar um projeto de pesquisa, muito simples, diz ela, mas original. Para as ideias brotarem, Vilma dá voz e vez ao aluno. E o escuta! Dedica-se a aprender para encarar e potencializar o novo, tal como ele se apresenta e não o fazendo entrar à força em uma teoria capaz de recebê-lo (MORIN, 2000). Assim também Marcioney escreve seu material didático como quem desliza por situações originais e compõe, em vez de repetir. Tal fato é perceptível quando utiliza a "quadrinha" de Drummond e pede o conjunto das pessoas que João amava, quando se refere à época da ditadura militar na elaboração de questões, quando incorpora e interpreta letras de Chico Buarque nas atividades que cria, analisa Zeus, que pertence ao estilo dórico, utiliza o filme de Hércules ao desenvolver o conteúdo programático referente a "representação por extensão e por compreensão gráfica". Vera descobriu o poder do ato de criar como desencadeador de aprendizagem. Nas situações que fogem ao tradicional modelo de cerceamento das ideias para garantir um andamento programado, o inesperado tende a ser a mola mestra para desencadear ações didáticas compatíveis com o emergir do pensamento dos alunos. Ser capaz de permitir a ocorrência do inesperado é um saber que se dá ao longo de um processo de desenvolvimento profissional, pois não é um saber que se possa adquirir por transmissão acadêmica. Exige a elaboração de um modo de ação que se configura paulatinamente. Exige um "encorajamento" do professor. Disseram os professores que, "no Laboratório, aprendemos a deixar a coisa acontecer... criamos confiança e coragem... confiança de que daríamos conta de traçar os rumos didáticos necessários... de desenvolver estratégias para dar conta das situações emergentes, até porque são elas que ajudam a matemática a ter significado" (GUÉRIOS, 2002, p. 177-8).

O que leva o profissional a arriscar o caminho em livres espaços transcendentes? Ou seja, o que leva o professor a atuar de modo que seus atos didáticos extrapolem o "quadradismo" das paredes formais das salas de aula e a elas transcendam? "A gente tendo fundamento mais experiência, terá confiança para enfrentar novas ‹acontescências› (id. p. 178), responde Joceli. O processo formativo de desenvolvimento profissional dá-se na tecedura de sua malha constitutiva, em que confluem conhecimentos específicos, repertório de saberes, repertório de conhecimentos profissionais, em um movimento contínuo e não-linear, do qual as emoções, os sentimentos, a imaginação, a intuição, a especulação e a subjetividade são também componentes.

A perspectiva de transformação formativa é a de permitir outros modos de pensar que não os impostos por práticas "externalistas" e prescritivas. É a não-deglutição do conhecimento, em nome de sua assimilação, o que exige posicionamento didático flexível. Dá-se pela experiência que nos passa, nos transpassa, nos marca, ecoa, ressoa em nosso interior e, pela reflexão recursiva, será orientação para novas práticas, que se configuram, em si mesmas, como ocasiões para novas reflexões no processo de desenvolvimento profissional do professor que se faz e se constitui.

Hoje, creio estar no alcance do espaço intersticial um contributo para a promoção da formação continuada. Como alcançar esse espaço é um desafio.

Considerações finais

Enquanto alguns professores são persistentes e se arriscam, várias vezes se necessário, em novas aventuras com seus alunos, outros são resistentes à mudança de rotina em sala de aula. Há os que sequer se permitem tentar isso e há os que até tentam, mas a experiência, na tentativa, não se constitui em experiência autêntica.

Ao olhar a trajetória do Laboratório, percebi que alguns professores atuam nos grupos mas não em grupo, pois mantêm irremovíveis suas posições já assumidas. Trocam informações, há intercâmbio, mas não modificam suas estruturas internas, não se transformam (PRIGOGINE,1996). Outros atuam em grupo e se transformam.

O processo de formação do professor acontece em um movimento evolutivo contínuo no qual suas ações e reflexões configuram seu próprio fazer. Ou seja, manifestações de transformações se dão ao longo de um processo contínuo, num permanente ir e vir, em que não é possível identificar momentos pontuais de (re)começo ou de ruptura. Esse processo contínuo e permanente é, de certa forma, reconhecido pelos próprios professores que participaram do Laboratório, na medida em que dizem (GUÉRIOS, 2002, p. 198):

> Eu me aprimoro e me modifico sempre. Nem sempre sei dizer, exatamente, de onde vem o que eu faço... (Marcioney)
> ... Você está sempre buscando, porque não tem como parar, não tem por que dizer eu me formei, já aprendi tudo o que eu tinha que aprender, agora não preciso fazer mais nada... Muito pelo contrário, aí é que eu percebi que temos que sempre buscar, buscar, buscar, estudar, estudar, estudar... porque tudo muda, tudo é muito dinâmico... (Joceli)

... O processo de mudança é lento e os caminheiros se fazem ao caminhar. (Sônia)

Os professores assumiram para si a responsabilidade da formação permanente, o que denota, de um lado, que buscam autonomia na produção de seu desenvolvimento profissional e, de outro, que reconhecem que esse processo é longo, difícil e sempre inconcluso. Outro aspecto evidenciado foi que o processo de desenvolvimento profissional do professor acontece pelas trocas intersubjetivas com outros sujeitos da prática educativa (colegas, formadores e alunos) e pela busca de sentido sobre o que somos e o que fazemos.

A percepção dos princípios que fundamentam a prática e o modo de ser e de constituir-se professor parece resultar de nossa postura diante do que fazemos em sala de aula ou em encontros de formação docente.

Ficou evidente que a perspectiva inovadora da prática pedagógica não reside na aplicação pura e simples de uma nova técnica de ensino, mas sim na postura diferenciada que o professor e os alunos apresentam em relação ao conhecimento. Uma postura interrogativa, questionadora, investigativa, exploratória e de produção e negociação de sentidos perante o saber. Ou seja, uma postura em que alunos e professores se constituem, ambos, em sujeitos críticos e autônomos do aprender e do conhecer; em que constroem para si princípios didáticos que vão, paulatinamente, fundamentando o fazer didático na ação docente.

É sob essa relação modificada do sujeito (professor ou aluno) com o saber (docente ou escolar) que o professor pode, concomitantemente, mudar-se (seu saber ser) e mudar sua prática pedagógica (seu saber fazer). Quando acontece esse encontro ou simbiose, temos aquilo que Larrosa (1996) chama de experiência autêntica, isto é, uma relação interior que o sujeito estabelece com o saber, transformando-se ou convertendo-se em um sujeito modificado. A ocorrência de experiências autênticas possibilita o alcance do espaço insterticial, que Larrosa (1999) caracteriza como lugar do perigo, do risco, do imprevisto; um lugar habitado pela diversidade caótica e que, transladado para o universo educativo, converte-se em espaço de criação, de autonomia, possibilitador de transformações num caminhar evolutivo.

O Laboratório, ao mesmo tempo que se configurava institucionalmente como um espaço oficial e tutelado da formação docente, de outro estimulava as experiências investigativas, por exemplo, com Modelagem, com Educação Ambiental, com projetos de jogos, com as ações nos clubes de Ciências, entre outras modalidades de ação que têm na investigação seu princípio didático.

Por intermédio desta pesquisa consegui perceber o que acontecia de forma implícita nos espaços oficiais e intersticiais propiciados pelo Laboratório: que mudanças acontecem quando o professor se transforma ao longo de seu caminhar e vai modificando sua concepção e decorrente postura diante do conhecimento e da prática pedagógica. E tal mudança não se dá sem conflitos, sem discussão ou reflexão, sem o outro, sem estudo, sem sistematização e sem riscos.

Como espaço oficial de formação, o Laboratório vem se constituindo em instância mediadora e dinamizadora desse processo de desenvolvimento profissional, como atestam os professores (GUÉRIOS, 2002, p. 200):

> Eu me aprimoro e me modifico sempre. Nem sempre sei dizer, exatamente, de onde vem o que eu faço. Eu não me lembro exatamente quais foram as atividades que fiz aqui ou ali, mas às vezes eu "puxo" alguma coisa, e nem sei de onde veio... Tem-se um primeiro impulso a buscar o que já se fez mas não é possível ficar a vida inteira dependendo daquilo. Então se começa a buscar caminhos alternativos. Com as atividades do Laboratório... você aprende a aprender. Aprender a aprender interfere na prática docente do professor (Marcioney)
>
> Quantos de nós não acabávamos pegando o "fio da meada" com esses trabalhos que eram feitos?... Nós ficávamos envolvidos com as diversas equipes do Laboratório, conversando e trocando ideias... As discussões que tínhamos eram muito importantes... Dessas discussões, sempre ficava alguma coisa... O Laboratório foi um espaço onde podíamos construir, podíamos colocar as dúvidas ali, sem medo de não poder reverter um eventual erro... O Laboratório é um tempo da vida da gente em que você procura aprimorar, você está sempre buscando, porque não tem como parar, não tem porque dizer: eu me formei, já aprendi tudo o que eu tinha que aprender, agora não preciso fazer mais nada... (Joceli)
>
> O Laboratório é um espaço pedagógico excelente de formação, para nós, para os professores das escolas e para os educandos. A passagem que fiz por este espaço significou muito para mim. Aprendi a conviver em grupo, a dividir experiências, a coletivizar, a partilhar... Vivendo um processo contínuo de discussão, cada um contribuindo a partir de suas próprias pesquisas. Dessa forma, um ponto importante foi sempre esta postura de rever, de buscar, de descobrir. O fundamental que descobri é que, junto com os alunos, no fazer que você vai descobrindo este ou aquele jeito de fazer, essa forma de fazer, a melhor forma de fazer... E a minha atuação em sala de aula como formadora de professores também mudou... (Sônia)

Foi possível perceber que não foram as modalidades didáticas ou as propostas metodológicas em si que desencadearam em cada um o processo de mudança e de desenvolvimento profissional. Embora elas possam ter ajudado a deflagrar o processo, foi a busca compartilhada de sentido para aquilo que faziam e para o modo como o faziam, que os fez evoluir, que os levou a ser outros sujeitos, a produzir outras práticas e a estabelecer outras relações com o conhecimento escolar.

Durante seus percursos, elaboraram e significaram suas ideias, saberes e ações. E, aí, não importa tratar-se de Modelagem, de Clube de Ciências, de aula prática, de jogos ou de outra modalidade didática qualquer. Tais modalidades, na verdade, são modificadas e transformadas com o tempo, pela prática reflexiva do professor; à medida que ele as experiencia, constrói seus próprios princípios didáticos. São estes que nortearão sua prática. Ou seja, o princípio transformador não está nas ações em si, mas sim nas relações que o sujeito estabelece com elas. É, portanto, também nos meandros das ações, nos espaços intersticiais, que acontece a experiência autêntica, aquela que realmente forma.

Para entender o processo de formação em pensamentos, saberes e ações, busquei perceber marcas do que o professor fez no que faz hoje. Ao olhar a história de Vera, por exemplo, percebi o quanto as ações com os projetos dos jogos – realizados em anos anteriores – influenciaram sua atuação no projeto de Modelagem, para trabalhar com geometria, e como suas experiências sustentam seu modo de pensar e agir atualmente. Quando trabalhou com jogos, superou a perspectiva lúdica. A partir do uso do jogo passou a querer a criação do jogo pelos alunos. Ela queria que o aluno desenvolvesse estratégias, que criasse e que, nesse processo, compreendesse conceitualmente os conteúdos. Mais tarde, ao experienciar a modelagem no ensino, novas mudanças iriam ocorrer, pois passou a perceber as múltiplas relações que existem entre o mundo da vida cotidiana e o mundo da matemática. A partir daí, sua prática e sua relação com o aluno e a matemática nunca mais foram as mesmas. Em suas palavras: "foi havendo uma revolução em mim, em forma de redemoinho, comigo e meus alunos dentro desse redemoinho"(GUÉRIOS, 2002, p. 141).

Ao olhar para Tânia em sua atividade atual como formadora de professores na universidade, percebi que sua angústia pela busca permanente de novos caminhos, de novos saberes e de novas alternativas para a prática e a formação docentes são recorrentes desde quando iniciou sua participação no Laboratório, em 1993, ainda aluna do curso de licenciatura. O que sempre a encantou no Laboratório foi a busca de "uma maneira diferente de enxergar a matemática, as atividades que eram aí construídas e, sobretudo, o ambiente onde as pessoas se envolvem, partilham, crescem, se humanizam..." (id. p .115).

Ao procurar compreender os professores em seus processos constitutivos, perguntei-me que elementos ou que condições são fundamentais para a emergência desses processos de formação. Tomando o caso da experiência proporcionada pelo

Laboratório da UFPR, pode-se dizer que são diversos os fatores que favorecem tais processos. Eis apenas alguns:

- o trabalho coletivo e colaborativo entre professores formadores, professores das escolas e alunos da licenciatura;
- a articulação entre a formação docente e a prática pedagógica nas escolas;
- a busca de novos referenciais teóricos e práticos;
- a aventura de arriscar novas experiências didáticas (seja na universidade ou na escola), antes mesmo de serem totalmente conhecidas, e até participar concomitantemente do próprio processo coletivo de criação de inovações metodológicas;
- a reflexão permanente e sistemática antes, durante e após a realização das experiências didáticas.

Não se pode isolar qualquer um desses fatores para explicar o processo de formação dos professores que passaram e passam pelo Laboratório. Além disso, nada aconteceu e acontece por acaso. Trata-se de um processo em que os professores se vão constituindo em pensamento, construindo saberes e compondo suas ações. E, assim, constituem-se como sujeitos únicos e singulares, pois, embora conectados por objetivos e ações comuns, são subjetivos o modo de caminhar, as significações, as emoções, a cadência, a história de vida. É dessa trama que pode resultar a experiência autenticamente formativa que acontece em cada um. Rendo-me a Larrosa e ao modo como interpreta "experiência". Rendo-me, mas, pelo que vivenciei em meu processo como pesquisadora e docente, para mim experiência é ainda mais: "experiência é o que nos passa, nos transpassa, nos leva a nosso próprio interior, nos coloca em estado de inquirição com o modo de ação e, pela permanente transmutação, provoca transformações formativas, nos faz evoluir, caminhando por espaços intersticiais, a deixar o novo brotar" (id. p. 179).

Reafirmo que é da trama apontada que pode resultar a experiência autenticamente formativa e afirmo que, para isso, não há receita, nem um tempo cronológico e predeterminado. É como se fosse outra dimensão. Uma dimensão intersticial: outro espaço em outro tempo. Essa dimensão é a que sonhamos possa o professor encontrar na continuidade de sua formação.

Referências bibliográficas

BALLENILLA, F. *Enseñar investigando*: como formar profesores desde la prática. Sevilha: Diada, 1995.

D'AMBROSIO, U. *Matemática, da teoria à prática*. São Paulo: Papirus, 1996.

_______. *Para uma sociedade em transição*. São Paulo: Papirus, 1999.

DOLL Jr., W. *Currículo: uma perspectiva pós-moderna*. Porto Alegre: Artes médicas, 1997.

FIORENTINI; D.; NACARATO, A. & PINTO. Saberes da experiência em matemática e educação continuada. *Quadrante*, Lisboa, v. 8, p. 33-60, 1999.

FIORENTINI, D. Pesquisando com professores – reflexões sobre o processo de produção e ressignificação dos saberes da profissão docente. In: J. F. Matos e A. Fernandes (eds.). *Investigação em educação matemática*: perspectivas e problemas. Lisboa: APM, 2000. p. 187-95.

GAUTHIER, C. et al. *Por uma teoria da pedagogia*: pesquisas contemporâneas sobre o saber docente. Ijuí, RS: Unijuí, 1998.

GAUTHIER, C. & TARDIF, M. Elementos para uma análise crítica dos modos de fundação do pensamento e da prática educativa. *Contexto e Educação,* Ijuí, n. 48, p. 37-49, 1997.

GUÉRIOS, E. *Práticas de professores na área de ciências e matemática em espaços oficiais e intersticiais*: contribuições para a formação do educador. In: IV Anped Sul, Na contracorrente da universidade operacional. Florianópolis, CD ROOM ISBN 85-87103-14-8, 2002.

GUÉRIOS, E. *Espaços oficiais e intersticiais da formação docente*: história de um grupo de professores na área de ciências e matemática, Tese de doutorado em Educação: Educação Matemática. Campinas, SP: FE/Unicamp, 2002, 217p.

IMBERNÓN, F. *La formación y el desarrollo profesional del profesorado*: hacia una nueva cultura profesional. Barcelona: Graó, 1994.

_______. *Formação docente e profissional*: formar-se para a mudança e a incerteza. Cortez: São Paulo, 2000.

_______. Literatura, experiência e formação. In: M. V. Costa (org.). *Caminhos investigativos*: novos olhares na pesquisa em Educação. Porto Alegre: Mediação, 1996. p. 133-61.

_______. *Pedagogia profana*: danças, piruetas e mascaradas.Belo Horizonte: Autêntica, 1999.

MARCELO, C. G. A formação de professores: novas perspectivas baseadas na investigação sobre o pensamento do professor. In: A. Nóvoa. (org.). *Os professores e sua formação.* Lisboa: Dom Quixote, 1995. p. 51-77.

________. *Formación del profesorado para el cambio educativo.* 2. ed. Barcelona: P. P. U. A. S, 1995. Formação de Professores: o Conhecime

________. Pesquisa sobre a formação de professores: o conhecimento sobre aprender a ensinar. *Revista Brasileira de Educação*, São Paulo, nº 9 , p 51-75, 1998.

MORIN, E. A epistemologia da complexidade. In: D. F. Schnitman, (org.). *Novos paradigmas, cultura e subjetividade.* Porto Alegre: Artes Médicas, 1996. p. 274-89.

________. A noção de sujeito. In: D. F. Schnitman, (org.). *Novos paradigmas, cultura e subjetividade.* Porto Alegre: Artes Médicas, 1996. p. 45-88.

________. *Ciência com consciência.* Rio de Janeiro: Bertrand Brasil, 1998.

________. *A cabeça bem feita, repensar a reforma/reformar o pensamento.* Rio de Janeiro: Bertrand Brasil, 2001.

MORIN, E. & MOIGNE, J. L. *A inteligência da complexidade.* 2. ed. São Paulo: Fundação Peirópolis, 2000.

PONTE, J. P. da. Concepções dos professores de matemática e processos de formação. In: M. Brown. et al. *Educação matemática.* Lisboa: Instituto de Inovação Educacional, Seção de Educação Matemática da Sociedade Portuguesa de Ciências da Educação, 1992. p. 186-239.

________. Perspectivas de desenvolvimento profissional de professores de matemática. In: Ponte et al. (org.). *Desenvolvimento profissional dos professores de matemática: que formação?* Lisboa: Sociedade Portuguesa de Ciências da Educação. Seção de Educação Matemática, 1996. p. 47-82.

PRIGOGINE, I. O Fim da ciência?. In: D. F. Schnitman. (org.). *Novos paradigmas, cultura e subjetividade.* Porto Alegre: Artes Médicas, 1996, p. 25-44.

________. *O fim das certezas*: tempo, caos e as leis da natureza. São Paulo: Unesp, 1996.

TARDIF, M. Saberes profissionais dos professores e conhecimentos universitários: elementos para uma epistemologia da prática profissional dos professores e suas consequências em relação à formação para o magistério. *Revista Brasileira de Educação*, Anped, nº 13, 2000. p. 5-24.

TARDIF, M.; LESSARD, C. & LAHAYE, L. Os professores face ao saber: esboço de uma problemática do saber docente. *Revista Teoria e Educação*, Porto Alegre, nº 4, 1991. p. 215-233.

ZEICHNER, K. M. Para além da divisão entre professor pesquisador e pesquisador acadêmico. In: C. M. Geraldi, D. Fiorentini & E. M. Pereira, p. 207-37 (org.). *Cartografias do trabalho docente.* Campinas: Mercado de Letras, 1998.

8 (RE)SIGNIFICAÇÃO E RECIPROCIDADE DE SABERES E PRÁTICAS NO ENCONTRO DE PROFESSORES DE MATEMÁTICA DA ESCOLA E DA UNIVERSIDADE

Alfonso Jiménez Espinosa[1]
Dario Fiorentini[2]

INTRODUÇÃO

Pretendemos, neste capítulo, descrever e analisar um processo de produção de significados e de construção de novos saberes que ocorreu entre professores de matemática da escola e da universidade, reunidos em um ambiente de trabalho colaborativo e de reflexão compartilhada, tendo como objeto de estudo a prática escolar em matemática. O estudo sobre a prática foi mediado por leituras, por experiências investigativas em sala de aula, pela produção de narrativas escritas sobre essas experiências e, principalmente, pela reflexão teórica ancorada em estudos da área de Educação Matemática.

Tomamos como fonte principal para essa descrição e análise o estudo que Alfonso J. Espinosa realizou junto ao Grupo de Sábado (GdS)[3] da FE/Unicamp e que resultou em sua tese de doutorado (JIMÉNEZ, 2002)[4]. As perguntas que orientaram esse estudo foram:

- Como professores de matemática da escola e da universidade aprendem sobre a complexidade da prática docente nas escolas e sobre o processo de educação contínua de professores?
- Quais os significados compartilhados pelos sujeitos?
- Como se dá o processo de troca e (re)significação recíproca de saberes, ideias e práticas?
- Como são produzidos novos saberes durante o processo de interlocução entre professores escolares e acadêmicos?

---

1 Docente da Universidad Pedagógica y Tecnológica de Colombia (UPTC), Tunja (BY) – Colômbia.
2 Docente da FE/ Unicamp.
3 Esse grupo teve início em março de 1999, reunindo professores de matemática de escolas públicas e particulares da região de Campinas e professores e acadêmicos da Unicamp. Inicialmente denominava-se Grupo de Pesquisa Ação em Álgebra Elementar (GPAAE). Após 2002, passou a autodenominar-se Grupo de Sábado (GdS). O grupo, hoje (2004), conta, em média, com doze membros participantes que se reúnem quinzenalmente aos sábados pela manhã.
4 Essa tese (JIMÉNEZ, 2002) foi realizada e defendida na FE/Unicamp por Alfonso Jiménez Espinosa, sob a orientação do professor doutor Dario Fiorentini.

Denominamos de (re)significação o processo pelo qual produzimos (novos) significados e (novas) interpretações sobre o que sabemos, dizemos e fazemos.

Tínhamos como hipótese de trabalho que a interlocução colaborativa entre escola e universidade era um dos melhores recursos para (re)significar os saberes docentes e a prática pedagógica em matemática, tanto para os professores escolares quanto para os acadêmicos formadores de professores.

A seguir, discutimos alguns pressupostos e referenciais teóricos que fundamentaram a pesquisa. Depois, descrevemos aspectos do processo metodológico usado, tanto na coleta de dados quanto na análise deles e, na sequência, apresentamos e analisamos recortes de um episódio acontecido no GdS. Concluímos o texto apresentando e discutindo os principais resultados do estudo.

O CONTEXTO ATUAL DA FORMAÇÃO DE PROFESSORES

Os pesquisadores da área da formação de professores e da educação matemática, atualmente, começam a se preocupar não apenas em investigar os saberes docentes mobilizados e produzidos na prática, mas também em valorizá-los, incorporando-os à literatura relativa à formação de professores. Esse movimento representa uma ruptura com o modelo da racionalidade técnica; essa mudança paradigmática pode ser percebida pelo número crescente de estudos sobre o pensamento do professor, sobre os saberes produzidos pelos professores[5], sobre o professor reflexivo[6], sobre o professor como pesquisador[7], etc. Segundo Fiorentini (2000), essa ruptura será radical se também promover uma mudança da pesquisa *sobre os* professores para a pesquisa *com* (*ou dos*) professores. É essa a perspectiva que o GdS vem tentando desenvolver. Isso nos desafia a buscar conhecimentos e compreensões sobre como funcionam os sistemas de troca e de mutualidade entre os diferentes sujeitos que participam de um processo compartilhado de reflexão e pesquisa.

Entretanto, ainda são poucos os estudos dessa natureza em educação matemática. Um exemplo desse tipo de estudo é o de Cestari et al. (2000), que concebem a aula como um espaço de comunicação muito especial, onde os participantes estão mutuamente relatando enunciados de forma direta.

Para esses autores, a mutualidade[8] é uma condição essencial para o estabelecimento do diálogo e também um elemento importante para a aprendizagem. Salien-

5 Clandinin (1993); Tardif, (2000); Fiorentini (2000 e 2001); Jiménez (2002).
6 Zeichner (1993); Schön (1992), Zeichner y Liston (1999); Kemmis (1999); Elliot (1999) etc.
7 Elliot (1999); Hopkins (1989); Cochram-Smith & Lytle (1999) etc.
8 A mutualidade, segundo Cestari et al. (2000), se dá num espaço de comunicação no qual se tem uma série de acordos, alguns geralmente implícitos, e se compartilham conhecimento e informação de forma voluntária e sem restrições.

tam a importância de os professores de matemática construírem, em suas aulas, contextos de mutualidade e destacam três princípios que a garantem: permitir a emergência da dúvida e da curiosidade, para estimular os alunos a falar; ter abertura e disposição para aceitar as contribuições dos alunos; e dar valor às respostas dos alunos. Esses autores, portanto, rompem com a educação bancária (FREIRE, 2002), pois entendem a sala de aula como espaço de mutualidade, onde um aprende com o outro, numa dinâmica troca intersubjetiva de saberes e pensamentos. Entendemos que esse conceito de espaço de mutualidade pode ser transposto para o contexto da educação contínua de professores. Podemos, a exemplo do GdS, criar tais espaços entre professores escolares e universitários, de modo que ambos poderão aprender, uns com os outros, um pouco mais sobre os saberes da profissão docente e do processo de formação de professores.

Novas opções para entender a educação contínua

A forma tradicional como tem sido entendida a cultura – como propriedade exclusiva das classes dominantes – e a aculturação das classes dominadas influiu diretamente, segundo Ginzburg (1987), na forma de conceber a educação. Esse autor questiona sobretudo a subordinação das classes subalternas à cultura das classes dominantes. Acredita, em contrapartida, na possibilidade de as classes subordinadas produzirem, pelo menos em parte, cultura alternativa. Daí a importância de estabelecer, nos processos educativos, uma interlocução entre essas duas culturas, apostando na circularidade de saberes (BAKHTIN, 1999, 2000) como influência recíproca entre os dois níveis.

O influxo do tipo de educação compreendido como aculturação teve reflexo direto no campo da pesquisa nessa área. No caso dos professores, por exemplo, eles seriam considerados apenas "objeto de pesquisa". Além disso, as pesquisas focavam isoladamente um ou outro aspecto da formação ou do trabalho docente. Isso levou à obtenção de resultados pouco representativos dos professores e muito distantes da cultura escolar e da complexidade dos problemas educacionais.

Hoje, da perspectiva pós-moderna, alguns dos resultados daquelas pesquisas são vistos como fictícios ou pouco reais, tal como salienta Tardif (apud FIORENTINI, 2000). Esse autor, ao analisar as pesquisas educacionais nos últimos cinquenta anos, destaca a predominância de três absurdos:

> Querer estudar os saberes profissionais sem associá-los a situações particulares de ensino, a práticas de ensino e a professores escolares. Querer estudar os professores sem estudar o trabalho e seus saberes. E querer estudar uma situação

ou prática de ensino sem levar em consideração a atividade do professor e os saberes por ele mobilizados.(p. 187)

Como consequência disso, os modelos de formação inicial ou contínua de professores, baseados exclusivamente na pesquisa acadêmica feita sobre o ensino ou *sobre* os professores, resultaram, em sua grande maioria, em fracasso. Isso não significa, por outro lado, dizer que a pesquisa acadêmica não tenha valor para os professores. O que questionamos é a função reguladora e dominadora dos acadêmicos de querer intervir no mundo da prática apenas baseados nos aportes dessas pesquisas. Em outras palavras, a pesquisa acadêmica, embora possa fornecer subsídios que ajudam a compreender os problemas da prática, não pode prescrever modelos de prática docente. Uma alternativa que vem sendo apontada por vários autores –, por exemplo, Lytle e Cochram-Smith (1989) – é tornar os professores investigadores, de modo que seus saberes também possam fazer parte da literatura educacional.

Entretanto, na nossa condição de país em desenvolvimento, onde as situações sociais dos alunos, dos professores e das salas de aula são mais complexas que aquelas de países desenvolvidos[9], parece bastante difícil pensar o professor como pesquisador de sua prática. Aqui, vale a pena perguntar, com Freire (2000): "Que fazer, enquanto educadores, trabalhando num contexto assim? Há mesmo o que fazer? Como fazer, o que fazer?" (p. 77).

Ninguém tem respostas a essas perguntas, mas podemos compartilhar o caminho traçado pelo mesmo autor: "[...] O amanhã não é algo 'pré-dado', mas um desafio, um problema. [...] Mudar é difícil, mas é possível..." (p. 79, 81). É justamente essa realidade mutante e complexa da escola terceiro-mundista de hoje que exige de seus professores habilidades, conhecimentos, flexibilidade e astúcia para poderem desenvolver um ensino relevante para a constituição de sujeitos capazes de atuar criativamente e compreender criticamente o mundo pós-moderno em que vivem. Como ser um educador minimamente razoável nesses contextos sem ter pelo menos uma atitude reflexiva e investigativa?

O professor de Matemática, isolado na escola, dificilmente terá motivação e condições de se constituir em pesquisador. Ele precisa de apoio ou parceria externa, como, por exemplo, dos professores universitários. Por outro lado, como vimos, os resultados obtidos pela pesquisa acadêmica distanciada da prática e da convivência

---

9 Pode-se mencionar fatos como os seguintes: o professor de escola pública, por exemplo, deve enfrentar em seu cotidiano toda a problemática vivida por seus alunos e sua comunidade quanto a fome, droga, violência, deslocamentos forçados, falta de emprego e de moradia... O professor de hoje, para ter um salário mais ou menos digno, precisa ministrar cinqüenta ou mais aulas por semana, em dois ou mais empregos.

com os professores têm-se mostrado inócuos à compreensão e atuação deles nos diferentes contextos escolares.

É frente à necessidade, por um lado, de os acadêmicos se aproximarem dos professores e de suas práticas e, por outro, de os professores escolares buscarem apoio externo para enfrentarem seus problemas que surge, segundo Fiorentini (2000), a alternativa de pesquisa dos acadêmicos *com* os professores escolares. Esse tipo de pesquisa justifica-se e está estreitamente relacionado ao conceito de "Epistemologia da Prática Profissional" proposto por Tardif. A epistemologia da prática "[...] é o estudo do **conjunto de saberes** (englobando conhecimentos, competências, habilidades, atitudes, saber fazer e saber ser) **realmente utilizados** pelos profissionais em seu espaço de trabalho cotidiano para desempenhar todas as tarefas (TARDIF, apud FIORENTINI 2000, p. 190). Nessa epistemologia, o trabalho docente é visto formado por uma tríade de entidades – os professores, os saberes profissionais e as práticas de ensino – "que interdependem, co-pertencem a uma situação de trabalho na qual co-evoluem e continuamente se transformam" (p. 187).

Assumir essa concepção de epistemologia da prática implica tomar como ponto de partida e de chegada - quer do estudo dos saberes da atividade profissional, quer da aprendizagem dos professores escolares (entendida como educação contínua) – a própria prática profissional dos professores, seus saberes da experiência, suas ideias e representações acerca da atividade docente, tendo como mediação as contribuições teórico-científicas das ciências educativas e, em particular, da educação matemática. Em face disso e da necessidade de os acadêmicos aprenderem e entenderem a complexidade da prática escolar, vem ganhando força, atualmente, a ideia da pesquisa dos acadêmicos da universidade *com* os professores escolares, tomando como objeto de estudo aquilo que acontece nas aulas de Matemática em seus diversos contextos (FIORENTINI, 2000).

A razão de fazer da prática docente o ponto de partida e de chegada encontra-se no fato de os professores possuírem saberes específicos que são mobilizados, utilizados e produzidos no âmbito de suas tarefas cotidianas e de, com tais saberes, desempenharem seu trabalho.

> [...] Em suma, é sobre os ombros deles que repousa, no fim das contas, a missão educativa da escola. Nesse sentido, interessar-se pelos saberes e pela subjetividade deles é tentar penetrar no próprio cerne do processo concreto de escolarização, tal como ele se realiza a partir do trabalho cotidiano dos professores em interação com os alunos e com os outros atores educacionais. (TARDIF, 2000, p. 113)

Estudar os saberes dos professores, sem que eles também participem do estudo, é desrespeitá-los enquanto sujeitos de conhecimento. Para Bakhtin (apud DAHLET, 1997), "[...] não podemos perceber e estudar o sujeito enquanto tal, como se fosse uma coisa ou objeto, já que ele não pode permanecer sujeito não tendo voz; por conseguinte, seu conhecimento só pode ser considerado dialógico" (p. 62). Segundo Dahlet, deve-se pensar na desconstrução daquele sujeito material, psíquico - o sujeito pensante de Descartes[10] – e na impossibilidade de conhecer esse sujeito como uma coisa em si. O sujeito bakhtiniano é de natureza dialógica, polifônica e, dessa forma, nega-se a possibilidade de "[...] conhecer o sujeito fora do discurso que ele produz, já que só pode ser apreendido como uma propriedade das vozes que ele enuncia" (ibid.)

Na concepção cartesiana, o sujeito não se constitui, mas se forma. Tal maneira de perceber o sujeito, ao que parece, levou a incoerências na própria concepção de educação e na maneira de focar a pesquisa sobre formação de professores, como têm apontado Contreras (1999), Fiorentini (2000) e Tardif (2000).

Para outros autores, como Collares et al. (1999), o termo formação, pela conotação e formatação implícita que traz, pode nos dar a ideia de uma ação ou processo que visa colocar algo sob uma forma (no sentido de "fôrma", tendo em vista um modelo predefinido) ou pode adquirir outras conotações associadas, como "con-formar", "in-formar", "en-formar", as quais hoje são acentuadamente depreciativas. Para esses autores, nos traços semânticos do termo "formação"

> [...] estão implicadas as noções que a "enformação" contém: passado e futuro. Somente é possível pensar em formação se tivermos presente um conjunto de características do tempo futuro em que queiramos ver projetadas perspectivas do passado. [...] Trata-se de construir o futuro não como um acontecimento, mas como uma repetição do presente. Busca-se congelar os acasos para produzir/construir subjetividades assujeitadas a um conjunto prefixado de modos de compreensão do mundo (p. 205)

No mesmo sentido, Freire (2000), apesar de não se referir ao termo formação, advoga por uma educação que desenvolva o espírito crítico, a curiosidade, a criatividade, a liberdade e o risco. Uma educação que, em lugar de procurar negar

10 **Segundo Dahlet (1997), o sujeito dialógico de Bakhtin tem origem kantiana.** "[...] Para Kant, com efeito, o 'eu penso' não deve ser considerado na fonte do pensamento, mas como um atributo do que é pensado, em cuja base só um desafio especulativo, como o desafio cartesiano, permite concluir a existência de um ser pensante" (p. 62). **Se bem que Kant rejeite qualquer possibilidade de conhecimento substancial do sujeito,Bakhtin introduz a possibilidade** "de um conhecimento relativo de um sujeito mantido como tal, pelo discurso dos outros" (ibid.).

o risco, estimule os alunos a assumi-lo. Defende ainda que a educação atual não pode continuar "desproblematizando" o futuro, tornando-o algo que é impossível modificar, algo inexorável. Isso porque a "desproblematização" do futuro leva necessariamente à morte ou à negação autoritária do sonho, da utopia, da esperança. A luta por um futuro já conhecido *a priori* prescinde de esperança. "A desproblematização do futuro, não importa em nome de que, é uma ruptura com a natureza humana, social e historicamente constituindo-se" (ibid. p. 56).

A (RE)SIGNIFICAÇÃO E A RECIPROCIDADE DE SABERES

Na caracterização do sujeito, Bakhtin (2000) usa duas particularidades para identificá-lo: *exotopia* e *excedente de visão*. A primeira refere-se à caracterização física e espaço-temporal, o que significa que dois corpos não podem ocupar ao mesmo tempo o mesmo espaço. A segunda está relacionada à visão de mundo que define a representação e a presença do sujeito, à unicidade e à "insubstituibilidade" de seu lugar no mundo. Desse modo, o sujeito é único e irredutível. O excedente de visão, que é condicionado pela *exotopia* – pelo lugar que cada um é o único a ocupar no mundo –, é correlativamente também certa carência de cada um, sem exceção.

> Por mais perto de mim que possa estar esse outro, sempre verei e saberei algo que ele próprio, na posição que ocupa, e que o situa fora de mim, não pode ver... [...] toda uma série de objetos e de relações que, em função da respectiva relação em que podemos situar-nos, são acessíveis a mim e inacessíveis a ele. (BAKHTIN, 2000, p. 43)

Essa carência, entretanto, é compensada pela construção de um mundo de significados comuns.

Se pensamos em uma educação e em uma escola que respeitem as subjetividades, então acreditamos nelas como lugares privilegiados de problematização (entendida como o confronto de interpretações e saberes), de socialização e compartilhamento de experiências, saberes, juízos e valores. Nesse espaço, podemos reivindicar as subjetividades e permitir a aprendizagem com o outro. Acreditamos nesse tipo de espaço para a formação tanto inicial quanto contínua dos professores. Nesse contexto e com relação ao educador matemático, acreditamos que sua aula possa ser um espaço não-hermético, de modo que o especialista "des-especialize" sua disciplina, isto é, que passe do trabalho com *objetos matemáticos* para o trabalho da *matemática com sujeitos* (OTTE, 1993). Trabalhar matemática com sujeitos, nessa conotação, seria abrir espaço à participação dos alunos, de modo que possam interagir, trocar e confrontar interpretações, produzir e negociar significados. Nesse caso, não seria diferente do espaço construído pelos professores em situação de compartilhamento e de aprendizagem colaborativa durante a educação contínua. Essa ideia é defendida por Skovsmose (1990):

> [...] A principal ideia é simples: meu conhecimento é insuficiente, ele pode ser melhorado. Mas você está na mesma situação. Para melhorar nossa compreensão, para mover-nos na direção de mais conhecimentos, dependemos um de outro. Eu não posso dizer a você nada de certo, nem você a mim. Mas se nós interagimos em uma relação dialógica, seremos capazes de nos mover na direção de um maior conhecimento. (p. 10)

Em situações de aprendizagem, seguindo Bakhtin (2000), podemos afirmar que o sujeito "deve [pode] situar-se fora de si mesmo, viver a si mesmo num plano diferente daquele em que vive efetivamente sua vida, como uma condição para que ele possa completar-se[11]. Ele deve [pode] tornar-se outro relativamente a si mesmo, ver-se pelos olhos de outro" (p. 35). Os outros são indispensáveis para nossos próprios julgamentos, para nossa própria compreensão, para ver o que é transcendente a nossa própria consciência, tudo isso em função da impressão que causamos nos outros.

Quando Bakhtin fala da necessidade do outro para reconhecer o próprio eu, acreditamos que esteja se referindo à condição de "incompletude" de cada um, que se manifesta, reciprocamente, por uma certa carência e no "excedente de visão" proporcionado pelo outro.

O termo (re)significação foi usado, nesta pesquisa, nesse contexto de troca e de aprendizagem com o outro, como um processo de produção de (novos) significados e (novas) interpretações sobre o que sabemos, fazemos e dizemos... O processo de (re)significação atua, portanto, sobre as experiências e os saberes em ação que vêm sendo produzidos pelos sujeitos que se encontram para falar sobre eles (JIMÉNEZ, 2002). Ele acontece pelo próprio processo de compartilhamento e de construção coletiva. Isso pode ser explicado porque o compartilhamento ocorre no meio do interdiscurso dos sujeitos em interação, cada qual com sua subjetividade, e, desta forma, "[...] pela ilusão do sujeito de que ele é a fonte de seu dizer quando na verdade o seu dizer nasce em outros... O sujeito da linguagem não é um sujeito-em-si, mas tal como existe socialmente..." (ORLANDI, 1987, p. 188).

11 Preferimos dizer: para que ele possa *(re)significar-se*.

Assim, os saberes, conhecimentos, ideias e práticas (re)-significados na interlocução não são de autoria exclusiva de um sujeito específico A ou B, pois não representam exatamente o que A ou B haviam trazido para discussão. O que é dito ou produzido por cada um no grupo é, na verdade, de todos aqueles que participam do processo. Entretanto, olhando sob outra perspectiva, há que se reconhecer também que cada sujeito, face a suas experiências e seus saberes prévios, produz significados para si, significados próprios que se diferenciam daqueles produzidos pelos outros. Ou seja, o que resulta do processo de (re)significação é, ao mesmo tempo, plural e singular. Nos termos usados por Bakhtin (2000), "[..] as palavras dos outros introduzem sua própria expressividade, seu tom valorativo, que assimilamos, reestruturamos, modificamos" (p. 314).

A importância do processo de (re)significação no trabalho coletivo ou grupal vai muito além do simples aprendizado individual que cada um pode estabelecer no grupo e pelo grupo. Se consideramos o contexto do trabalho coletivo e colaborativo, encontramos aí um processo intersubjetivo de troca, compartilhamento e (re)significação mútua de saberes, ideias e práticas. A esse processo denominamos *reciprocidade* (JIMÉNEZ, 2002).

São bem conhecidas as dificuldades e os obstáculos no trabalho grupal dos professores que interferem na reciprocidade. Uma delas talvez possa ser a ausência de condições apropriadas para o compartilhamento e a troca, possivelmente porque alguns dos integrantes se sintam anulados enquanto sujeitos, por se praticar um discurso autoritário (ORLANDI, 1987). Pode ser que não se reconheça o outro como ele é, com seu direito à diferença, à discordância. Neste caso, há dois extremos conflitantes: num extremo há o descredenciamento do outro como alguém com possibilidade de ensinar, de estabelecer com ele alguma reciprocidade; noutro, a carência da perspectiva, por parte do outro, de aceitar e negociar novos pontos de vista ou significados, diferentes daqueles dogmaticamente defendidos por alguém ou por uma parcela do grupo.

Para nós, "há reciprocidade quando cada um dos sujeitos na ação dialógica re-significa (graças à perspectiva ou ponto de vista do outro no interdiscurso) seus saberes, seus conceitos, seus pontos de vista, sua prática" (JIMÉNEZ, 2002, p. 119). Nessa reciprocidade todos saem ganhando, quer porque tornam explícitos seus saberes que dão significado as suas práticas, quer porque compartilham dúvidas e dificuldades.

Aspectos metodológicos da investigação

A pesquisa foi feita durante o acompanhamento e participação dos encontros do Grupo de Sábado no percurso de três anos, tomando por base o material empírico, sobretudo aquele produzido e discutido sob a mediação do grupo. Para responder às questões de investigação, tentou-se anotar criteriosamente, sob uma perspectiva etnográfica, todas as ocorrências durante os encontros do grupo, especialmente aquelas diretamente relacionadas ao foco de estudo.

O material empírico coletado esteve constituído por: diário de campo; gravação em áudio (fitas), com posterior transcrição das discussões e reflexões produzidas durante os encontros do grupo; e as narrativas/histórias de aulas escritas pelos professores sobre suas experiências desenvolvidas nas aulas de matemática.

O estudo do material empírico[12] foi feito por meio de análise do discurso, com base no cruzamento de dois tipos de discurso[13]: aquele dos professores escolares, marcado mais pelos saberes da prática e da experiência, e o nosso discurso, marcado pela teoria e pela vida acadêmica. O cruzamento desses dois tipos de discurso foi sempre mediado pela teoria e pela reflexão, num ambiente específico de educadores trocando saberes, compartilhando experiências, comparando e negociando significados.

Os elementos teóricos da análise de discurso ajudaram-nos a estabelecer categorias e eixos de análise, considerando que os enunciados, proferidos na interação, são marcados por essa esfera específica de comunicação.

O primeiro eixo de análise envolveu **o conteúdo temático dos enunciados**, uma vez que o conteúdo "[...] se constitui na fase inicial do enunciado e porque tal enunciado [...] se caracteriza acima de tudo pelo conteúdo preciso do objeto do sentido" (BAKHTIN, 2000, p. 308). O outro eixo de análise abordou o modo **como é dito aquele enunciado**, que compreende a segunda fase de todo enunciado e lhe determina a composição e o estilo: "a necessidade de expressividade do locutor ante o objeto de seu enunciado, o que faz com que esse enunciado não seja neutro, já que uma tal neutralidade, aliás, seria absolutamente impossível" (ibid.).

Para Bakhtin (2000), a alternância dos enunciados proferidos pelos sujeitos falantes determina as fronteiras de cada enunciado, por meio do qual, nessa interação, o locutor postula uma "[...] compreensão responsiva ativa, entendida como a fase

12 O material empírico foi formado de enunciados proferidos pelos sujeitos falantes, cuja alternância compõe o contexto de enunciação, dentro de uma esfera específica de comunicação (Bakhtin, 2000) de professores escolares e acadêmicos da educação matemática trocando saberes e interpretações.
13 Orlandi (1987); Bakhtin (1999, 2000).

preparatória para uma resposta. [...] O que ele espera é uma resposta, uma concordância, uma adesão, uma objeção, uma execução etc" (p. 291). Por outro lado, o ouvinte, que recebe e compreende a significação, adota simultaneamente uma atitude responsiva ativa, no sentido de concordar/discordar, adaptar ou aprontar.

A relevância atribuída por Bakhtin às duas partes componentes de um enunciado sugeriu-nos focalizar as categorias para análise nos conteúdos temáticos tratados, analisados, refletidos, bem como na maneira como são proferidos, determinando concordância, adesão, persuasão ou objeção, discordância ou confronto, conflito.

(Re)significação de saberes, ideias e práticas: múltiplos sujeitos e múltiplas vozes

A seguir, tentaremos mostrar como os saberes dos integrantes do grupo – construídos em seu percurso de formação ou de sua prática profissional – são mobilizados e como a interlocução permitiu a (re)significação e a (re)construção de novos saberes sobre a prática pedagógica do professor de matemática. No caso deste relato específico, a proposta foi refletir sobre alguns conceitos da geometria elementar.

O grupo manifestou interesse pela temática das aulas investigativas que uma das professoras sugeriu. Para o desenvolvimento do trabalho, faríamos a leitura de um capítulo de um livro sobre esse tema[14]. Estávamos discutindo e refletindo sobre aquela leitura quando, lido o enunciado de um dos problemas apresentados nesse texto, Alfonso, propositadamente, deu a resposta que tinha escutado de alguns de seus alunos de graduação em licenciatura em matemática. Eis o problema:

> Ângulos inscritos: Desenha um semicírculo. Seguidamente inscreve um ângulo nesse semicírculo[15]. Qual é a medida desse ângulo? Inscreve outro ângulo no semicírculo e mede-o. O que varia? O que fica na mesma? (GOLDENBERG, 1999, p .40)

Consciente de que aquela resposta não era a que se encontra nos livros de matemática, mas identificando-se com Leite (2000), decidiu apresentar a dita resposta "errada dos alunos", já que, "[...] na sala de aula, quando vencemos o medo de errar

---

14 GOLDENBERG, E. P. Quatro funções da investigação na aula de matemática. In: Abrantes, P. et al. **Investigações matemáticas na aula e no currículo**. Lisboa: Associação de Professores de Matemática, 1999. Essa leitura apresenta alguns enunciados de problemas com um enfoque investigativo: perguntas abertas com possibilidade de várias respostas e algumas dicas para o professor desenvolver aulas investigativas de matemática.

15 Embora na matemática o conceito tratado seja o da inscrição de polígonos e ângulos em circunferências/semicircunferências, pode-se pensar numa transposição conceitual para círculo/semicírculo.

e aprendemos que sem erro não nasce o novo, pode efetivamente ser um espaço/tempo de ricas aprendizagens em que todos ensinam e aprendem e, mais que tudo, onde se criam novos conhecimentos" (p. 118). O que também corroborou essa decisão foi a leitura, no próprio texto de Goldenberg (1999), da frase: "Saber por que é que as coisas são como são constitui também uma característica da investigação..." (p. 44).

A resposta foi desenhar ângulos cujos lados não cortassem a circunferência que delimita o círculo em dois pontos diametralmente opostos (Figura 1: lados pontilhados ou contínuos finos) e que, portanto, não formariam ângulos retos, como seria o caso daquele cujos lados cortam esses dois pontos diametralmente opostos (lados contínuos espessos).

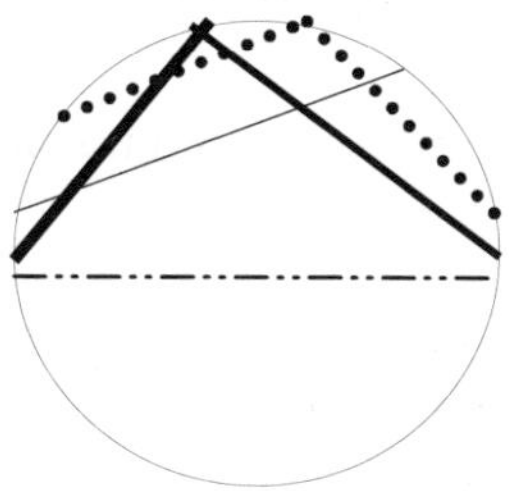

Figura 1

Alguns professores, vacilantes, concordaram, a princípio, com tal resposta. Para outros, entretanto, tal hipótese parecia pouco provável, pois tinham em mente a relação clássica da matemática expressa em forma de teorema. Eis o seu enunciado: "Todo ângulo inscrito em uma semicircunferência é reto"[16] (CASTELNUOVO, 1985, p. 139). Mas concordar com uma resposta considerada "errada", num tema tão fundamental como esse, significa, para o caso de um grupo de professores formados em matemática, que esses conceitos nunca foram discutidos e talvez por isso não estivessem totalmente claros e seguros.

Nesse momento, todos no grupo começamos a pensar seriamente no problema, chegando a questionar e duvidar do significado de "ângulo inscrito num semicírculo". A leitura do texto foi interrompida, e ficamos o restante do tempo analisando possibilidades e refletindo sobre qual o "aparente erro". O último ponto levantado na discussão foi a necessidade de rever o conceito ou a definição de *inscrever*.

16 Apesar de o teorema clássico da geometria considerar os ângulos inscritos em uma semicircunferência, o enunciado do problema proposto por Goldemberg (1999) pede inscrever ângulos num semicírculo.

O tempo acabou, fomos embora, mas ficamos, na verdade, motivados a encontrar uma explicação coerente para aquele problema (JIMÉNEZ, 2002).

Uma das professoras do grupo relataria mais tarde que havia saído desse encontro preocupada, mas também disposta a elucidar o problema:

> [...] Pois bem, despedi-me dos integrantes do grupo e segui para minha casa. Confesso que durante todo o trajeto aquele problema não saía de minha mente, juntamente a uma outra questão: o que levaria um aluno a resolver esse problema da forma esperada? (ABREU, apud JIMÉNEZ, 2002, p. 154)

Após colocar o problema para os colegas de área em sua escola e receber uma resposta semelhante àquela produzida no GdS, resolveu aplicar a tarefa aberta em duas classes de segundo colegial – inscrição de ângulos num semicírculo – como havia sido proposta por Goldenberg (1999).

Na reunião seguinte do GdS, a professora começou a contar sua experiência com os alunos:

> 45. Graça: – Aquele trabalho da inscrição do triângulo [ângulo] na circunferência [semicircunferência]. Eu fiz no segundo colegial do Estado, mas antes disso eu fiz... [...] Eu falei que ia fazer essa atividade no dia seguinte se eles quisessem dar uma olhadinha, pensar um pouquinho sobre isso aí. No dia seguinte eu fiz. Alguns alunos me trouxeram a definição de inscrição. "Inscrever é colocar dentro ou sobre." Então é dentro ou sobre. [...] Então nós fizemos tal e aí nós começamos a conversar... Mas aí, 90% fez corretamente, acho até que porque foi comentada a definição antes. Aí nós começamos a conversar um pouquinho sobre isso, e um aluno me disse... – Eu falei que [no dia anterior] tinha feito em outra sala e que os alunos tinham feito errado, para que eles me ajudassem a descobrir por que o aluno não faria isso corretamente. E um aluno me disse que é devido ao conceito de circunferência e de círculo. Se o aluno souber o que é circunferência, ele não faz errado. Se ele não tiver o conceito, ele faz errado, porque daí ele se preocupa em colocar lá dentro, ele não sabe que a circunferência [...] ele vai colocar. Então o fato dele fazer... Olha, um aluno do estado..!. Que fazer errado ou certo esse exercício, não está no fato dele ter o conceito [de ângulo inscrito], não tem nada a ver com isso. Está associado ao conceito de circunferência... Se ele tiver, ele faz corretamente, se não, ele pode fazer errado a qualquer momento outra vez. (JIMÉNEZ, 2002, p. 155)

A prática de comparar e refletir sobre os diferentes sentidos dos termos e conceitos usados na atividade matemática poucas vezes acontece em sala de aula. Alguns termos da matemática apresentam, normalmente, diferenças significativas entre o sentido a eles atribuído pela matemática e aquele encontrado nos dicionários de língua portuguesa. Particularmente, em matemática, dizemos que um ângulo é inscrito numa circunferência se seu vértice pertencer à circunferência e seus lados forem cordas dessa circunferência, de modo que cada corda intersecta a circunferência em dois pontos. No caso de um ângulo inscrito numa semicircunferência, o vértice desse ângulo deve pertencer à circunferência, de modo que suas cordas intersectem a circunferência em dois pontos diametralmente opostos[17]. Ou, como diz Colerus (1955), é *"aquele ângulo que abraça meia circunferência* (p. 175)."

A motivação desencadeada no GdS contribuiu para que a professora Graça discutisse e refletisse com seus alunos sobre algumas dificuldades de sua prática profissional. A explicação e a análise da resposta do problema mudaram quando a professora abriu para o aluno a possibilidade de manifestar seu ponto de vista.

Eis algumas das respostas dos alunos da professora Graça:

> [...] Numa classe de segundo ano do ensino médio da mesma escola, fizemos a leitura das mesmas definições [do dicionário] para depois solicitar os desenhos e o resultado foi este:

2 alunos desenharam assim:

Figura 2

e os demais (29) fizeram assim:

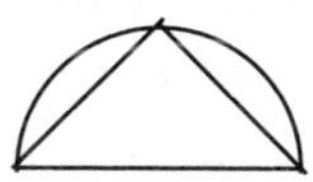

Figura 3

> Nesse momento fui para a lousa, coloquei os dois desenhos e pedi-lhes que justificassem o porquê de haverem feito daquela forma.
> Os dois alunos responsáveis pelo primeiro desenho foram rápidos ao responder:
> – Se inscrever é colocar dentro, o nosso é o que está correto.

---

17 Fazendo uma transposição conceitual para a inscrição do ângulo num semicírculo, poder-se-ia dizer que é aquele ângulo cujo vértice pertence ao semicírculo e seus lados são cordas desse semicírculo. Embora qualquer ponto interior à circunferência que delimita o círculo possa, a princípio, ser vértice do ângulo, a condição dos lados do ângulo serem cordas com extremidades diametralmente opostas exige que o vértice seja um ponto da circunferência.

> – Você não sabe que todo triângulo inscrito numa semicircunferência tem um ângulo de 90 graus? – disse uma garota.
> Nada responderam.
> Sentia-me inquieta, ainda, embora nesta turma a grande maioria fizera de forma satisfatória.
> – Professora, será que o que faz o aluno desenhar desta ou daquela forma não é o que ele entende por círculo e circunferência?– perguntou um aluno.
> – É, pode ser, parece que a dúvida não está na palavra "inscrito", uma vez que todos colocaram dentro. – falou um outro rapaz.
> – Bingo! Está aí uma resposta que eu não ouvira antes e nem mesmo a considerara.
> – Muito bem!– exclamei entusiasmada e perguntei:
> – Todos vocês concordam?
> – Acho que faz sentido.
> – É, tá bom.
> – Verdade. – murmuravam alguns alunos.
> – Será que não é conveniente acrescentarmos que todos os vértices [para falar de inscrito o aluno passa a identificar agora um triângulo inscrito] devem estar sobre o contorno do semicírculo? – perguntou alguém.
> – Não sei. O que vocês acham? – devolvi a pergunta.
> E a maioria concordou. (ABREU, apud JIMÉNEZ, 2002, p. 157)

A negociação começou com os dois alunos que deram a primeira resposta, a qual parecia ser coerente com a definição encontrada. Baseados intuitivamente no significado da definição, os alunos argumentaram: "Se inscrever é colocar dentro, o nosso é o que está correto." Embora a resposta dada pelo resto da turma fosse a "resposta esperada" para o problema, ficou a dúvida se essa resposta teria sido grandemente influenciada por aquela garota. A forma como foi expressa mostraria que era uma resposta decorada (memorizada): "Você não sabe que todo triângulo inscrito numa semicircunferência tem um ângulo de 90 graus?"

A resposta daquela aluna, porém, põe em evidência que, frente a qualquer tema tratado em sala de aula, os alunos já sabem alguma coisa, às vezes muito mais do que o professor espera ou imagina. Esses saberes prévios podem ser buscados ou explorados pelo professor na introdução de temas novos. Mas não apenas nesse momento. Na negociação, os alunos podem lançar mão de vários recursos ou estratégias. No caso da aluna de Graça, por exemplo, ela certamente já havia estudado o assunto e, portanto, com base em suas reminiscências, tomou uma das consequências da definição de ângulo inscrito na semicircunferência – que tal ângulo tem 90 graus – para determinar qual sentido poderia ser aceito como válido.

Pensando na diversidade de respostas ao problema mencionado, na discussão e negociação de significados na interlocução dos alunos da professora Graça, trazemos à tona as palavras de Todorov (Prefácio a Bakhtin, 2000), quando diz: "[...] A arte dialógica tem acesso a um terceiro estado, acima do verdadeiro e do falso, do bem e do mal... [...] Cada ideia é a ideia de alguém, situa-se em relação a uma voz que a carrega e a um horizonte a que visa" (p. 8).

Graça, ao tentar elucidar o problema levantado pelo GdS, não apenas deu voz aos alunos, mas também compartilhou com eles suas dúvidas e interrogações profissionais sobre as razões pelas quais produzem determinados significados. E, então, surpreendeu-se com a capacidade de produzirem reflexões, explicações ou hipóteses:

> Professora, será que o que faz o aluno desenhar desta ou daquela forma não é o que ele entende por círculo e circunferência? Perguntou um aluno. [...] É, pode ser, parece que a dúvida não está na palavra "inscrito", uma vez que todos colocaram dentro, falou um outro rapaz. (ABREU, apud JIMÉNEZ, 2002, p. 158)

A professora Graça entusiasmou-se com a resposta do aluno e exclamou: "Bingo!" e comentou: "Está aí uma resposta que eu não ouvira antes e nem mesmo a considerava." A negociação continuou, com a mediação da professora, quando ela disse: "Muito bem! Todos vocês concordam?" A interação discursiva dos alunos e da professora foi-se movimentando para uma interpretação que faz mais sentido, em concordância tanto com a definição encontrada no dicionário como com as respostas dadas pelos interlocutores. Apareceu então uma ação responsiva integradora de um aluno: "Será que não é conveniente acrescentarmos que todos os vértices devem estar sobre o contorno do semicírculo? – perguntou alguém" (ibid.). Efetivamente, essa última afirmação daquele aluno é uma síntese: o ângulo pedido deve estar dentro do semicírculo – como diz o dicionário , mas os vértices (do triângulo) devem estar no contorno do semicírculo, isto é, na circunferência.

No sábado seguinte, a professora Graça chegou ao GdS muito entusiasmada e ansiosa para narrar sua experiência e o que conseguiram produzir seus alunos em aula: "Olha, um aluno do estado...!" A interação discursiva com seus alunos levou-a a persuadir-se de outra forma possível de explicar a solução daquele problema: "Que fazer errado ou certo esse exercício não está no fato dele ter o conceito [de ângulo inscrito], não tem nada a ver com isso. Está associado ao conceito de circunferência..." (ibid.).

Explorar e comparar, com os alunos, os diferentes sentidos que pode ter um conceito – especialmente em Matemática, em que são usados muitos conceitos demasiadamente abstratos – tem uma importância transcendental, porque uma mesma palavra pode ser usada tanto pelo professor quanto pelo aluno, mantendo-se em cada um, contudo, um significado diferente. Para ensinar um novo conceito seria conveniente, segundo Barth (1993), "[...] que os quadros conceituais do professor e o dos educandos se possam encontrar para negociar ou renegociar novamente um significado comum, e não ficar em duas vias paralelas como acontece tantas vezes" (p. 71).

A interação discursiva no grupo continuou sempre se movimentando para interpretações didáticas mais apropriadas e coerentes que expliquem a situação de aula analisada. Por exemplo, a professora Luciana (turno 72), que compreendeu aquela situação didática, adotou uma situação responsiva ativa adaptando, reelaborando e reinterpretando (BAKHTIN, 2000) o que até então fora discutido, deslocando a fala para uma situação didática:

> 72. – Luciana: Outra coisa, você já... Você tem aquela teoria da geometria euclidiana plana, você sabe que... [por exemplo] você tem uma circunferência, onde passando [um plano cartesiano de origem no centro da circunferência] pelo diâmetro, os ângulos dão 90º. Então isso você já tem com você, como é que seria dar de graça para o aluno? Então você falou, vamos ver o que está...
> 73. – Graça: Ah, eu fiquei feliz da vida que aconteceu isso, sabe? [...]
> 74. – Luciana: Mas é o segundo grau?
> 75. – Graça: Mas não é uma sala assim brilhante. Então na verdade eu esperava resposta, mas eu não estava tão certa de que viria, e veio. [...]
> 76. – Roseli: Mas porque eles também... Foi o que você falou, você deu aquele momento [...] construiu em cima da questão. Isso eu acho que é muito interessante...
> 77. – Graça: Então aí eles me chamaram a atenção, porque daí começaram... Gente, olha que maravilha! O que vocês acham disso? Aí as meninas ficaram entusiasmadas, foi um rapaz que falou... Aí elas falavam assim: então o que tem que ser trabalhado é o conceito, porque se eles souberem realmente, não fazem errado. Fez errado é porque não sabe isso... (JIMÉNEZ, 2002, p. 161)

A afirmação da professora Luciana – "[...] isso você já tem com você, como é que seria dar de graça para o aluno? Então você falou, vamos ver o que está..."(turno 72) –deixa em evidência os saberes produzidos na troca e reflexão compartilhada dentro do grupo e a tomada de uma posição didática, segundo a qual faz diferença apresentar aos alunos a disciplina Matemática e fazer Matemática Escolar na sala de aula. Isso é confirmado pela fala da professora (turnos 73-77), sobretudo por Roseli: "Mas porque eles também... Foi o que você falou, você deu aquele momento [...] construiu em cima da questão..."

A expressão de Graça (turno73) – "Ah, eu fiquei feliz da vida que aconteceu isso, sabe? – reflete exatamente o que diz Leite (2000): "[...] Esse acontecimento insignificante na sala de aula pode se converter no 'acontecimento perturbador' que repercute mudando toda a história de uma criança, de toda a turma e do(a) professor(a)" (p. 117), que só pôde acontecer pela troca, reflexão e motivação geradas no grupo.

O enunciado de Dario (turno 78, a seguir) – representa uma compreensão responsiva ativa de síntese de sua perspectiva de acadêmico, deixando em evidência a crítica ao tradicional enfoque metodológico da resolução de problemas para o ensino da matemática:

> 78. – Dario: Isso aí até serve para aqueles casos que tem uns que acham que dá para ensinar matemática tudo por resolução de problemas. Quer dizer, há um momento em que é importante a discussão, a reflexão sobre o significado ou o conceito das coisas, por exemplo, o significado de circunferência e círculo, ou o conceito de circunferência e de círculo, e isso permite que eles interpretem de outra forma, como você falou. [...] Por isso que eu acho que é sensacional isso, essa descoberta proporcionada na sua interação com os alunos. Não é que ele que te deu, mas ele permitiu que você refletisse melhor sobre o seu conhecimento profissional de professora. É muito interessante isso, tem que escrever...
> 79. – Adilson: É o saber fazer.
> 80. – Dario: Mas é um saber fazer reflexivo. Porque tem o saber fazer que é meio mecânico. Este é um saber fazer com reflexão. E o interessante, né, Renata, é você [Graça] ter pedido para o aluno pensar junto contigo sobre algo que é da sua profissão.
> 81. – Renata: É, você também não sabia, você abriu o jogo para eles que não sabiam e pediu ajuda.
> 82. – Dario: Porque a questão que você formulou para os seus alunos é da sua profissão, não é nem da profissão deles enquanto alunos em si, mas ajudou eles a clarearem uma coisa da prática profissional tua, de que antes de começar a fazer algumas coisas é bom...
> 83. – Graça: Definir outras.
> 84. – Dario: Ter os conceitos um pouco claros na cabeça.
> 85. – Alfonso: Na verdade eu coloquei essa possibilidade porque tentei dar uma interpretação que não aquela formatada, e os alunos dela confirmaram. Acho importante também o que a Graça coloca, aquele fato de que a forma como eles [os alunos] pensam pode fazer o professor reinterpretar alguma posição...
> 86. – Renata: E lembra que a gente estava achando...

87. – Alfonso: Da postura metodológica que quase sempre o professor formata um conceito, um problema e espera que todos interpretem igual, e, na verdade, isso nunca acontece.
88. – Dario: Porque aí uma interpretação que eu acho equivocada, decorrente disso, seria assim: não, então antes de eu dar o problema, eu vou discutir com eles a definição de circunferência e círculo. Eu acho que isso seria uma interpretação equivocada, pois, ao colocar o problema e a partir do problema... [eu vou discutir com eles] o que significa inscrever, o que significa círculo... No fundo, o problema é que gera o contexto de significação, porque poderia trabalhar definição ou conceito de circunferência e círculo dissociado do contexto do qual... O problema dá um contexto de significação para as ideias de inscrever e circunferência. E, se dissociar, perde um pouco dessa significação, então é no próprio ato de tentar resolver usando dois conceitos: inscrever e circunferência, que estão no problema e que exigem discussão anterior, uma busca de significado para aquilo, levou os alunos do segundo ano a ter 90% de acerto. É muito! É muito alto! (Ibid. p.163)

A partir da fala de Dario (turno 78), Adilson destacou a importância da experiência e o saber fazer (turno 79), ao que seu interlocutor acrescentou que faz diferença quando esse saber fazer, saber da experiência, é reflexivo (turno 80). Zeichner (1993) salienta que boa parte desse conhecimento cotidiano dos professores é tácito e, por causa disso, pode chegar a ser rotineiro, mas, à medida que refletem sobre sua prática, sua compreensão melhora, ocorrendo reestruturações ou reinterpretações e a incorporação de novos conhecimentos que poderão dar novos significados às ações futuras.

Mais uma vez, uma certa tensão na interação discursiva dos interlocutores dos dois níveis permitiu (re)significar os ensinamentos daquela experiência de aula da professora. Graça, quando ela (turno 83) tentou concluir que o importante nesses casos era discutir as definições com os alunos antes da resolução dos problemas, talvez sem perceber que uma outra coisa importante estava no meio. E Dario acrescentou que essa poderia não ser a melhor alternativa: "Porque aí uma interpretação que eu acho equivocada decorrente disso seria assim: não, então antes de eu dar o problema, eu vou discutir com eles a definição de circunferência e círculo. Eu acho que isso seria uma interpretação equivocada, pois, ao colocar o problema[18] e a partir do problema... (turno 88).

18 Nessa concepção, a resolução de problemas é entendida como enfrentar o enunciado de forma investigativa, e não como o simples processo rotineiro e fechado para encontrar uma resposta única predeterminada — como sugere a concepção tradicional de problema – em que geralmente se exige o simples exercício da repetição e do automatismo. Naquele caso (como aconteceu na sala de aula da Graça), deixar o problema em aberto e escutar as múltiplas interpretações do aluno e talvez aprender dele fez a diferença. A resolução de problemas com enfoque investigativo permite valorizar o raciocínio lógico e argumentativo como um dos objetivos centrais da educação matemática dos alunos.

A diferença na interpretação feita por Graça foi, talvez, não haver percebido o contexto que o próprio enunciado do problema pode gerar na produção de significados e que vai além da discussão das definições: "[...] O problema dá um contexto de significação para as ideias de inscrever e circunferência. E se dissociar perde um pouco dessa significação, então é no próprio ato de tentar resolver usando dois conceitos: inscrever e circunferência, que estão no problema e que exigem discussão anterior, uma busca de significado para aquilo levou os alunos do segundo ano a ter 90% de acerto "(DARIO, turno 88).

Inserir, em uma "situação-problema", o enunciado de um problema de matemática para ser resolvido é diferente de tentar resolvê-lo simplesmente a partir do enunciado. A compreensão de uma situação-problema será maior se forem apresentadas modificações dos elementos ligados de forma causal – por exemplo, conceitos ou definições e a forma de se relacionarem – à resolução do problema e, de fato, modificações no próprio enunciado do problema (BARTH, 1993).

Alguns resultados e considerações finais

O processo de (re)significação de saberes, ideias e práticas pôde ser observado nos encontros do Grupo de Sábado a partir de perspectivas diferentes, as quais estão estreitamente relacionadas ao lugar social e cultural que cada um ocupa. Os acadêmicos buscando fazer sínteses e sistematizações, e os professores escolares produzindo reflexões e (re)significações sobre o que sabem e fazem na prática cotidiana.

Tal processo foi sendo percebido à medida que avançava a interação discursiva na análise de episódios – como aquele que foi explorado neste texto –, a qual atravessava tanto as discussões e os estudos do GdS quanto a prática pedagógica em sala de aula de cada participante. Essas (re)significações foram potencializadas quando os professores passaram a produzir narrativas escritas sobre suas práticas, tendo como mediação a reflexão compartilhada do grupo. Além disso, constatamos que a (re)significação apareceu de modo mais significativo no seio de um processo "interlocutivo" marcado pela prática de um discurso com características de lúdico e/ou polêmico, no qual a escuta, a argumentação e a contra-argumentação foram levadas em conta no cruzamento de dois tipos diferenciados de discurso.

A investigação mostrou a importância da reflexão coletiva tanto para os professores escolares quanto para os acadêmicos. Além disso, quando foram levadas em conta, nesses encontros reflexivos, também as vozes dos alunos dos professores escolares, as discussões tornaram-se mais ricas e "problematizadoras", contribuindo para que os processos de (re)significação e de reciprocidade fossem mais significativos. Mas os melhores elementos de reflexão e de (re)significação de saberes e de reconhecimento e compreensão da complexidade da prática escolar do ensino da Matemática aconteceram quando os professores escolares produziram registros reflexivos sobre as argumentações dos alunos e os transformaram em objeto de discussão no grupo.

Além da troca de saberes, ideias e práticas diferenciados no trabalho colaborativo do GdS, a interlocução permitiu (des)construir e (re)construir – como foi dito pelos próprios professores – conceitos tanto da própria matemática como do currículo escolar e da didática.

Quanto à educação contínua de professores de matemática, no geral, a investigação permitiu mostrar a necessidade de ela começar nas próprias escolas e envolver o coletivo de professores. Esse, inclusive, é o desejo expresso pelos próprios professores do GdS. O tempo de que os professores dispõem fora das salas de aula para sua educação contínua nas escolas é, em alguns casos, inexistente e, noutros, mínimo e/ou não aproveitado.

Aprendemos que os professores precisam, na escola, de um tempo próprio para a reflexão coletiva fora da sala de aula. E esta é uma condição extremamente importante tanto para o desenvolvimento curricular, quanto para o crescimento profissional do professor. Porém, apenas dispor desses espaços é absolutamente insuficiente. A pesquisa, para nós, acadêmicos, também mostra como é importante dar voz aos professores escolares. Porém, mais importante que isso é ouvir o que dizem os professores e seus alunos.

Referências bibliográficas

BAKHTIN, Mikhail. *Marxismo e filosofia da linguagem*. 9. Ed. São Paulo: Hucitec, 1999.

BAKHTIN, Mikhail. *Estética da criação verbal*. 3. ed. São Paulo: Martins Fontes, 2000.

BARTH, Britt-Mari *O saber em construção*. Lisboa: Instituto Piaget, 1993.

CASTELNUOVO, Emma. *La matemática. La geometria*. Firenze: La Nuova Italia, 1985.

CESTARI, M. L. & KNUTSON, P. *Constructing mutualities in the clasrroom: discursy e practices in teachers training in Norway*. III Conference for Socio Cultural Research, State University of Campinas, SP. Brazil 16-20 july, 2000.

CLANDININ, D. Jean. Teacher education as narrative inquiry. In: *Learning to teach, teaching to learn*: stories do collaboration in teacher education. New York: Teachers College Press.

CLANDININ, D. Jean. Learning to collaborate at the University: finding our places with each other. In: J. Claudinin, A. Davies, P. Hogan & B. Kennard (edit.). *Learning to teach, teaching to learn*: Stories do Collaboration in Teacher Education. CLANDININ, J.; DAVIES, A.; HOGAN P. & KENNARD, B. (Edit.). New York: Teachers College Press, 1993b.

COCHRAM-SMITH, Marilyn. & LYTLE. Susan. Relationships of knowledge and practice: teacher learning in communities. *Review of Research in Education*, 24. Washington: American Eduational Research Association, 1999.

COLERUS, E. *Desde el punto a la quarta dimensión*: una geometria para todos. Barcelona: Editorial Labor S.A., 1955.

COLLARES, C.; AFFONSO M. M.; & GERALDI J. W. Educação continuada: a política da discontinuidade. Campinas, *Educação e sociedade*, ano XX, nº 68, 1999.

CONTRERAS, J. El sentido educativo de la investigación. In: J. Angulo, J. Barquim & A. Perez (eds). *Desarrollo profesional del docente*: política, investigación y práctica. Madrid: Ediciones Akal, 1999.

DAHLET, P. Dialogização enunciativa e paisagens do sujeito. In: Beth Brait (org.). *Bakhtin, dialogismo e construção de sentido*. Campinas SP: Unicamp, 1997.

ELLIOT, John. La relación entre "comprender" y "desarrollar" el pensamiento de los docentes. In: J. Angulo, J. Barquim & A. Perez (eds.). *Desarrollo profesional del docente*: política, investigación y práctica. Madrid: Ediciones Akal, 1999.

FIORENTINI, Dario. Pesquisando "com" professores: reflexões sobre o processo de produção e ressignificação dos saberes da profissão docente. In: *Investigação em Educação matemática, perspectivas e problemas*. J. Matos e E. Fernandes (eds.).(edit.). Lisboa: Associação de professores de matemática, 2000.

_______. De professor isolado ou plugado para professor conectado: novas perspectivas à formação do professor de matemática. In: *Coletânea de trabalhos do Prapem – VII Enem*. Campinas: Cempem/Prapem – FE/Unicamp, 2001.

FREIRE, Paulo. *Pedagogia da indignação*: cartas pedagógicas e outros escritos. 1ª reimp. São Paulo: Unesp. 2000.

_______. *Pedagogia da autonomia: Saberes necessários à pratica educativa*. São Paulo: Paz e Terra. 21ª Edição, 2002.

GINZBURG, C. *O queijo e os vermes*: o cotidiano e as ideias de um moleiro perseguido pela inquisição. São Paulo: Companhia das Letras, 1987.

GOLDENBERG, Paul. Quatro funções da investigação na aula de matemática. In: P. Abrantes et al. (org.).*Investigações matemáticas na aula e no currículo*. (org.) Lisboa: Associação de Professores de Matemática de Portugal, 1999.

HARGREAVES, Andy. *Os professores em tempos de mudança*: o trabalho e a cultura dos professores na idade pós-moderna. Lisboa: McGraw-Hill de Portugal, 1998.

HOPKINS, David. *Investigación en el aula*: guía del profesor. Colección IIE. Barcelona: Promociones y Publicaciones Universitarias, S.A., 1989.

JIMÉNEZ, Alfonso. La formación continuada de profesores de matemática: una experiencia. Santafé de Bogotá: *Revista EMA* 6 (3), 250-63, 2001.

JIMÉNEZ, Alfonso. Quando professores de matemática da escola e da universidade se encontram: re-significação e reciprocidade de saberes. Tese (doutorado) Campinas, SP: FE/Unicamp, 2002.

KEMMIS, S. La investigación-acción y la política de la reflexión. En: J. Angulo, J. Barquim, & J., A. Pérez (eds). *Desarrollo profesional del docente*: política, investigación y práctica. Madrid: Ediciones Akal, 1999.

LEITE, G. R. Da fronteira se pode alcançar um ângulo de visão muito mais amplo... embora nunca se veja tudo. In: *Ensinar e aprender*: sujeitos, saberes e pesquisa. Rio de Janeiro: DP & A Editora, 2000.

LYTLE, Susan & COCHRAM-SMITH, Marilyn. Learning from teacher research: a working typology. *Teachers College Record*, v. 2 (1), Columbia University, 1989.

ORLANDI, Eni. *A linguagem e seu funcionamento*: as formas do discurso. 2. ed. Campinas, SP: Pontes, 1987.

OTTE, Michel. *O formal, o social e o subjetivo*: uma introdução à filosofia e à didática da matemática. São Paulo: Unesp, 1993.

SCHÖN, Donald. *La formación de profesionales reflexivos*: hacia un nuevo diseño de la enseñanza y el aprendizaje en las profesiones. Barcelona: Ediciones Paidós, 1992.

SILVA, Tomas Tadeu da. *Documentos de identidade: uma introdução às teorias do currículo*. 2. ed. 1ª reimp. Belo Horizonte: Autêntica, 2000..

SKOVSMOSE, Ole. Educação matemática e democracia. In: *Educational studies in mathematics,* 21 p.109-28. Trad. A. Nacarato, A. Ferreira, C. López, G. Melo, Antonio, Ludmila, V. Carvalho, e T. Gonzalves, Revisão feita por prof. dr. Antonio Miguel, 1990.

TARDIF, Maurice. Os professores enquanto sujeitos do conhecimento: subjetividade, prática e saberes no magistério. In: V. Candau (org.). *Didática, currículo e saberes escolares*. Rio de Janeiro: DP&A Editora, 2000.

ZEICHNER, Kenet. *A formação reflexiva dos professores*: ideias e práticas. Lisboa: Educa, 1993.

ZEICHNER, K. & LISTON P. Enseñar a reflexionar a los futuros docentes. En: J. Angulo, J. Barquim, Pérez (eds.). *Desarrollo profesional del docente*: política, investigación y práctica. Madrid: Ediciones Akal, 1999.

9 A ESCOLA COMO *LOCUS* DE FORMAÇÃO E DE APRENDIZAGEM: POSSIBILIDADES E RISCOS DA COLABORAÇÃO

Adair Mendes Nacarato[1]

INTRODUÇÃO

O final do século XX foi marcado por intensas discussões sobre a formação docente. Diferentes olhares e concepções se entrecruzaram. Propostas e projetos foram articulados tanto pelos órgãos públicos quanto por entidades privadas. Os professores deixam de ser vistos apenas como executores de orientações prescritas pelos especialistas e passam a ser considerados detentores e produtores de saberes profissionais, passam a ter voz e ser ouvidos. Os estudos relativos à formação docente vêm convergindo para a ideia de que não há mais sentido falar em pesquisas *sobre* professores, mas pesquisas *com* professores.

Mas que elementos contribuíram para essa mudança de foco e de pressupostos para a formação docente? Dentre as possíveis explicações, pode-se apontar a existência de um movimento de mão dupla. De um lado, as políticas educacionais – pautadas em modelos neoliberais – têm-se centrado nos professores, uma vez que a escola, no atual contexto da sociedade do conhecimento, vem sendo posta como a instituição capaz de transformar informações em conhecimentos e os professores são considerados os catalisadores dessa sociedade (HARGREAVES, 2001)[2]. Por outro lado, segundo Pimenta (2002, p. 33), as pesquisas qualitativas de análise do cotidiano escolar e das práticas dos professores, desenvolvidas desde a década de 80, contribuíram para evidenciar a escola como espaço de práticas coletivas.

Na atual sociedade do conhecimento, o trabalho individual não tem mais espaço. O individualismo parece constituir-se em uma heresia.

> Na sociedade do conhecimento, professores, como outros trabalhadores, não trabalham e aprendem sozinhos. Eles se engajam em ação, investigação e resolução de problemas juntamente com grupos colegiados ou comunidades de aprendizagem profissional [...] trabalham desenvolvimento curricular, respondem a reformas imperativas externas e analisam o

---

1 Docente da Universidade São Francisco (USF).

2 Segundo Hargreaves (2001), os professores, como catalisadores da sociedade do conhecimento, promovem um novo profissionalismo, que tem como alguns de seus componentes: promoção de uma profunda aprendizagem cognitiva, comprometimento com uma aprendizagem profissional contínua, trabalho e aprendizagem em grupos e desenvolvimento da capacidade para mudança, risco e investigação.

> desempenho dos dados dos estudantes conjuntamente. (HARGREAVES, 2001, p. 9)

As pesquisas sobre formação de professores vêm apontando a importância da escola e do trabalho coletivo/colaborativo como instâncias de desenvolvimento profissional[3], uma vez que estas proporcionam aos professores condições de formação permanente, troca de experiências, busca de inovações e de soluções para os problemas que emergem do cotidiano escolar.

A partir da análise de Pimenta (2002) relativa às pesquisas sobre formação de professores no Brasil e da crítica a conceitos como professor reflexivo e professor pesquisador, pode-se argumentar que os processos de democratização da sociedade brasileira (p. 35) e a demanda social por escolarização básica (p. 29) trazem como consequência, dentre outras, a preocupação com a democratização interna das escolas e a valorização do trabalho coletivo. Isso implica uma política

> de formação e exercício docente que valoriza os professores e as escolas como capazes de pensar, de articular os saberes científicos, pedagógicos e da experiência na construção e na proposição das transformações necessárias às práticas escolares e às formas de organização dos espaços de ensinar e de aprender, compromissados com um ensino com resultados de qualidade social para todas as crianças e os jovens. Os professores e as escolas não são considerados, portanto, como meros executores e cumpridores de decisões técnicas e burocráticas gestadas de fora. (PIMENTA, 2002, p. 44)

Nesse sentido, tentando trazer contribuições a esse debate, revisitei os dados de minha pesquisa de doutorado[4], realizada com um grupo de professoras das séries iniciais do ensino fundamental, com o objetivo de analisar as possibilidades e os riscos de uma formação continuada centrada na escola, na perspectiva do trabalho coletivo.

Pesquisas atuais vêm apontando a existência de conceitos como "trabalho cooperativo" e "trabalho colaborativo" para se referir a modalidades de trabalhos coleti-

---

3 Embora o conceito de desenvolvimento profissional faça parte da literatura atual, é importante destacar que partilho das concepções de Serrazina (2001) sobre esse conceito: por desenvolvimento profissional entende-se que a formação do professor é um processo contínuo, que se desenrola ao longo da vida e nunca está completo; trata-se de um movimento de dentro para fora, ou seja, o professor se torna sujeito de sua própria formação, tomando as próprias decisões sobre o que deve ser considerado em sua formação, os projetos de que quer participar e o modo como quer executá-los.

4 Tese de doutorado (Nacarato, 2000) produzida sob a orientação do professor doutor. Dario Fiorentini e realizada junto ao Programa de Educação – área de concentração em Educação Matemática – da FE/Unicamp.

vos[5]. Optarei por utilizar simplesmente o termo "trabalho coletivo", por entender que ele melhor caracteriza o trabalho que ocorreu, sob minha coordenação, com esse grupo de professoras[6].

Para o presente estudo, ao revisitar o vasto material empírico de que disponho, selecionei fragmentos de reuniões e/ou entrevistas que possibilitem uma discussão sobre o trabalho coletivo na escola. Este, por um lado, revela suas potencialidades para a aprendizagem e o desenvolvimento profissional dos professores, mas, por outro, por estar inserido num contexto permeado de relações de poder, está sujeito a conflitos e interesses que podem comprometer suas potencialidades.

AS POTENCIALIDADES DO TRABALHO COLETIVO COMO INSTÂNCIA DE FORMAÇÃO NA PRÓPRIA ESCOLA

A pesquisa de campo relativa à tese de doutorado foi realizada numa escola de rede privada, em Campinas, contando na época, aproximadamente, mil alunos provenientes da classe média e da média baixa. A escola oferecia ensino da educação infantil ao ensino médio e era mantida por uma família, visando explicitamente fins lucrativos. Tinha sérios problemas de espaço físico, pois foi crescendo gradativamente – no início, oferecia apenas o curso de educação infantil, tendo chegado até o ensino médio –, com novos ambientes sendo incorporados aos anteriores, sem um projeto arquitetônico de integração: existiam dois prédios distintos, separados por uma rua. Por ficarem no prédio mais antigo, os grupos mais prejudicados eram os de educação infantil e de 1ª a 4ª série do ensino fundamental.

Havia coordenação nos diferentes níveis de ensino. Mas, dadas as próprias limitações de um coordenador geral para lidar com as diferentes áreas do conhecimento, as professoras iniciaram um movimento de reivindicação de ajuda externa, com vistas à implementação de novas metodologias em suas práticas pedagógicas. Dessa forma, por solicitação das próprias professoras de 1ª a 4ª séries, a coordenação e

5 Nesse sentido, ver texto de Miskulin et al. "Pesquisas sobre trabalho colaborativo na formação de professores de matemática: um olhar sobre a produção do Prapem/Unicamp", neste livro.

6 O trabalho colaborativo pressupõe ajuda mútua, decisões partilhadas e conjuntas, com negociações cuidadosas, reciprocidade, equidade e inexistência de relações hierárquicas. No trabalho cooperativo, os papéis dos participantes não são questionados, as pessoas cooperam umas com as outras na realização de tarefas determinadas, mas as decisões não são conjuntas e existem papéis hierarquizados. Partindo dessas concepções de trabalho colaborativo e cooperativo (BOAVIDA e PONTE, 2002), entendo que o grupo no qual atuei – embora tivesse características de colaborativo, como será discutido posteriormente – não se caracterizava como tal, visto que meu papel como assessora pedagógica era destacado; por outro lado, não se caracterizava também como cooperativo, visto que, embora minha inserção no grupo tivesse sido com o objetivo de possibilitar reflexões teórico-metodológicas sobre o ensino de Matemática, as decisões não eram totalmente assimétricas, as professoras eram ouvidas e as decisões tomadas a partir de suas necessidades; mas cabia sempre a mim a tarefa de trazer textos para estudos, sugestões de atividades e materiais.

a direção da escola implementaram um projeto de educação continuada das professoras das séries iniciais e da educação infantil. Para isso, foram contratadas duas assessoras – além de mim, outra na área de língua portuguesa – para atender três grupos de professores. Nossos encontros com os grupos eram quinzenais. Havia três grupos: educação infantil, 1ª e 2ª séries e 3ª e 4ª séries do ensino fundamental. Esses grupos se reuniam semanalmente, em dias previamente fixados para os encontros (quarta-feira o grupo do ensino fundamental; quinta-feira – o grupo da educação infantil). Assim, em cada quinzena se encontravam com uma das assessoras. O trabalho desenvolveu-se no período de 1995 a 1997.

Ao final do primeiro ano de trabalho, as professoras de 1ª e 2ª séries avaliaram que a geometria não havia sido incorporada ao currículo escolar, em decorrência de não ter sido vivenciada uma prática nessa área – nem como estudantes, nem como profissionais. Para enfrentar esse problema e aproveitando meu início de doutorado, propus um trabalho paralelo com esse subgrupo – cinco professoras – para estudarmos e implementarmos uma proposta de geometria, ao mesmo tempo que poderia utilizar esse contexto para desenvolver minha pesquisa. Contando com a disponibilidade das professoras, tivemos, durante dois anos (1996 e 1997), encontros destinados a estudos e elaboração de tarefas[7] de geometria para as turmas de 1ª e 2ª séries do ensino fundamental. Essas reuniões eram gravadas, o que possibilitou a coleta de vasto material empírico, que foi complementado por entrevistas individuais com as professoras.[8]

Ao tomar como objeto de investigação um grupo situado no próprio contexto de trabalho, não há como desconsiderar que a escola está configurada por estruturas de poder que se manifestam por meio de organização curricular, organização social dos alunos, distribuição de recursos, tempo disponível e tarefas de aprendizagem. Se essa estrutura não for levada em consideração, a pesquisa corre o risco de reduzir-se a uma forma de racionalidade técnica orientada para a melhoria apenas de destrezas técnicas. Há ainda que se considerar o papel desempenhado pelo agente externo que atua junto a esse grupo e que, segundo Elliott (1991), tem a função de

7 Embora no trabalho com as professoras tenha utilizado o termo "atividade", atualmente venho substituindo-o por "tarefa", por concordar com Ponte et al. (1997, p. 73-4), quando estes afirmam que as tarefas – que podem ser compostas por problemas, investigações, exercícios, projetos, produções etc. – representam o ponto de partida para a atividade matemática, mas nem toda tarefa se constitui em atividade. As tarefas são propostas pelo professor, envolvem um conteúdo matemático e são voltadas à aprendizagem do aluno.

8 O foco de análise da tese (Nacarato, 2000) centrou-se no currículo em ação, produzido pelo grupo, para a área de geometria. O currículo em ação foi concebido como uma prática social que se constrói na interação entre o saber e o fazer, envolvendo aspectos das ciências da educação imbricados com aspectos da experiência, num contexto real que considera as condições possíveis de trabalho docente. É o currículo, como construção social, permeado pelo planejamento, pela ação e avaliação na prática docente reflexiva.

facilitador educativo, estimulando processos de problematização e reflexão da prática docente. Seu papel é colaborar com o desenvolvimento profissional do professor, no intuito de ajudá-lo a tornar-se reflexivo sobre sua própria prática.

Tal reflexão permite levantar elementos para análise das dimensões do conhecimento do professor, seja de natureza cognitiva, epistemológica ou pedagógica. No entanto, essa prática está inserida num contexto social e político, tornando-se sujeita a uma série de tensões e conflitos que nem sempre são problematizados ou percebidos pelos próprios professores, mas, apenas, pelo agente externo. Muitas vezes, porém, chegam a ser percebidos pelos professores, mas não se tornam objeto de reflexão. Assim, num processo de formação continuada, as reflexões e os conflitos podem ser provocados ou problematizados pelo agente externo, sem que os professores tenham tido a iniciativa.

Foi com essa concepção de formação continuada que desenvolvi minha investigação com um grupo de cinco professoras de 1ª e 2ª séries do ensino fundamental, tomando como objeto de estudo o ensino de geometria. O grupo assume, a partir de então, duplo objetivo: aprender conceitos básicos de geometria e, simultaneamente, aprender a ensiná-los a seus alunos. Nesse processo de aprender e ensinar geometria, vários foram os conflitos surgidos, diferentes naturezas:

- cognitiva – o conflito que surge no momento da construção de um conceito ou na produção de significado para os entes geométricos;
- epistemológica – o que é o conhecimento geométrico, como ele é produzido;
- política – os conflitos provocados pelas relações de poder no âmbito da instituição.

Há ainda os conflitos de natureza emocional/afetiva ou mesmo pedagógica. Todos esses elementos contextuais constituem o entorno de uma prática pedagógica e acabam determinando-a. Trata-se de uma prática que se constrói no movimento entre a ação compartilhada, o trabalho coletivo/colaborativo e a reflexão sobre eles. E, nessa prática, o professor vai-se desenvolvendo profissionalmente.

Pelo fato de o desenvolvimento profissional do professor ocorrer num contexto social e histórico determinado, que influencia a natureza desse processo, Imbernón (1994, p. 64) defende sua contextualização. Há relação entre valores e crenças de uma sociedade e uma cultura e o tipo de desenvolvimento profissional. E essa contextualização intervém também nos diferentes marcos escolares: instituição concreta e ambiente de trabalho. Assim, o desenvolvimento profissional dos professores, a partir do próprio contexto de trabalho, vem-se mostrando altamente promissor.

O TRABALHO COLETIVO PROMOVENDO PRÁTICAS COLABORATIVAS...

O grupo era constituído de cinco professoras, das quais, três possuíam ensino superior completo e duas apenas ensino médio. Em linhas gerais, eis as características de cada uma delas:

Isabela: Possuía apenas o curso de magistério; chegou a iniciar Letras, mas precisou interromper seu curso por necessidade de sobrevivência, não tendo como trabalhar dois períodos e ainda estudar à noite. Sempre deixou clara sua opção pela área de humanas, visto que a de exatas lhe causou muitas dificuldades enquanto estudante. Era professora alfabetizadora e apaixonada pelo que fazia. Já tinha experiências em outras séries e, se pudesse fazer escolha na escola, trabalharia apenas com português. Nas aulas de Aritmética, conseguia uma dinâmica bastante interessante com os alunos em situações de resolução de problema. Quanto à Geometria, teve algumas resistências em incorporá-la ao currículo, por não considerá-la tão relevante para uma 1ª série. Ocupava uma posição de liderança no grupo, o que provocava, muitas vezes, recuo das colegas em relação a algumas tomadas de decisão com as quais ela não concordava.

Silvana: Sua experiência como professora restringia-se à alfabetização. Era dotada de uma sensibilidade e um carinho muito grandes para com as crianças. Possuía apenas o curso de Magistério, o que lhe provocava insegurança perante as colegas. Essa insegurança, de certa forma, não permitiu um maior desvelamento de sua prática em Geometria. Era a que menos se expunha no grupo.

Larissa: Possuía sólida formação em termos de Magistério, além de ter cursado Educação Física. Sua experiência se restringia à 2ª série e era a mais nova na equipe. Sendo bastante extrovertida, posicionava-se frequentemente no grupo, expondo-se e contrapondo-se às opiniões das colegas. Demonstrava muita segurança no que fazia e, provavelmente, foi uma das que mais incorporou a Geometria ao currículo escolar de 2ª série.

Maria Clara: Era a única com formação em Pedagogia, além de possuir o curso de Magistério. Sendo bastante comunicativa, proporcionava ao grupo narrativas muito interessantes de suas aulas. Colaborava frequentemente com as colegas e estava sempre disposta. Sua experiência nessa escola era com turmas de 1ª e 2ª séries do ensino fundamental. Conseguiu também incorporar a Geometria no currículo de 1ª série, embora ainda se mostrasse insegura perante as colegas quanto ao ensino dessa área do conhecimento. Muitas vezes, questionava se realmente era importante ensinar Geometria para essa faixa etária, pois considerava a Aritmética mais importante, concordando assim com as posições de Isabela.

Marília: Possuía curso superior em Educação Artística, além do curso de magistério. Destacava-se no grupo pela organização e colaboração com as colegas. Bastante segura naquilo que fazia, incorporou a geometria em sua sala de aula de 2ª série, na qual possuía maior experiência. Disponibilizou-se a filmar duas de suas aulas sobre Geometria, o que possibilitou avanços das discussões do grupo sobre a prática de ensino nessa área.

Esse grupo de professoras tinha uma característica comum: todas adquiriram experiência profissional nessa escola, constituindo-se, desde o início, um grupo que sempre se reunia – às vezes, até mesmo fora da escola, em ambientes de lazer – para trocar ideias e promover apoio recíproco. Isso as tornava muito unidas. Ferreira (2003), ao analisar as características do grupo de trabalho colaborativo, destaca, dentre outras: o suporte, o diálogo e o afeto[9]. Nesse grupo, a afetividade e o diálogo eram marcas constantes. Talvez esse fato tenha contribuído para que, ao sentirem a necessidade de introduzir mudanças em suas práticas e de promover a concomitante educação continuada, pressionassem a coordenação e direção da escola para que pudessem ter esse espaço dentro do próprio local de trabalho. Vê-se, assim, nessa escola – mesmo antes da chegada das assessoras –, a existência de um grupo coletivo que, de certa forma, possuía uma dimensão colaborativa. Essa dimensão se fortaleceu diante do desejo comum de buscar o novo, de buscar ajuda externa, como destacado nas falas de Marília e Isabela:

> Nós nos reunimos, vimos que todas tinham o mesmo objetivo a atingir, nós estávamos com dificuldades iguais e que tínhamos que procurar ajuda de uma pessoa, que não poderia ficar do jeito que estava. (Marília, r.e.10/03/1998)[10]
>
> A gente via que as crianças vinham diferentes. A cada ano que passava, as crianças vinham para a classe, diferentes; elas pediam mais pra gente [...] Só que a gente não sabia por onde começar [...] Eram reuniões assim, em intervalos de lanche, na hora da saída, na hora da entrada ou alguma dúvida que surgia durante o trabalho, que uma ia à sala da outra. Então, nessas conversas de poucas horas é que a gente colocava nossa ideia uma pra outra. "Oh, eu queria fazer uma coisa diferente, não é isso... eu não estou contente com o

9 As outras características apontadas pela autora são: a metacognição e o papel das pesquisadoras.

10 A sigla r.e. significa registro de entrevista e, a sigla r.r., registro de reunião, e elas virão sempre seguidas da data em que ocorreram. Vale ressaltar que a entrevista com Marília foi realizada no início de 1998, visto que, no segundo semestre de 1997, ela estava afastada de suas atividades docentes, por motivo de licença-gestante.

> que eu estou fazendo, mas eu não sei por onde começar" [...] Aí a gente viu que a necessidade era comum para todas. O desejo que uniu, a força, a necessidade. (Isabela, r.e. 12/12/1997)

A inserção das assessoras nesse grupo representou o suporte teórico-didático-pedagógico de que elas necessitavam. A direção da escola possibilitou o suporte físico e burocrático. Os espaços para reuniões eram garantidos e as professoras eram remuneradas para tal. Dessa forma, durante três anos o grupo contou com o suporte necessário a seu funcionamento, o que acabou por fortalecer a união entre as professoras e a produção de saberes docentes:

> Todo o estudo que vocês fizeram com a gente, eu acho assim [...] a gente não pode parar de estudar. Nós temos muito a prática e pouco o estudo. Nós não podemos parar de estudar de jeito nenhum [...] Eu acho que nós desenvolvemos, assim, ricamente a nossa prática e graças a vocês. Vocês nos ajudaram muito. Vocês nos ajudaram a enxergar o como fazer e que nós temos um potencial muito grande em grupo, certo, e se a gente tiver assim uma... se a gente estiver unidas como um grupo, a gente vai conseguir muita coisa. (Maria Clara, r.e. 18/12/1997)

Entendo o saber docente como plural e complexo, oriundo da formação profissional, do conhecimento da disciplina, dos currículos e da experiência do professor. Num processo de trabalho coletivo, em que a troca de experiências se faz presente, esses saberes docentes vão-se explicitando e produzindo novos significados, principalmente por se apoiarem numa prática que é familiar ao grupo. Tomar o saber da experiência como ponto de partida da educação continuada não significa negar o saber produzido pelas ciências da educação (FIORENTINI; NACARATO; PINTO,1999), mas apenas tomar a prática como ponto de partida e de chegada do processo.

No trabalho com as cinco professoras, as trocas de experiências foram determinantes para a constituição do grupo, conforme se pode constatar no fragmento de uma reunião (r.r. 9/12/1997) realizada com as professoras:

> 1Adair: Ah ... e vocês enquanto grupo, vocês acham que esses encontros que a gente faz, essas discussões ... fortalecem vocês enquanto grupo ou não?
> 2Isabela: Com certeza.
> 3Maria Clara (simultâneo): Com certeza.
> 4Adair: Quem quer falar mais um pouquinho?
> 5Larissa: Eu acho que não só como você ... Foi superlegal a gente estar junto, ouvir a aula da Maria Clara, aula da 1ª série, que eu achei legal e que vem pra minha sala de aula... vivenciar o que a gente não tem muita oportunidade,

porque geralmente a gente, assim, "ah, não aguento mais!" (risos). Estava nas broncas, mas assim trocar experiências a gente não pode fazer isso ... então, além de aprender com você o que você traz, a gente aprende muito uma com a outra.

[6]Adair: Com vocês mesmas ...

[7]Larissa: Mesmo porque, na 1ª série ... vou dar a 2ª série de uma maneira diferente, mas eu posso dar coisa da 1ª série, até levada pra 4ª de uma maneira diferente, mas ... então eu acho que essas trocas de experiências são fundamentais.

[8]Isabela: Fortalecem enquanto troca de experiências e também em relação assim ... as dúvidas que você tem, que você expõe e que você pode ter diferentes pontos de vista, depende do que você está enxergando alguma coisa, mas outras pessoas enxergam de outras maneiras. Então, isso ajuda você também a enxergar de várias formas.

[9]Maria Clara: E até mesmo na hora do lanche, não é, Isabela? (risos). Eu queria contar alguma coisa que eu tinha feito com as crianças ... dado o livrinho das Três Partes e não tinha dado certo. Eles não tinham entendido o que eu queria, o que eu queria colocar pra eles.

[10]Isabela: A proposta. Qual a proposta ... entendeu ...

[11]Maria Clara: Aí conversando com a Isabela, ela falou "Por que você não faz assim .. assim e eu: "Nossa, Isabela, é verdade! Vou fazer..."

[12]Isabela: Então, é importante isso.

[13]Maria Clara. É útil a troca.

[14]Isabela: Então é uma troca, de repente, você está só com uma proposta... aí vem a outra pessoa, está enxergando de uma outra forma...

[15]Silvana: Ah, tem muito pra crescer...

O grupo se revela como o local ideal de trocas de experiências e de aprendizagem: "Eu acho que não só com você... Foi superlegal a gente estar junto, ouvir a aula da Maria Clara [...] A gente aprende muito uma com a outra". (fala 5). É ele que possibilita a produção de novos saberes docentes: "Aí, conversando com a Isabela, ela falou: Por que você não faz assim ... assim'", e eu: "Nossa, Isabela, é verdade! Vou fazer" (fala 11), mas sem perder a subjetividade ou individualidade de cada um. Ou seja, sem produzir uma perspectiva única ou uniforme. Ao contrário, possibilita ver as práticas sob múltiplas facetas:

> Fortalecem enquanto troca de experiências e também em relação assim... a dúvidas que você tem, que você expõe e que você pode ter diferentes pontos de vista [...] Outras pessoas enxergam de outras maneiras. Então, isso ajuda você também a enxergar de várias formas (fala 8).

A confiança que as professoras tinham umas nas outras fazia com que sempre houvesse disponibilidade de trocas e ajudas, independente de local e horário:

> E até mesmo na hora do lanche [...] Eu queria contar alguma coisa que eu tinha feito com as crianças... dado o livrinho das Três Partes e não tinha dado certo. Eles não tinham entendido o que eu queria, o que eu queria colocar para eles (fala 9).

A confiança é o ingrediente básico para a constituição de um grupo. Como afirma Hargreaves (1998): "o estabelecimento da confiança é essencial para a criação de relações de trabalho em colaboração que sejam eficazes e significativas" (p. 284) Confiança pautada na lealdade, no diálogo e na reciprocidade, nos momentos de tomada de decisão.

Para as professoras, esses também eram momentos de aprendizagem, pois sabiam que poderiam contar com as colegas para discussão e reflexão. E, ao mesmo tempo, elas se sentiam confortadas em poder ajudar as colegas.

Outro fator que se evidenciava no grupo era a importância do saber experiencial das professoras. Elas conseguiram, mesmo sem o domínio de um conteúdo específico, ter dinâmicas interessantes nas aulas de Geometria, graças ao saber já adquirido na prática pedagógica. O saber experiencial e Pedagógico de Aritmética não apenas possibilitou a produção de saberes em geometria, como foi ampliado pelos novos saberes produzidos: "Aperfeiçoando aquilo que já era natural. A gente deixar que a criança descobrisse os vários meios para chegar num determinado... ponto... vários caminhos" (fala de Maria Clara, r.r. 9/12/1997). O grupo possibilitou que as professoras adquirissem uma multiplicidade de caminhos para o trabalho de sala de aula e, acredita-se, elas também possibilitaram às crianças essa multiplicidade. Deu-lhes também a sustentação nos momentos de dúvida e insegurança:

> Não sei como sair daqui. Isso eu não percebo em mim. Eu tenho como me sair. O que eu... acontece, é lógico, acontecem algumas dúvidas como a ... aquele trabalho que eu dei ... de ... pra representação dos sólidos. Isso surgiu comigo também porque eu colocava, desenhava na lousa e eles falavam "quadrado" e era cubo. Aí na hora eu falei "Nossa, eles estão com uma noção errada. O que eu vou fazer para tirar essa noção deles?" Então aí, essa parte de ... que na hora surgiu a dúvida em mim e ... mas você vê como é importante a reunião do grupo, porque logo em seguida, nós levamos isso para o grupo, naquele dia, na mesma semana que aconteceu, nós já levamos isso pro grupo. Então o que aconteceu, já foi discutido, já vimos algumas possibilidades de ... de trabalhar com essa diferença de conceito. Então aí nós

> já vimos os caminhos que a gente poderia levar a criança para ela ver essa diferença. (Isabela, r.e. 12/12/1997)

O fato de existir o grupo dentro da própria escola, e com reuniões frequentes, proporcionou às professoras encontrar soluções rápidas aos problemas que surgiam, sem que houvesse interrupções no desenvolvimento das atividades com as crianças. Esses momentos de discussão possibilitam "ressignificações" conceituais e apropriação de novos saberes. Essas diferentes imbricações de saberes – disciplinares, pedagógicos, curriculares, experienciais – constituem um todo integrado, que é o saber docente.

O trabalho coletivo também possui outra característica fundamental: a manutenção da singularidade de cada um de seus membros. Mesmo as professoras participando das mesmas reuniões de planejamento, cada uma manteve sua singularidade; cada docente vai construindo a própria prática, sem perder a subjetividade. Numa das reuniões do grupo, em que o foco de discussão era o vídeo das aulas da professora Marília, esse fato se evidenciou:

> Eu achei também legal a aula da Marília. O que eu achei superlegal também é que eu dei a mesma aula; igual ... E mesmo o curso sendo junto como a aula sai diferente. A gente chega no mesmo objetivo, a gente quer aquilo ... mas, eu ... assim ... já aprendi bastante com a Adair e tenho certeza se eu gravasse também ia aprender diferente ... A metodologia foi diferente. É interessante isso ... é legal isso ... eu fico solta, eu vou do meu jeito ... ela vai do jeito dela, e no fim a gente chega no mesmo objetivo. Então eu acho que tem as diferentes metodologias para os mesmos fins: eu quis chegar no mesmo objetivo que a Marília. É legal ... seria legal gravar as duas mesmo para a gente ver. Mas eu acho que os objetivos foram alcançados no final e isso é legal. Mas a metodologia ... Eu acho interessante isso, cada um coloca de um jeito e chegar no mesmo fim, no mesmo objetivo. A gente tem o curso toda 4ª feira junto, a gente aprende aqui junto, mas cada uma vai trabalhar... (Larissa, r.r.9 /4/1997)

Essa singularidade, muitas vezes, foi imposta pela própria dinâmica da sala de aula:

> Eu acho que, além do jeito de cada uma, tem que levar muito em conta também a classe ... classe de cada um. São classes diferentes, são crianças também ... diferentes. Então a gente tem que ir caminhando de acordo com ... com o que eles pedem, com o que eles exigem. (Marília, r.r. 9/4/1997)

Ou tem a ver com a história pessoal de cada uma, com as diferentes experiências já vividas. Daí o processo de incorporação de uma proposta curricular também ser individual:

> Cada um tem uma maneira de ... de captar; todos recebem a mesma mensagem, mas, de acordo com a sua personalidade, com o seu jeito de ... de levar a aula, você vai através do seu jeito, da sua personalidade. Então, quer dizer, cada um vai captar de um jeito, vai discutir em grupo, cada um vai... vai interiorizar aquilo que vai mostrar para os alunos. (Maria Clara, r.r. 9/4/1997)

Trata-se de um saber fazer que é resultante da experiência, mas que não prescinde de planejamentos e replanejamentos. Esse movimento dinâmico é que possibilita flexibilizações de ações diante dos imprevistos que surgem, habilitando a professora a promover mudanças no curso da aula:

> Você tem que planejar. Toda vez que eu saio do curso, que eu já sei o que vou fazer na semana, eu planejo assim ... Mesmo que seja, entendeu, às vezes quando eu estou na faculdade, eu vou planejar, o que eu vou fazer, como eu vou fazer. Então esse como ... cada um vai ... vai depender do que você ... Eu acho superimportante, que nem eu planejo a aula: se não dá para escrever eu planejo e depois vou passar para o papel, mas eu vou planejar. E de repente, na classe, tem que mudar. Você está dando aula, muda, tem que ir por um outro caminho, você vê que não está indo por aquele. Então eu acho que a maneira de planejar que tem ... cada uma planeja de um jeito, eu acho. (Larissa, r.r. 9/4/1997)

Esses últimos depoimentos reforçam a crença de que as práticas são complexas e dependem de vários fatores. Por isso, a didática não pode ser prescritiva ou normativa, mas sim interpretativa e investigativa.

É interessante observar que o trabalho coletivo – os estudos, as discussões, os planejamentos coletivos – dá ao docente a segurança de que necessita para enfrentar o trabalho e, sobretudo, as experiências inovadoras. Mas isso não significa anular as diferenças individuais ou a subjetividade de cada um.

Para Ponte (1992, p. 198), o conhecimento profissional docente é influenciado por componentes individuais e coletivos. Embora seja difícil traçar a linha demarcatória entre esses dois componentes, o coletivo é decisivo "no que se refere aos saberes que intervêm de forma significativa nas práticas sociais (de que as práticas educativas são um caso particular)". Mas o componente individual também é importante e tão decisivo quanto o coletivo: "É fundamental distinguir entre o saber que é imposto ao indivíduo pelo contexto social e cultural e com o qual ele não se identifica e aquele que é desenvolvido ou apropriado como seu".

O componente individual do saber das professoras se manifestou ao longo de todo o trabalho. Todas participaram das mesmas reuniões e discussões, planejaram e aplicaram, em sala de aula, as mesmas tarefas. No entanto, ficou evidente a singularidade de cada prática e a forma como cada uma se apropria desse saber produzido coletivamente e como o utiliza em suas classes. Essa apropriação é inerente à própria constituição do sujeito e concepção de homem:

> ... como (sujeito) uno, mas (pelo menos) duplo, na luta/tensão constante – social e mental – entre autonomia/submissão; homem capaz de, experienciado e condensando diversas posições/espécies sociais, controlar (o outro, a si próprio) e resistir. Nesta concepção, o homem não é simplesmente produto das circunstâncias, mas (agente que) transforma as circunstâncias e se transforma (se produz) nesta atividade. (SMOLKA, 1995, p. 14)

O trabalho docente realiza-se numa tensão entre o ideal e o possível. Diante das condições impostas pelo ambiente de trabalho, a professora vai-se adaptando e fazendo seu trabalho da melhor forma possível. Faz ajustes aqui, adaptações ali, replaneja o que planejou. É a complexidade da prática. Isso também se explicitou numa das falas da professora Larissa:

> Ah, eu acho que poderia ser melhor. Eu acho! [...] Tem espaço aqui, sim, para se trabalhar, se você quer, você trabalha. [...] Depende... eu sempre falo... se você só quer trabalhar do jeito que você idealiza, você não vai fazer nada. Você tem que... querer. É lógico que se fosse um espaço maior... (r.e. 16/12/1997)

A escola – e a sala de aula, em especial – é um espaço de aprendizagem e construção de conhecimentos não só das crianças, mas principalmente da professora. Aprende-se no ato de ensinar. "Quem ensina aprende ao ensinar e quem aprende ensina ao aprender" (FREIRE,1997, p. 25). Assim, a professora tem espaços diferenciados de aprendizagem no ambiente escolar: na sala de aula com as crianças, com as colegas de série ou de nível de ensino, com as coordenadoras e com as agentes externas. Defende-se a importância das interações sociais na produção de saberes. "Quem forma se forma e re-forma ao formar e quem é formado forma-se e forma ao ser formado" (FREIRE, 1997, p. 25).

As professoras também aprenderam muito com os alunos em sala de aula. De um lado, as questões interessantes que eles faziam em classe provocavam reflexões e buscas de soluções pelas professoras; por outro, eles gostaram muito de trabalhar com Geometria e cobravam isso:

> E foi assim, eles questionavam, sabe. Então, a semana que acaba ficando mais tumultuada, que a gente não dava conta de trabalhar a geometria, eles

cobravam 'mas tia, por que nós não vamos trabalhar a geometria esta semana?' (Marília, r.e. 10/03/1998)

O trabalho coletivo na escola possibilita que esta passe a ser considerada uma comunidade de aprendizagem:

> A colaboração aumenta as oportunidades dos professores aprenderem uns com os outros ao nível da sala de aula, dos departamentos e das escolas. Tal colaboração é uma fonte poderosa de aprendizagem profissional e de melhoramento no desempenho das tarefas [...] A colaboração encoraja os professores a encarar a mudança, não como uma tarefa a realizar, mas como um processo infinito de aperfeiçoamento contínuo, na procura assintótica de uma excelência ainda maior, por um lado, e de soluções emergentes para problemas que se transformam rapidamente, por outro. (HARGREAVES, 1998, p. 279)

Como afirmam Mizukami et al. (2002, p. 73), "os professores precisam fazer parte de uma ampla comunidade de aprendizagem que constitua fonte de apoio e de ideias." E essa comunidade inclui os professores, os alunos, os pais, os assessores externos, a coordenação e direção da escola.

> A escola, enquanto local de trabalho, assume importância considerável na promoção do desenvolvimento profissional de seus participantes. Nesses termos, esse desenvolvimento, incorporado pelos próprios participantes, reverte em benefícios para a escola e para o processo de ensino-aprendizagem nele desenvolvido. (MIZUKAMI et al., 2002, p. 80)

Entendo que, se esse espírito colaborativo não envolver toda a comunidade escolar, o trabalho coletivo poderá não atingir os objetivos almejados. No caso da presente pesquisa, o trabalho envolveu apenas dois segmentos da escola: educação infantil e 1ª a 4ª séries do ensino fundamental. Isso acabou por gerar alguns conflitos com os demais níveis: privilégios de uma assessoria mais direta, existência de um grupo coeso na instituição, reivindicações que passaram a existir por parte das professoras, dentre outros, o que acabou enfraquecendo a potencialidade do grupo.

Riscos do trabalho coletivo quando este não atinge a totalidade do corpo docente

Aproprio-me de dois conceitos de Hargreaves (1998) para discutir os riscos do trabalho coletivo no interior da escola: a colegialidade artificial e a balcanização.

A colegialidade artificial, no interior das escolas, ocorre, principalmente, por imposições administrativas, quando os professores são chamados a trabalhar em equipes. Nesse caso, a colaboração não é espontânea, não parte dos professores, mas estes

> são obrigados ou "persuadidos" a trabalhar em conjunto, tendo em vista implementar as ordens de outros mais diretamente, as do diretor da escola [...] constitui uma simulação administrativa segura da colaboração. Substitui as formas espontâneas, imprevisíveis e difíceis de controlar da colaboração que é gerada pelos professores, por formas de colaboração que são, pelo contrário, controladas, contidas e inventadas pelos administradores. (HARGREAVES, 1998, p. 220)

Na escola objeto deste estudo os professores eram convocados mensalmente para uma reunião pedagógica, que ocorria aos sábados. Nas reuniões, os professores eram chamados a realizar trabalhos em equipes com pares de todos os níveis de ensino. Para as professoras com as quais atuei, tais reuniões consistiam em momentos de "tortura", como explicita Maria Clara: "As reuniões que têm de sábado pra gente é uma ... tortura!" (r.r. 14/5/1997), ou revelavam desvalorização do trabalho docente que elas desenvolviam:

> Eu acho que nós somos encaradas de maneira diferente. Eu sinto isso na hora em que eu entro na sala... a gente se sente... é, o olhar que elas nos olham, assim, é um olhar inferior. *Nós somos as superiores, sabe!* Eu sinto isso. Tipo: *vocês lidam com criancinhas*. (Marília, r.r. 14/5/1997). Nós somos encaradas de maneira diferente. O pró se sente mais pra baixo... (Silvana, r.r. 14/5/1997).

Tal situação se mostrou bastante paradoxal e me incomodou muito durante minha inserção na escola. A direção e a coordenação, ao mesmo tempo que possibilitavam o desenvolvimento de um projeto de formação continuada no interior da própria escola, pareciam não reconhecê-lo na instituição, como um todo. As mudanças que as professoras implementaram em suas práticas e os saberes docentes produzidos não eram valorizados. Raramente elas tinham oportunidade de compartilhar, com os demais níveis da escola (5ª a 8ª séries do ensino fundamental e ensino médio), as experiências que vinham realizando. A professora Marília expressou assim o sentimento do grupo: "Quando a gente tem alguma coisa para falar, é assim muito breve o espaço que a gente tem. Logo eles acabam falando e tal, dando a ideia deles, passando por cima. Então a gente sente ainda essa parte, essa dificuldade de ser reconhecida" (r.e. 10/3/1998)[11]. Mas, ainda segundo a professora

11 O "eles" que Marília utiliza é para se referir aos professores especialistas (5ª a 8ª séries do ensino fundamental e médio).

Marília, havia, no início, uma proposta mais ampla de implementação de inovações por parte da direção da escola:

> Quando foi lançada a mudança, a intenção era mudar totalmente, desde a pré-escola até o colegial. Só que nós fomos em busca e eles não. Isso que eu senti. No caso, nós que começamos, o pessoal de 1ª a 4ª série. Aí, a pré-escola sentiu necessidade, foi em busca, começou a inovar, mudar. Eles não, não foram. (r.e. 10/3/1998)

O isolamento desses dois grupos (educação infantil e 1ª a 4ª séries do ensino fundamental) no interior da escola foi marcado principalmente pelo não-reconhecimento do trabalho do profissional que atua nas fases iniciais da educação básica: ele passa, muitas vezes, a ser desvalorizado, mesmo quando portador de diploma de curso superior. Esse isolamento está relacionado ao conceito de balcanização. Hargreaves (1998), apoiando-se no processo de balcanização do Leste europeu[12], criou esse modelo para explicar um tipo de colaboração, existente no interior das escolas, que acaba por dividir o corpo docente. São "os tipos de colaboração que dividem, aqueles que separam os professores em subgrupos isolados, muitas vezes adversários uns dos outros no interior de uma escola" (HARGREAVES, 1998, p. 240). Ao discutir os efeitos negativos da balcanização, o autor aponta quatro características (p. 241-2): 1) permeabilidade baixa, que faz com que os subgrupos se tornem fortemente isolados, sem trocas entre eles e com fronteiras claramente definidas; 2) permanência elevada, ou seja, os subgrupos têm permanência ao longo do tempo, o que favorece a estabilidade, fazendo com que os professores sintam-se como parte especificamente desse grupo e não do coletivo da escola. 3) identificação pessoal, ou seja, os subgrupos acabam por determinar a construção da identidade de seus membros; 4) compleição política: a existência de subgrupos no interior da escola favorece a não-equidade nas tomadas de decisões: passam a existir hierarquizações, status, promoções.

> Nas culturas balcanizadas, há vencedores e vencidos, mágoa e ganância. As dinâmicas de poder e de interesse próprio (sejam elas manifestas ou latentes) existentes no seio destas culturas determinam de modo importante a maneira como os docentes se comportam enquanto comunidade. (HARGREAVES, 1998, p. 242)

Tais características se evidenciavam nessa escola. Identificavam-se três subgrupos bastante delimitados, com propósitos bem definidos e posições políticas também

---

12 O autor refere-se à dissolução do bloco soviético em várias repúblicas independentes e à divisão da Iugoslávia em "cismas étnicos, lingüísticos e culturais e por conflitos nunca vistos durantes décadas" (HARGREAVES, 1998, p. 239).

explícitas no interior da instituição: o subgrupo da educação infantil, o de 1ª a 4ª séries do ensino fundamental e o de professores especialistas (5ª a 8ª do ensino fundamental e ensino médio). Em algumas falas das professoras, destacadas anteriormente, já foi possível identificar essa característica no grupo com o qual atuei: "Nós somos encaradas de maneira diferente; logo eles acabam falando e tal, dando a ideia deles, passando por cima ou o pré se sente mais pra baixo", explicitando as demarcações políticas e os poderes de decisão de cada subgrupo.

Nesse caso particular, o processo de balcanização era reforçado pelas próprias condições físicas da escola, visto que os subgrupos da educação infantil e de 1ª a 4ª séries do ensino fundamental situavam-se num prédio e o subgrupo de professores especialistas, em outro, mais novo, com melhores condições de acomodação. A fala da professora Marília expressa a mágoa com que as professoras dos dois primeiros subgrupos percebiam sua desvalorização:

> Em todos os sentidos, não é só na parte de educação, não. Sabe, mesmo assim o espaço. Lá eles tinham uma sala dos professores e nós não tínhamos a nossa. [...] O que eles têm pra eles, ali, de 5ª a 8ª e colegial, nós não temos pra nós. Então são coisas diferentes que a gente percebe e que a gente fica se perguntando. Mas por que isso? (r.e. 10/3/1998)

Mas a valorização do subgrupo de professoras polivalentes era dada, de certa forma, pelo retorno que elas recebiam, principalmente dos pais:

> Em todos esses anos de experiência que eu tive, os pais valorizaram muito a nossa presença. Tanto que outro dia, eu encontrei a mãe de um aluno e ela disse: "Gente, quando o meu filho estava assim do lado de vocês... porque a escola acaba tendo dois lados... do lado de vocês, como era bom! Porque vocês são pessoas que estão ali, aquele contato, todos os dias, mais específico a cada criança". (MARÍLIA, r.e. 10/3/1998)

O processo de balcanização, nessa escola específica, era muito acentuado e, talvez em decorrência disso, os subgrupos de educação infantil e 1ª a 4ª séries do ensino fundamental não tiveram força suficiente para se manifestar quando a direção da escola, ao final do ano de 1997, decidiu que era o momento de terminar com o projeto de educação continuada, que já existia há três anos: primeiro, por questões econômicas que a escola vinha enfrentando; segundo, por entender que as professoras teriam condições de caminhar sozinhas; esses anos haviam sido suficientes para que elas adquirissem autonomia intelectual. Talvez, no meu entender, a autonomia que as professoras adquiriram tenha possibilitado que o grupo, de fato, se constituísse em colaborativo. Mas, como me retirei do processo, não tenho elementos para tal avaliação.

Considerações finais

Neste estudo evidenciou-se que é central ao processo de desenvolvimento profissional uma prática pautada num trabalho colaborativo, em que os docentes se sentem à vontade para relatar seus sucessos e fracassos. Os sucessos contribuem para a formação dos colegas e a incorporação de novas práticas; os fracassos, quando discutidos e refletidos, possibilitam a busca de alternativas e a multiplicidade de caminhos ou estratégias. O grupo é fundamental para a mudança da cultura escolar[13], pois, ao mesmo tempo que dá suporte à inovação curricular, permitindo a reflexão coletiva, não provoca a perda da individualidade/subjetividade de seus membros. Mesmo participando das mesmas discussões e planejamentos coletivos, a singularidade da prática de cada docente se mantém. Isso parece revelar que, embora a produção de saberes docentes ocorra pela mediação do coletivo dos professores, ela é, em última instância, também um processo individual e subjetivo. Ou seja, se o grupo é fundamental ao processo de produção de saberes e de reflexão, a apropriação ou internalização é um processo individual ou particular de cada participante do grupo. Não depende apenas de momentos compartilhados, mas principalmente do desenvolvimento profissional de cada um de seus membros, passando, sem dúvida, pela história de vida, pela história de formação, pelos enfrentamentos vividos na prática e pelas múltiplas experiências com relação ao conhecimento. De fato, embora as professoras – objeto deste estudo – tenham reproduzido algumas tarefas por mim propostas, elas, na verdade, as reelaboraram e (re)significaram na prática. Não foi uma reprodução fiel. Isso reforça a singularidade da prática.

O professor aprende e incorpora novas práticas tendo como ponto de partida os saberes experienciais compartilhados. Esses saberes podem ser trazidos, socializados e discutidos pelo próprio grupo e "ressignificados" ou reconstruídos mediante leituras provenientes das ciências da educação. Nesse sentido, o grupo constituído na própria escola torna-se local "seguro" para a produção coletiva e compartilhada e para a arquitetura de um currículo que atenda às especificidades locais, dos alunos e da comunidade. Mas, por outro lado, essa dinâmica muitas vezes só se torna possível com a presença de um agente externo, cujo papel, nesse processo, é de possibilitar a articulação entre os dois polos geradores de tensão nos quais ocorre a prática docente: os aspectos teóricos e epistemológicos, de um lado, e os aspectos

---

13 Ao me referir à cultura escolar, estou me apropriando das concepções de Candau (2000, p. 9), ou seja, quais os saberes, práticas, valores e projetos de sociedade e humanidade que impregnam o dia a dia da escola, sua dinâmica de organização e a formação dos profissionais que nela atuam.

pedagógicos e práticos, de outro. Embora possam ser vistos separadamente, num processo de formação, ambos apresentam-se articulados, formando uma unidade de múltiplos significados. O papel do agente externo seria o de contribuir para a "ressignificação", transformação e articulação desses aspectos, bem como alimentar as discussões no interior dos grupos, para que a prática esteja em constante questionamento e seja tomada como objeto de reflexão.

No entanto, o trabalho coletivo, ao mesmo tempo que possibilita instâncias colaborativas entre os professores, pode também gerar divisões, se não envolver todo o corpo docente da escola. Como foi mostrado neste texto, a existência de processos de balcanização e de colegialidade artificial no interior da escola acaba por dividir o corpo docente e gerar instâncias de poder e de deliberações hierarquizadas, dando origem a mágoas e ressentimentos.

Ao trazer essas questões ocorridas no interior de uma escola particular, gostaria de destacar que elas não são exclusivas desse tipo de instituição. Muito se tem discutido sobre a escola pública – seus problemas, a qualidade de ensino, suas dinâmicas –, e a escola particular tem ficado um pouco à margem dessas discussões, um tanto quanto intocável, principalmente no que se refere às questões de inovações curriculares e condições de trabalho docente. A proliferação das escolas-empresas, principalmente nos grandes centros, mereceria maior atenção. Ao mesmo tempo que estas acabam cooptando profissionais qualificados, atraídos pelas promessas de salários melhores, as condições de trabalho e de formação continuada que oferecem não condizem com os rótulos que muitas vezes tentam divulgar. Raramente propiciam espaços de formação a seus profissionais e, via de regra, o que existe – quando existe – são instâncias de colegialidade artificial, em que os docentes são convocados a participar de reuniões de estudos, planejamentos e avaliações, mas sem poder de deliberação[14].

A direção da escola objeto deste estudo, sem dúvida, teve uma atitude louvável ao atender à reivindicação das professoras, propiciando um projeto de formação continuada no interior da própria escola, bem como possibilitando a realização de minha pesquisa. Uma questão, entretanto, ainda continua sem resposta, mesmo após concluir a pesquisa: a formação continuada proporcionada às professoras foi, de fato, uma preocupação da direção com o desenvolvimento profissional das professoras, ou foi apenas uma forma de prestação de contas aos pais, tendo em vista as

---

14 Essas constatações refletem a síntese de minha trajetória como professora de Matemática de 5ª a 8ª séries, atuando durante dezoito anos em escolas particulares da cidade de Campinas/SP. Parte dessa trajetória, o leitor poderá encontrar em minha tese de doutorado (Nacarato, 2000).

mensalidades que estes pagavam e o pouco que a escola tinha a oferecer a seus filhos em termos de espaço físico?

Referências bibliográficas

BOAVIDA, Ana Maria e PONTE, João Pedro. Investigação colaborativa: potencialidades e problemas. In *Reflectir e investigar sobre a prática profissional*. Portugal: Associação de Professores de Matemática, 2002.

CANDAU, Vera M. (org.). *Reinventar a escola*. Petrópolis, RJ: Vozes, 2000.

ELLIOTT, John. *El cambio educativo desde la investigación-acción*. Madrid: Morata, 1991.

FERREIRA, Ana Cristina. O grupo de trabalho colaborativo em educação matemática: análise de um processo vivido. *II Seminário Internacional de Pesquisa em Educação Matemática* (CD-ROM), Santos/SP, 2003.

FIORENTINI, Dario, NACARATO, Adair M. e PINTO, Renata A. Saberes da experiência docente em matemática e educação continuada. *Quadrante: Revista Teórica e de Investigação*. Lisboa, v. 8, 1999, p. 33-59.

FREIRE, Paulo. *Pedagogia da autonomia*: saberes necessários à prática educativa. São Paulo: Paz e Terra, 1997.

HARGREAVES, A. *Os professores em tempo de mudança: o trabalho e a cultura dos professores na idade pós-moderna*. Portugal: MacGraw-Hill, 1998.

_______. Teaching as a paradoxical profession. In: ICET – *46th World Assembly*: Teacher Education (CD-ROM), Santiago – Chile, 2001. 22p.

IMBERNÓN, Francisco. *La formación y el desarrollo profesional del profesorado hacia una nueva cultura profesional*. Barcelona: Editorial Graó, 1994.

MIZUKAMI, Maria da Graça N. et al. *Escola e aprendizagem da docência: processos de investigação e formação*. São Carlos: EdUFSCar, 2002.

NACARATO, Adair M. *Educação continuada sob a perspectiva da pesquisa-ação: currículo em ação de um grupo de professoras ao tentar aprender ensinando geometria*. Tese (Doutorado). Campinas, SP: FE/Unicamp 2000. 323p.

PIMENTA, Selma Garrido. Professor reflexivo: construindo uma crítica. In: Selma G, Pimenta e Evandro Gledin (orgs.). *Professor reflexivo no Brasil: gênese e crítica de um conceito*. São Paulo: Cortez, 2002.

PONTE, J. P. Concepções dos professores de Matemática e processos de formação. In: *Educação matemática. Temas de investigação*. Portugal: Instituto de Inovação Educacional, 1992, p. 185-239.

PONTE, J. Pedro, BOAVIDA, Ana M.; GRAÇA, Margarida & ABRANTES, Paulo. *Didáctica da Matemática: matemática – ensino secundário*. Portugal: Ministério da Educação, Departamento de Ensino Secundário, 1997.

SERRAZINA, Maria de Lurdes. *O desenvolvimento profissional do professor de matemática.* Conferência realizada no IV Congreso Iberoamericano de Educación Matemática (IV Cibem- CD-ROM). Cochabamba, Bolívia, 2001.

SMOLKA, Ana Luiza B. A concepção de linguagem como instrumento: um questionamento sobre práticas discursivas e educação formal. *Temas em Psicologia*, nº 2. p. 11-21, 1995.

10 PESQUISAS SOBRE TRABALHO COLABORATIVO NA FORMAÇÃO DE PROFESSORES DE MATEMÁTICA: UM OLHAR SOBRE A PRODUÇÃO DO PRAPEM/UNICAMP[1]

Rosana Giaretta Sguerra Miskulin

Adair Mendes Nacarato

Cármen Lúcia Brancaglim Passos

Celi Aparecida Espasandin Lopes

Dario Fiorentini

Eleonora Dantas Brum

Maria Auxiliadora Megid

Luciana Parente Rocha

Maria Teresa Menezes Freitas

Marisol Vieira Melo

Regina Célia Grando[2]

Introdução

A busca de compreensão dos processos de formação e desenvolvimento profissional do professor vem-se tornando cada vez mais presente nas pesquisas em Educação Matemática. Procura-se um paradigma de pesquisa que contemple as mudanças de perspectiva na produção do conhecimento e no processo de formação de professores. As pesquisas mais recentes mostram que as situações que permeiam a relação entre a teoria e a prática do professor e seu processo de formação são complexas e múltiplas, envolvendo dimensões socioculturais, contextuais e intersubjetivas, o que exige dos investigadores um olhar epistemológico diferenciado para sua compreensão.

O balanço de vinte e cinco anos da pesquisa brasileira sobre formação de professores que ensinam matemática, realizado pelo Grupo de Estudo e Pesquisa sobre Formação de Professores que ensinam Matemática (GEPFPM), evidenciou uma mudança paradigmática em relação à concepção de pesquisa e do processo

---

1 Este texto é uma síntese de dois trabalhos do GEPFPM produzidos para o II Sipem – Santos (Nacarato et al., 2003) e para o 10º ICME – Copenhagen, Dinamarca (Fiorentini et al., 2004).

2 Rosana G. S. Miskutin – Unesp-RC e Unicamp, Adair M. Nacarato, Elonora D. Bruna e Regina C. Grando–USF, Carmen L. B. Passos, UFSCar, Celi A. E. Lopes–Unicamp e UCS. Dario Fiorentini, Maria Auxiliadora B. A. Megid, Luciana P. Rocha, Marisol V. Melo – Unicamp. Maria Peresa M. Freitas – Unicamp e UFU. Todos os autores deste artigo fazem parte do Grupo de Estudo e Pesquisa sobre Formação de Professores de Matemática (GEPFPM) – FE/Unicamp.

de formação docente "em serviço" (FIORENTINI et al., 2002). Dentre as razões que justificam essa mudança, aponta-se a compreensão dos formadores-pesquisadores de que "as propostas, embasadas apenas em aportes teórico-científicos, consistiam em simplificações da prática profissional e reduziam o problema pedagógico a sua dimensão apenas instrutiva e, portanto, técnica, ignorando a dimensão formativa e humana da prática educativa, o que a torna complexa e plural" (Ibid. p. 157).

Além disso, o levantamento feito nesse trabalho mostrou, ainda, não apenas que o campo de pesquisa ligado à formação continuada do professor, a partir da prática profissional, é um terreno pouco explorado, mas também que os estudos envolvendo grupos colaborativos e projetos de parceria entre formadores e professores significam uma possibilidade de compreensão da constituição profissional destes últimos."O trabalho colaborativo entre professores de diferentes instituições e níveis de ensino tem surgido no mundo inteiro, segundo Fiorentini (2004), "como uma resposta às mudanças sociais, políticas, culturais e tecnológicas, colocando em xeque as formas tradicionais de educação de professores e de produção de conhecimento"(p. 72). Como consequência desse movimento, várias concepções e modelos de colaboração e de pesquisa colaborativa têm surgido nos últimos dez anos no Brasil e no mundo, no âmbito da educação matemática. Poucos, entretanto, têm sido os estudos que tentam sistematizar essas experiências e trazer novos subsídios teórico-metodológicos a essa modalidade de formação profissional e de pesquisa.

Hargreaves (1998) considera que "a colaboração transformou se num *metaparadigma* da mudança educativa e organizacional da idade pós-moderna"(p. 277), sobretudo, de um lado, pelo seu "princípio articulador e integrador da ação, do planejamento, da cultura, do desenvolvimento, da organização e da investigação" e, de outro, "como resposta produtiva a um mundo no qual os problemas são imprevisíveis, as soluções são pouco claras e as exigências e expectativas se intensificam" (ibid. p. 279).

Boavida e Ponte (2002) veem o trabalho colaborativo como um modo eficaz de os profissionais enfrentarem os desafios e problemas da prática, caracterizados, no contexto atual, pela incerteza, perplexidade e constante mudança. Essa opção resulta, também, segundo Greenwood e Levin (2000), da constatação de que, nem a pesquisa acadêmica convencional, nem os professores escolares isolados em suas escolas, têm conseguido sucesso no estudo e tratamento desses problemas. Estes últimos autores propõem como alternativa a *investigação cogenerativa*, uma forma particular de pesquisa-ação em que pesquisadores acadêmicos colaboram com profissionais – chamados de pesquisadores *stakeholders*[3] – para compreender e buscar soluções para os problemas que encontram nas diferentes práticas profissionais. Ou seja, a pesquisa cogenerativa seria uma investigação

> em que os participantes e pesquisadores co-geram o conhecimento por um processo de comunicação colaborativa no qual todas as contribuições dos participantes são levadas a sério. O significado construído no processo de investigação leva à ação social, ou aquelas reflexões sobre a ação conduzem à construção de novos significados. (GREENWOOD e LEVIN, 2000, p .96)[4]

As investigações sobre trabalhos colaborativos no campo educacional, entretanto, têm mostrado que estes não trazem somente conhecimentos novos acerca de problemas e mudanças na prática profissional. Segundo Olson (1997), cada sujeito participa de um trabalho colaborativo com seus propósitos e suas necessidades pessoais e, por meio da interlocução com os outros, também aprende mais sobre si mesmo, sobre os outros e sobre a vida em geral. Ou seja, há uma dimensão formativa do sujeito que participa das práticas colaborativas. Nesse sentido, a colaboração entre professores requer atenção especial e criação de uma sinergia no grupo de modo que possa haver, ao mesmo tempo, produção de conhecimentos novos que promovam melhoria da prática, aprendizagem compartilhada e também desenvolvimento pessoal e profissional dos participantes (Larraín e Hernández, 2003).

Além disso, a pesquisa e o trabalho colaborativos entre professores podem ajudálos a construir sua autonomia profissional e constituir comunidades autocríticas, no sentido que lhes atribuem Carr e Kemmis (1988):

> Os professores devem ser usuários críticos e reflexivos do saber elaborado por outros investigadores e se postula que estabeleçam comunidades autocríticas de docentes-investigadores que desenvolvam sistematicamente um saber educacional que justifique suas práticas educativas. (p. 199)

Tais questões envolvendo a colaboração vêm-se constituindo em temáticas de pesquisa e formação de professores no Brasil. No entanto, as leituras que o GEPFPM vem realizando, nos últimos três anos, sobre formação de professores mostram que existe, na literatura nacional e internacional, uma dispersão semântica envolvendo, por exemplo, termos como cooperação, colaboração, trabalho coletivo, pesquisa colaborativa, colegialidade, pesquisa-ação, pesquisa-ação colaborativa, comunidade de prática. O mesmo parece acontecer com termos como formação continuada,

---

3 O termo *stakeholders* refere-se àqueles professores que permanecem fixos em seu local de trabalho.
4 Tradução nossa.

formação contínua, educação contínua, desenvolvimento profissional, constituição profissional, identidade profissional etc. Um terceiro conjunto de termos refere-se aos saberes docentes, saberes profissionais, conhecimentos profissionais, saberes didático-pedagógicos, entre outros. Cada um desses conjuntos é, muitas vezes, utilizado como se seus termos fossem sinônimos. Embora esse terceiro conjunto tenha sido identificado nas leituras e trabalhos desenvolvidos no GEPFPM e Prapem[5], não será nosso objeto de discussão neste texto.

Acreditamos que essa dispersão semântica pode trazer implicações tanto na organização e na forma de realizar o trabalho coletivo dos grupos quanto na escolha dos procedimentos metodológicos de investigação.

O GEPFPM, diante dessa problemática, sentiu-se motivado e desafiado a olhar mais sistematicamente para as pesquisas que têm como objeto de investigação grupos colaborativos envolvendo professores que ensinam matemática nos diferentes níveis. Decidimos tomar como material de análise, para o presente estudo, as oito teses de doutorado produzidas no Programa de Pós-Graduação em Educação – Área de Concentração em Educação Matemática – da FE/Unicamp, no período de 2000 a 2003, e que têm como objeto de estudo as práticas ou grupos colaborativos de professores que ensinam matemática. Esses estudos são: Gonçalves (2000); Nacarato (2000); Souza Jr. (2000); Guérios (2002); Jiménez Espinosa (2002); Pinto (2002); Ferreira (2003) e Lopes (2003).

Assim, o principal objetivo deste trabalho é analisar e sistematizar esse conjunto de estudos com o propósito de: (1) estabelecer um balanço do movimento das questões investigativas que orientaram essas pesquisas e de seus principais resultados; (2) obter alguns contributos teórico-metodológicos para o processo de investigação de práticas e grupos colaborativos na formação de professores que ensinam matemática; (3) evidenciar em que medida esses trabalhos contribuem para o desenvolvimento de novas pesquisas e/ou programas de formação continuada de professores.

Imbuídos desse propósito, realizamos a leitura na íntegra e o fichamento das oito teses, destacando: (1) as questões investigadas e os diferentes procedimentos metodológicos de investigação; (2) as relações entre os projetos investigativos e a constituição e dinâmica de trabalho dos grupos; (3) a concepção de formação e desenvolvimento profissional; (4) os significados dos conceitos: trabalho coletivo, cooperativo e colaborativo e de pesquisa colaborativa; (5) os principais resultados e conclusões que nos possibilitaram identificar as contribuições mais significativas desses estudos para o desenvolvimento de novas pesquisas e/ou programas de formação continuada.

5 Prapem – Prática Pedagógica em Matemática – FE/Unicamp.

As questões investigativas e os diferentes procedimentos metodológicos das pesquisas

Os focos de estudo e seus aportes teórico-metodológicos

Ao analisar os oito trabalhos produzidos, uma primeira constatação que surge é que eles refletem o movimento do Prapem em sua busca de aportes teóricos para a constituição de uma metodologia de pesquisa sobre a formação de professores.

Conforme mostra a Tabela 1, identificamos, nessa trajetória, três enfoques de estudo que expressam momentos diferentes de investigação dentro do Prapem.

Tabela 1: Quadro geral de distribuição das pesquisas

Enfoque dos estudos	Participantes do grupo	Autores da pesquisa	Sujeitos investigados
Pesquisa-ação entre professores como processo de formação continuada de professores ou de desenvolvimento profissional.	Professoras de 1ª e 2ª séries do ensino básico de uma escola e a pesquisadora.	Nacarato (2000)	Cinco professoras em interação.
	Docentes de Cálculo e alunos de graduação e de pós-graduação.	Souza Jr. (2000)	O grupo em interação e cinco docentes de Cálculo.
O processo de vir a ser professor ou de constituir-se profissionalmente no contexto de práticas ou grupos coletivos e colaborativos.	Licenciandos, professores escolares e formadores de professores.	Gonçalves (2000)	Oito docentes, sendo sete ex-licenciandos.
		Guérios (2002)	Seis que participaram de diferentes momentos.
	Docentes da escola e da universidade.	Pinto (2002)	Três professores escolares.
A contribuição/dinâmica de grupos colaborativos, sobretudo o compartilhamento de saberes e experiências, no processo de desenvolvimento profissional dos participantes.	Docentes da escola e da universidade.	Jiménez (2002)	O grupo em interação.
	Quatro professores escolares, a pesquisadora e sua orientadora.	Ferreira (2003)	Quatro professoras e análise do processo colaborativo vivido pelo grupo.
	Cinco Professoras da Educação Infantil, duas coordenadoras e pesquisadora.	Lopes (2003)	O grupo em interação e quatro professoras e duas coordenadoras.

Num primeiro momento, aparecem os trabalhos de Nacarato (2000) e Souza Jr. (2000), os quais refletem as discussões que ocorriam no Prapem quanto aos procedimentos metodológicos de pesquisa-ação e à constituição de grupos de trabalho coletivo. No período de 1996 a 1998, alguns membros do Prapem, juntamente com outros grupos de pesquisa da Faculdade de Educação/Unicamp, dentre eles o GEPEC[6], envolveram-se num projeto de leitura e discussão sobre professor reflexivo e professor investigador. A sistematização desses estudos resultou no livro *Cartografias do trabalho docente* (GERALDI, FIORENTINI e PEREIRA, 1998).

Perpassavam essas discussões os trabalhos sobre pesquisa-ação elaborados por Elliot, que explora a investigação-ação na escola com o intuito de melhorar a prática do professor em sala de aula, tomando por base a reflexão. "Nessa concepção, o pesquisador passa a ter uma relação do tipo participativo com as pessoas envolvidas na situação de investigação. Ou seja, a participação está centrada na ação e não apenas na observação" (NACARATO, 2000, p. 33).

Tanto Nacarato (2000) quanto Souza Jr. (2000) reportam-se a esses referenciais em suas investigações. Nacarato (2000) define sua pesquisa como pesquisa-ação, tendo investigado um grupo de cinco professoras de 1ª e 2ª séries do ensino fundamental, buscando analisar os saberes curriculares, as reflexões e os conflitos produzidos por esse grupo de professoras envolvidas num processo de, simultaneamente, aprender e ensinar geometria[7].

Souza Jr. (2000) investiga um grupo de pesquisa-ação — caracterizado dessa forma pelo próprio investigador — pertencente ao IMECC[8] /Unicamp e constituído por docentes, alunos bolsistas de graduação e alunos de pós-graduação envolvidos com a disciplina de Cálculo. O objetivo da pesquisa foi, a partir da análise histórica desse grupo, buscar compreender sua dinâmica, o envolvimento de seus membros e os processos de produção negociada de saberes sobre ensinar e aprender conteúdos da disciplina Cálculo, mediados pela utilização do *software Mathematica*. O autor identifica sua pesquisa como participante de orientação etnográfica, caracterizando-a, com base em André (1995, apud SOUZA JR., 2002), como estudo de caso com enfoque qualitativo.

As discussões sobre a pesquisa-ação no Prapem impulsionaram ainda a criação de um grupo de professores de matemática da rede pública e privada de Campinas e região, que passaram a se encontrar aos sábados com acadêmicos (professores e pós-

6 GEPEC – Grupo de Estudos e Pesquisas sobre Educação Continuada – FE/Unicamp.

7 Esse grupo já era constituído com a presença da pesquisadora – enquanto orientadora pedagógica da escola – mas, com outros objetivos; consolida-se como um grupo de estudos em geometria, a partir da proposta da pesquisadora.

8 Imecc Instituto de Matemática, Estatística e Computação.

graduandos em educação matemática), objetivando, num primeiro momento, discutir e explorar novas alternativas curriculares de ensino de álgebra na prática escolar. Esse grupo foi denominado, por influência e iniciativa dos acadêmicos, Grupo de Pesquisa-Ação em Álgebra Elementar (GPAAE)[9]. Entretanto, o grupo adquiriu um movimento próprio de tal forma que a denominação *pesquisa-ação*, com o tempo, passou a representar o nome do grupo, sem vínculos com a concepção teórico-metodológica norteadora de suas ações (PINTO, 2002, p. 57). Dessa prática colaborativa entre acadêmicos e professores resultaram, até o momento, duas teses de doutorado (JIMÉNEZ, 2002; PINTO, 2002).

Um segundo grupo de investigações pode ser caracterizado como aquele constituído de estudos que têm como foco principal o processo de vir a ser professor ou de constituir-se profissionalmente, tendo como mediação, ou contexto formativo, as práticas ou os grupos colaborativos. Ou seja, embora esses estudos reconheçam a importância do trabalho coletivo e colaborativo envolvendo formadores de professores e professores escolares (e também licenciandos), seus aportes teórico-metodológicos dizem respeito mais à formação e/ou desenvolvimento profissional de professores nesses contextos que à dinâmica das ações desencadeadas nesses grupos. Esse parece ser o caso dos estudos de Gonçalves (2000), Guérios (2002) e Pinto (2002).

Gonçalves (2000) analisou a história de vida profissional de oito professores formados em diferentes épocas, desde a fundação do Clube de Ciências/Núcleo Pedagógico de Apoio ao Desenvolvimento Científico da UFPA, de 1979 a 1996. A autora configurou a formação de licenciandos que estagiavam no Clube de Ciências como um processo de formação e desenvolvimento profissional, enquanto se constituíam sujeitos professores e sujeitos formadores.

Guérios (2002) investigou o processo de desenvolvimento profissional de professores formadores e de professores do ensino fundamental e médio que participaram do Laboratório de Ensino e Aprendizagem de Matemática e Ciências Físicas e Biológicas da UFPR, buscando compreender como os sujeitos se constituíam profissionalmente em pensamentos, ações e saberes, identificando elementos de sua formação que fossem significativos para compreender a prática pedagógica.

Pinto (2002) realizou um estudo sobre a constituição de professores de matemática que produzem textos escritos sobre suas experiências em sala de aula, respondendo à questão: "Como professores de matemática participantes do GPAAE tor-

9 Esse grupo ainda continua em atividade e,atualmente, por influência dos próprios professores escolares passou a autodenominar-se, simplesmente Grupo de Sábado (GdS).

nam-se produtores de textos escritos num contexto de trabalho colaborativo?" (p. 77). Sob uma perspectiva histórico-cultural, baseada principalmente em Roseli Fontana e M. Bakhtin, analisou o movimento experienciado por três professores do GPAAE em seu processo de vir a ser professor-escritor.

Cabe destacar, nessas três pesquisas, a constituição do grupo como espaço de trabalho colaborativo, envolvendo professores da escola e da universidade, tendo como eixo central a prática pedagógica.

Um terceiro grupo de estudos diferencia-se dos demais por centrar foco na constituição e dinâmica dos grupos colaborativos e na partilha (mutualidade ou reciprocidade) de saberes e experiências e o que isso representa no desenvolvimento profissional dos participantes. Ou seja, esses estudos buscam aportes teórico-metodológicos que fundamentem tanto os processos de trabalho colaborativo quanto a investigação deles. Fazem parte desse grupo os trabalhos de Jiménez (2002), Ferreira (2003) e Lopes (2003).

A pesquisa de Jiménez (2002), desenvolvida sob uma abordagem etnográfica combinada com análise de discurso, foi realizada junto ao GPAAE e procurou investigar como eram mobilizados, nos encontros de estudo e pesquisa do grupo, os saberes construídos durante a formação inicial ou na prática profissional de professores escolares e acadêmicos e como eram produzidos novos saberes. Baseado teórico-metodologicamente em Hargreaves (1998), M. Bahktin e Eni Orlandi, investigou o processo de (re)significação recíproca de ideias, saberes e práticas em um ambiente de mutualidade, de troca, de partilha e de trabalho colaborativo.

Ferreira (2003) investigou o processo de constituição e consolidação de um grupo de trabalho colaborativo envolvendo quatro professoras de matemática da rede pública de Campinas e duas pesquisadoras – ela e sua orientadora. A pesquisadora tinha como objetivo constituir um grupo de trabalho colaborativo, voltado para o aprofundamento dos saberes profissionais e processos metacognitivos, buscando compreender as contribuições para o desenvolvimento profissional advindas da participação nesse grupo.

Lopes (2003) investigou as contribuições que o estudo, a vivência e a reflexão sobre conceitos de estatística e probabilidade podem trazer para o desenvolvimento profissional e a prática pedagógica das professoras da educação infantil. O grupo, constituído por Lopes com o objetivo de introduzir o ensino da estocástica na educação infantil, acabou por se constituir, ao longo do trabalho, em um grupo colaborativo. Isso permitiu que a autora descrevesse amplamente a dinâmica colaborativa ali instituída.

Os trabalhos aqui analisados evidenciam que os avanços teórico-metodológicos tiveram suporte nas discussões ocorridas no Prapem, subsidiadas pela literatura internacional. Além disso, esses trabalhos ressaltam a importância da aproximação dos professores escolares e acadêmicos no processo de investigação envolvendo formação e/ou desenvolvimento profissional.

Os procedimentos de coleta e análise de dados

Os oito trabalhos analisados utilizaram-se de instrumentos de coleta de dados característicos da abordagem qualitativa. Os principais instrumentos utilizados foram: entrevistas semi-estruturadas[10]; análise documental[11]; gravações em áudio das reuniões do grupo[12]; diários ou notas de campo[13]; análise de relatórios/registros/textos/atividades elaborados pelos professores participantes[14]; registros em vídeo[15]; narrativas e histórias de aula[16]; notas de aulas[17]; questionários[18] e e-mails trocados com professoras norte-americanas que desenvolviam trabalho semelhante[19]. Apenas Ferreira (2003) acompanhou a ação das professoras, assistindo a algumas de suas aulas.

Nos procedimentos de análise, constata-se um movimento de ideias que perpassou as discussões e reflexões teóricas do Prapem, qual seja, a questão da triangulação dos dados. A perspectiva da triangulação se faz presente nos trabalhos de Souza Jr. (2000), Ferreira (2003) e Lopes (2003), para buscar um ordenamento lógico das informações, identificando convergências, com vistas a enriquecer a validade da pesquisa ou a consistência de seus resultados. Ferreira (2003), baseada em S. Mathison, concebe a triangulação como uma

> estratégia que possibilita a comparação entre diferentes caminhos – métodos de coleta de dados (triangulação de metodologias), dados (triangulação de dados), teorias (triangulação de teorias) ou pesquisadores (triangulação de pesquisadores) – com o objetivo de identificar e analisar incoerências, contradições ou pontos comuns, alcançando uma visão mais ampla do objeto de estudo (p .123)

Souza Jr. (2000), a partir da triangulação de suas informações, definiu três eixos para análise: dinâmica do trabalho coletivo, envolvimento dos indivíduos no traba-

---

10 Gonçalves (2000); Nacarato (2000); Souza Jr. (2000); Guérios (2002); Pinto (2002) e Lopes (2003).
11 Gonçalves (2000); Souza Jr. (2000) e Guérios (2002).
12 Nacarato (2000); Souza Jr. (2000); Jiménez (2002); Pinto (2002); Ferreira (2003) e Lopes (2003).
13 Nacarato (2000); Souza Jr (2000); Jiménez (2002); Pinto (2002); Ferreira (2003) e Lopes (2003).
14 Gonçalves (2000); Nacarato (2000); Jiménez (2002); Pinto (2002); Ferreira (2003) e Lopes (2003).
15 Nacarato (2000) e Lopes (2003).
16 Nacarato (2000) – orais; Jiménez (2002) e Pinto (2002) – orais e escritas.
17 Ferreira (2003).
18 Pinto (2002); Ferreira (2003) e Lopes (2003).
19 Pinto (2002).

lho coletivo e processo de produção coletiva de saberes. Ferreira (2003) realizou tanto uma triangulação de métodos de coleta de dados quanto de pesquisadores. Lopes (2003) utilizou a triangulação de entrevistas, registros e relatórios (triangulação de metodologias de coleta de dados), bem como a triangulação de agentes de reflexão e análise (professoras, coordenadoras e pesquisadora).

Tanto Ferreira (2003) quanto Lopes (2003), a partir da triangulação de suas informações, organizaram estudos de caso, diferindo, entretanto, na forma como conceberam suas análises. Enquanto Ferreira (2003) denominou sua forma de análise de interpretativa, Lopes (2003) analisou os estudos de caso referentes às professoras e coordenadoras, utilizando-se de uma forma por ela denominada narrativa argumentativa.

Ambas organizaram seus estudos de caso em categorias. As categorias de Ferreira (2003) correspondem a: saberes profissionais; crenças, concepções e prática pedagógica; e os indícios de mudanças apresentados no processo de cada professora. Na análise do grupo, deteve-se no processo vivido, no histórico, na busca de momentos marcantes e na análise dos elementos considerados facilitadores e "dificultadores" dessas mudanças. As categorias de Lopes (2003) foram: conhecimento matemático e estatístico, domínio do conhecimento profissional no que se refere ao currículo em ação e domínio do conhecimento profissional no que se refere à preparação; condução e avaliação do processo ensino-aprendizagem, considerando o desenvolvimento cognitivo e afetivo das crianças.

Gonçalves (2000), em sua análise, considerou ter realizado uma pesquisa narrativa demonstrativa, cuja análise centrou-se em cinco princípios formalmente estruturados. (1) A prática docente antecipada assistida, para inovação do processo de ensino-aprendizagem-conhecimento, promove desenvolvimento profissional no licenciando, mesmo durante o curso de formação inicial, permitindo o desencadear da constituição do sujeito-professor, com autonomia profissional. (2) Práticas formativas de interação com o outro, por meio de atividades coletivas de discussão e compartilhamento de experiências, contribuem para a constituição quer do sujeito-professor quer do sujeito formador. (3) Situações desafiadoras efetivas constituem experiências profissionais formativas e concorrem para o desenvolvimento diferencial do sujeito-professor-formador como professor reflexivo, singular e autônomo. (4) As Feiras de Ciências revelam ser oportunidades formativas para professores-formadores: proporcionam situações integrativas avaliativas do processo de ensino-aprendizagem-conhecimento-comunidade, com vistas à educação para cidadania. (5) A compreensão do desenvolvimento profissional como processo-produto de múltiplas relações e como manifestação da autonomia profissional se dá na consciência da (trans)formação pessoal e na percepção da incompletude.

A análise desenvolvida por Nacarato (2000) incidiu sobre três categorias: currículo de geometria vivenciado pelas professoras; currículo de geometria apresentado às professoras; e currículo em ação: produzindo sentidos para uma possível geometria escolar.

Guérios (2002) realizou a análise utilizando a técnica de textualização proposta por J. C. Sebe Meihy, pela qual o pesquisador elabora uma composição textual sobre o outro, na voz do outro. Isso só é possível, segundo Fonseca (1997, apud GUÉRIOS, 2002, p. 33), quando se conhece o outro a tal ponto que o escritor o tenha internalizado de modo a poder compor textos que reflitam sua vida. A pesquisadora elaborou textos que refletem as histórias de vida dos professores em seu percurso profissional, utilizando a história oral não com o "caráter reconstrutivo da história de cada um dos professores, mas sim o caráter de interpretação que os sujeitos fazem e que nós fazemos deles" (Ibid. p. 28). Assim, a autora expressou em seus textos as histórias orais de formação profissional das professoras, de forma a apresentá-las em sua totalidade e, ao mesmo tempo, permitir ao leitor as múltiplas interpretações do texto. Para isso, idealizou

> uma matriz, com uma linha imaginária composta de uma base comum a todos, que unisse as vidas historiadas, e de segmentos correspondentes às peculiaridades de cada um, compostas pelas seguintes categorias, invisíveis (questões, indagações) na composição textual: elementos de formação, modalidades didáticas, posição metodológica, similaridades e diferenças, ações concretas. (Ibid. p. 34)

Jiménez (2002), em sua análise, utilizou-se de processos de comunicação e análise de discurso, buscando pontos de convergência ou divergência de relacionamentos e de trabalho do GPAAE. Essa análise foi feita pelo cruzamento de dois tipos de discurso: o dos professores escolares (marcado pelos saberes das práticas e da experiência) e o acadêmico (marcado pela teoria e pela vida acadêmica). A análise do processo de (re)significação foi realizada em três etapas. A primeira iniciou-se com uma leitura cuidadosa das informações, a partir das quais o pesquisador selecionou diários e textos em que apareciam mais nitidamente a partilha, a reflexão, a troca e o cruzamento dos discursos dos professores escolares e acadêmicos. Numa segunda etapa, identificou episódios e instâncias de enunciação ou fragmentos enunciativos que favoreceram a partilha e o cruzamento dos dois tipos de discursos. Finalmente, procedeu à elaboração de quadros com esses dados, procurando mapear assuntos ou temas discutidos e os momentos marcantes da troca e da interação discursiva, como concordância, adesão e persuasão, confronto e conflito. As categorias emergiram do contexto de enunciação dentro de uma esfera específica de comunicação, tendo como eixos de análise o conteúdo temático dos enunciados e o modo como estes são expressos.

Pinto (2002), ao estudar a constituição da subjetividade de seus protagonistas no processo de se tornarem professores escritores, verificou, com base na análise de depoimentos, que, embora o que tivesse mobilizado a escrita de cada um no grupo fossem os múltiplos sentidos que produziam – marcados pela singularidade e pelas circunstâncias particulares de vida –, o modo como o espaço de trabalho colaborativo se constituiu, estimulou e permitiu que cada professor pudesse se tornar escritor. Cabe destacar, nos estudos de Guérios (2002), Pinto (2002), Ferreira (2003) e Lopes (2003), o cuidado ético que as pesquisadoras tiveram em retornar aos sujeitos investigados suas análises e interpretações para que comentassem e aprovassem ou não os textos produzidos para a pesquisa, autorizando ou não sua divulgação.

Os procedimentos de análise das pesquisas aqui referidas revelam uma diversidade metodológica que vai ao encontro das tendências atuais encontradas na literatura nacional e internacional sobre abordagens qualitativas de pesquisa.

As questões investigativas e os diferentes procedimentos metodológicos dos trabalhos analisados levam o GEPFPM a considerar o espaço colaborativo como aquele que promove: o estímulo e a valorização do contar e escrever sobre a prática de cada um; o reconhecimento mútuo da expressão de pensamentos e sentimentos dos professores; a percepção de que esse tipo de produção preenche uma lacuna nas publicações atuais e um sentimento de pertença a um grupo que tem o propósito de refletir sobre a prática, partilhar experiências e produzir textos que as descrevam e analisem.

Relações entre os projetos investigativos e a constituição e dinâmica dos grupos colaborativos

Em relação ao processo de investigação e de trabalho colaborativo das pesquisas analisadas, pudemos observar que todos os estudos buscaram historiar o processo de constituição e desenvolvimento dos grupos. Além disso, constatamos que um pequeno conjunto de estudos investigou grupos que preexistiam ao projeto de pesquisa, tendo desse modo realizado um olhar retrospectivo sobre o processo coletivo de formação já acontecido (GONÇALVES, 2000; GUÉRIOS 2002).

Gonçalves (2000) centrou sua pesquisa no Clube de Ciências – UFPA, constituído para atender a reivindicações, dos alunos da licenciatura, de um espaço no qual pudessem praticar e refletir a docência com alunos do ensino fundamental e médio, bem como atender aos interesses de professores formadores por cursos de educação continuada. A pesquisadora participou, no início do grupo, como professora universitária.

Guérios (2002) realizou sua investigação junto ao Laboratório de Ensino e Aprendizagem de Matemática e Ciências Físicas e Biológicas da UFPR que, de um espaço oficial e tutelado, transformou-se em espaço pedagógico para ações coletivas, constituindo-se como uma instância mediadora e dinamizadora do desenvolvimento profissional.

Outro conjunto maior de pesquisadores desenvolveu suas investigações durante o processo de trabalho colaborativo. Esse conjunto subdivide-se em dois: o primeiro é constituído por estudos em que a existência e as ações do grupo não dependeram dos projetos investigativos (Souza Jr., 2000; Jiménez, 2002; Pinto, 2002); o segundo é constituído por projetos investigativos que tinham forte influência na constituição e nas ações dos grupos colaborativos (Nacarato, 2000; Ferreira, 2003; Lopes, 2003), de tal forma que a existência desses grupos dependia substancialmente dos projetos investigativos.

Quanto aos grupos já constituídos e que se tornaram objeto de investigação, observamos que Souza Jr. (2000) trabalhou com um grupo aberto e heterogêneo. Destacam-se três momentos quanto ao processo da relação do pesquisador com o grupo. Inicialmente, ele era um simples observador (tímido, passivo); mas, ao final de quase um ano de observação, passou a assumir um papel de participante mais ativo, embora seus interesses não fossem os mesmos: de fato, enquanto o grupo buscava o aperfeiçoamento da prática do ensino de cálculo, o pesquisador queria compreender o movimento do grupo. Na parte final do estudo de campo, entretanto, o pesquisador passou a assumir o papel de agente externo que colabora com o grupo para que este alcance seu objetivo, tendo contribuído, assim, para o desenvolvimento de um ambiente de trabalho marcado pela negociação e pela reflexão sistemática e coletiva sobre a prática de ensino de cálculo.

Pinto (2002) vinha em um processo de inquietação sobre a relação pesquisador/professor desde sua pesquisa de mestrado e, na tentativa de romper com o paradigma da racionalidade técnica no processo de formação de professores, decidiu trabalhar de modo colaborativo com professores do GPAAE, recém-criado. Jiménez (2002), integrando-se ao grupo, posteriormente, investigou os reflexos do trabalho colaborativo no desenvolvimento profissional dos professores de matemática. Essa forma de investigação foi favorecida pela relação horizontal (igualitária) existente entre pesquisador e o GPAAE.

Quanto aos grupos constituídos pelos próprios pesquisadores, Nacarato (2000) e Lopes (2003) tinham o conhecimento de que os conteúdos específicos (geometria, estatística e probabilidade) não faziam parte da prática pedagógica das professoras envolvidas na pesquisa, ou se faziam, era de forma bastante tímida e limitada. Nesse sentido, os grupos foram constituídos com o objetivo de promover o estudo e reflexões sobre tais conteúdos.

Ferreira (2003), no início das ações do grupo por ela constituído, propunha atividades criadas por ela e sua orientadora e, paralelamente, proporcionava momentos em que as professoras pudessem relembrar suas formações. Houve também acompanhamento de aulas, seguido de momentos de reflexão e trocas de ideias. No desenrolar dos trabalhos do grupo, as ações passaram a ser partilhadas e negociadas, incluindo a contribuição das próprias professoras com atividades e leituras que partiam de suas necessidades.

Neste estudo evidencia-se o papel fundamental do pesquisador nas modalidades de investigação que privilegiam grupos de trabalho coletivo. O envolvimento do pesquisador com os professores permite a constituição de um grupo de produtores de saberes e pesquisadores da própria prática.

A análise dessas oito pesquisas aponta, de um lado, a existência de uma singularidade em cada um dos trabalhos. Cada pesquisador, a partir do próprio contexto de sua investigação, buscou os procedimentos metodológicos mais pertinentes a seu objeto de estudo. Por outro lado, essa singularidade foi marcada pelas discussões teóricas sobre metodologia de pesquisa presentes no Prapem[20]. A necessidade de se construir uma metodologia de pesquisa sobre formação de professores motivou a criação do subgrupo GEPFPM

Dos sete grupos investigados pelos oito estudos, apenas os constituídos por Nacarato (2000) e Ferreira (2003) não tiveram continuidade após a conclusão das pesquisas.

As concepções de formação e de desenvolvimento profissional presentes nas pesquisas

Em relação aos sentidos ou conceitos de **desenvolvimento profissional** e de **formação continuada** presentes nessas pesquisas, cabe destacar, inicialmente, o estudo de Nacarato (2000) que, tomando por base Marin (1995), tenta desconstruir o conceito de formação continuada, muito em voga nas décadas anteriores, que

---

20 Dada a impossibilidade de citarmos todos os autores discutidos no Prapem, sugerimos a consulta às teses aqui analisadas.

assumia denominações como: reciclagem, treinamento, atualização, aperfeiçoamento e capacitação de professores, e adota o termo **educação continuada** com a mesma conotação de formação contínua.

Guérios (2002), por sua vez, buscou apoio em vários autores nacionais e internacionais[21], sobretudo em Larrosa (1999) – que explora a ideia de formação aliada à noção de experiência autêntica – , para conceber o termo **formação** como "sendo o movimento contínuo de elaboração interior que ocorre no âmago da experiencialidade de cada ser humano em sua interação com o mundo, com os programas oficiais, com os conhecimentos institucionalizados e com outros sujeitos" (GUÉRIOS, 2002, p. 17). E, relacionado a esse conceito, concebeu o **desenvolvimento profissional** como sendo

> o de um movimento interior protagonizado pelo professor, em sua experiencialidade no trabalho cotidiano, o qual resulta de um processo contínuo de busca permanente de aperfeiçoamento pessoal e profissional e de renovação de seu fazer pedagógico. Ou seja, é um movimento, que se dá em um *continuum*, em que não há rupturas e nem recomeço. (p. 17)

Associada a essa concepção de formação e ainda apoiada em Larrosa, Guérios (2002) iria descobrir, a partir da interpretação das trajetórias de seus protagonistas, os **espaços intersticiais**, que se caracterizam como os "do livre pensar, da ação de rotas inovadoras, da ousadia..." (p. 175). Espaços esses que emergiram dos meandros dos espaços oficiais do grupo constituído pelo laboratório da UFPR e que foram fundamentais para o processo de constituição de cada um dos professores.

Jiménez (2002), com base em Marcelo Garcia, utiliza a expressão **educação contínua** para contemplar tanto a formação inicial quanto a continuada. Ao concebê-la como "um processo contínuo e inconcluso, sendo constantemente (re)significado mediante processos e encontros educativos" (p. 43), buscou romper com a dicotomia entre formação inicial e continuada e também com o conceito de "forma-ação" típico da racionalidade técnica, que visa enquadrar ou moldar os professores em uma "fôrma" idealizada pelos especialistas. Desse modo, embora utilize uma denominação diferente, sua concepção é muito próxima da concepção de formação de Guérios.

Ferreira (2003) e Lopes (2003) também tomam como fundamental o conceito de **desenvolvimento profissional** e o vinculam, com base em vários autores, à **formação** de professores para a mudança curricular a partir do ambiente em que

---

21 Ângulo (1990), D· Ambrósio (1996 ,1997 ,1997 ,2001), Fiorentini (1995), Gauthier (1998), Imbernón (1994, 2000), Marcelo (1995, 1999), Llinares (1996, 1999); Ponte (1992, 1996, 1998), Schön (1992, 2000) e Tardif (2000).

atuam, pois partem do pressuposto de que "o conhecimento profissional dos professores resulta da interação teoria e prática, é pessoal e manifesta-se especialmente na ação" (LOPES, 2003, p. 230); e que desenvolver-se profissionalmente, segundo Ferreira (2003, p. 36), é

> [...] aprender e caminhar para a mudança, ou seja, ampliar, aprofundar e/ou reconstruir os próprios saberes e prática e desenvolver formas de pensar e agir coerentes. Dessa forma, os conceitos de aprendizagem, mudança e desenvolvimento profissional se encontram entrelaçados.

O desenvolvimento profissional do professor, portanto, acontece ao longo de sua experiência pessoal e profissional com o ensino "e é influenciado por crenças e valores desenvolvidos durante a história de vida" (FERREIRA, 2003, p. 34).

Com base em Ponte (1998), Lopes (2003) conceitua **desenvolvimento profissional** como um processo que "acontece em um contínuo movimento de dentro para fora e tende a considerar a teoria e a prática de forma interligada, não privilegiando uma em detrimento da outra"(p. 31) e se processa de diferentes maneiras, sobretudo por meio de leituras, participação em cursos e reflexões, combinando aspectos formais e informais.

Embora utilizando denominações diferentes, os pesquisadores trazem subjacente uma concepção de formação continuada como um *continuum*.

Trabalho colaborativo e pesquisa colaborativa na formação docente: conceitos emergentes nos trabalhos investigados

Um dos autores mais estudados pelo GEPFPM, no que diz respeito ao conceito de colaboração, e que foi citado por três dos estudos sob análise (Jiménez, 2002; Ferreira, 2003; Lopes, 2003) é o do educador anglo-canadense Andy Hargreaves. Para introduzir a discussão dessa problemática, Hargreaves (1998) começa fazendo uma distinção entre quatro formas gerais de cultura docente: o individualismo; a colaboração; a colegialidade artificial; e a balcanização.

O trabalho individual, nesse contexto, tem sido visto como uma heresia; algo que deve ser reprimido a todo custo. Esse autor questiona esse entendimento, pois, segundo ele, a cultura colaborativa pode ser altamente positiva, mas, dependendo da forma como é concebida e realizada, "pode encerrar grandes perigos, podendo ser perdulária, nociva e improdutiva para professores e alunos" (HARGREAVES, 1998, p. 279).

Para desconstruir esse segundo sentido de cultura colaborativa, Hargreaves (1998) desenvolve os conceitos de *colegialidade artificial* (colaboração não espontânea nem voluntária, mas compulsória, regulada administrativamente e orientada para objetivos estabelecidos em instâncias de poder, sendo previsível e fixa no tempo e espaço) e de *balcanização*[22] (colaboração que divide). Essas formas de cultura colaborativa podem provocar: a formação de grupos isolados que sejam mais confortáveis, cômodos e complacentes; o conformismo em algumas pessoas, deixando de produzir individualmente e de buscar caminhos próprios; a formação de colegiados burocráticos, improdutivos e controlados administrativamente, podendo configurar-se como artifício administrativo e político (cooptativo) de defesa de interesses ou princípios particulares.

O sentido de trabalho colaborativo defendido por Hargreaves e compartilhado por pelo menos três pesquisadores, que o constataram presente nos grupos investigados, é aquele que:

- promove relações voluntárias e espontâneas e evolui a partir da própria comunidade docente (JIMÉNEZ, 2002);
- surge como uma resposta a um sistema de demandas intensas e incorpora à cultura profissional elementos como apoio moral, aumento de eficiência e eficácia, diminuição da sobrecarga de trabalho, aumento da capacidade de reflexão, entre outros (FERREIRA, 2003);
- abarca o trabalho em conjunto, a observação mútua e a pesquisa reflexiva focalizada, de forma que expanda criticamente a prática, procurando melhores alternativas, na busca contínua de aperfeiçoamento (FERREIRA, 2003);
- envolve práticas que não são cômodas nem complacentes, podendo introduzir força e confiança coletiva em comunidades de professores que interajam de forma conhecedora e assertiva com as propostas de mudança, selecionando o que irão adotar (FERREIRA, 2003);
- possibilita aos professores compartilhar ideias, valores, compreensões (LOPES, 2003, p. 45);
- oportuniza a aprendizagem mútua e promove, diante das mudanças e demandas sociais, aperfeiçoamento contínuo (JIMÉNEZ, 2002).

Esse sentido de colaboração aproxima-se daquele apresentado e descrito por Johnston e Kirschner (1996, apud FERREIRA, 2003, p 82):

> A colaboração não pode ser imposta, ela deve ser construída. Ela é construída dentro de relacionamentos nos quais os indivíduos sentem vontade de

---

22 Uma cultura balcanizada caracteriza-se pela divisão do corpo docente em pequenos subgrupos que pouco trocam e pouco interagem entre si.

> compartilhar suas diferenças e, ao contrário das formas típicas de autoridade atribuídas aos papéis e relacionamentos institucionais, busca por formas mais inclusivas de envolver múltiplas perspectivas e fala através das questões da confiança, *mutualidade* e equidade. Estabelecer relacionamentos leva tempo. Os projetos podem parecer ineficientes e sem foco, especialmente no começo, porque os aspectos relacionais devem ser considerados, bem como as metas e procedimentos do projeto.

Ferreira (2003) buscou também apoio teórico em Hall e Oldroyd para caracterizar trabalho coletivo e colaborativo. Esses autores desenvolvem uma tipologia de formas de trabalho coletivo, apresentando um *continuum* que vai do conflito à colaboração, passando por fases intermediárias de competição, coordenação e cooperação. Consideram estas três últimas formas ideais de trabalho colaborativo.

A coordenação, segundo os autores, seria a relação entre alguns que mandam e outros que obedecem, sendo que os últimos nem sempre têm em mente as metas como um todo, executando apenas parte das tarefas. Na cooperação, as pessoas cooperam umas com as outras, estando envolvidas em executar tarefas e realizar ações de seu interesse, mas sem que tenham autonomia e poder de decisão sobre elas. A colaboração, por sua vez, envolve maior reciprocidade e equidade e a tomada de decisão é conjunta, envolvendo parceria voluntária e estabelecimento de metas comuns.

Podemos depreender dessa conceituação que todo trabalho colaborativo é também um trabalho coletivo, mas nem todo trabalho coletivo constitui-se em um trabalho colaborativo. É interessante notar que Guérios (2002) diferencia-se dos outros cinco estudos relacionados para análise, por referir-se ao Laboratório da UFPR ora como espaço de trabalho colaborativo, ora como espaço de vivência coletiva entre professores formadores, professores do ensino fundamental e médio e alunos da licenciatura. Embora não justifique teoricamente por que chama assim esse espaço, caracteriza-o, com base em Larrosa (1999), como espaço intersticial – marcado por trocas intersubjetivas e pela busca de sentido sobre o que somos e fazemos – que favoreceu a emergência de processos de formação e de desenvolvimento profissional.

Pinto (2002), a partir de sua pesquisa, sintetiza o sentido de colaboração que encontrou no GPAAE como "um trabalhar junto (co-laborar), no sentido de que, ao ajudar você, também me ajudo, colaboro comigo mesma. Nossas vozes são enunciadas do lugar que cada um ocupa, mas todos trabalhamos juntos, somos ajudados, ajudamo-nos e ajudamos os outros" (p. 175).

Gonçalves (2000) e Souza Jr. (2000), em vez de utilizarem o termo grupo ou trabalho colaborativo, preferem apenas qualificar a natureza do trabalho desenvolvido pelos grupos como "coletivo". Gonçalves (2000) considera que a existência de grupos coletivos de estudo é fundamental para "o crescimento profissional, porque há uma força de grupo que impulsiona cada sujeito para um desenvolvimento pessoal e grupal. A união dos sujeitos em torno de objetivos comuns é vital para o avanço do grupo como um todo" (p. 261).

Souza Jr. (2000) denomina o grupo que investigou como grupo de trabalho coletivo, diferenciando-o de uma equipe de trabalho. Embora não discuta teoricamente o conceito de trabalho coletivo, a forma como o caracteriza se aproxima bastante do sentido de trabalho colaborativo, anteriormente conceituado. Como síntese final, conceitua, a partir do estudo realizado, o que entende por trabalho coletivo:

> [...] É um espaço privilegiado para o processo de reflexão dos professores, o diálogo entre eles é fundamental para a criação e consolidação de seus saberes profissionais e serve também para romper muitas vezes o isolamento existente entre eles. Pensamos que o trabalho coletivo possibilita a criação ou consolidação de um espaço de busca de autonomia e de emancipação coletiva dos professores. (p. 287)

É interessante notar que Souza Jr. (2000, p. 293), apoiando-se em Elliot, conclui que o grupo investigado se caracterizou como um grupo de pesquisa-ação, porque promoveu uma prática educativa reflexiva.

O estudo de Nacarato (2000) é o único a não fazer referência a trabalho coletivo ou colaborativo. Refere-se ao grupo que investigou como "grupo de estudos", cuja dinâmica de aprendizagem foi conceituada pela autora como pesquisa-ação. Como vimos no início deste artigo, a pesquisa-ação era a perspectiva dominante dos estudos teóricos do grupo Prapem no final dos anos 90. Essa é a razão pela qual esses dois estudos fazem referência a esse termo para referir-se a um processo de trabalho colaborativo entre acadêmicos (professores universitários, doutorandos, mestrandos) e professores escolares que visa, tendo por base a reflexão conjunta, a melhoria da prática do professor.

Outro conceito presente na literatura e que diz respeito às práticas colaborativas é o de comunidade de prática (LAVE & WENGER, apud FERREIRA, 2003).

As comunidades de prática, vistas sob uma perspectiva sociocultural, constituem-se, segundo Ferreira, em grupos que se formam voluntariamente para alcançar uma meta comum. Envolvem engajamento de ações e negociação de significados. O grupo só avança quando todos os membros se mostram envolvidos e compromissados entre si (p. 90-1). Nessa perspectiva, os princípios são: a aprendizagem, inerente à natureza humana, é fundamentalmente social e experimental; aprender é, antes de tudo, negociar novos significados e transformar nossa identidade; aprender é uma questão de engajamento, energia social e poder, imaginação, alinhamento e envolve lidar com limites; a aprendizagem constitui trajetórias de participação, envolvendo tanto o local quanto o global.

A partir dessa perspectiva teórica, Ferreira (2003) construiu uma concepção de grupo de trabalho colaborativo (muito próxima da, de comunidades de prática) como aquele em que: a participação é voluntária e todos os envolvidos desejam crescer profissionalmente; a confiança e o respeito mútuo fundamentam todo o trabalho; os participantes trabalham juntos (co-laboram) por um objetivo comum, construindo e compartilhando significados acerca do que estão fazendo e do que isso significa para suas vidas e para sua prática; os participantes se sentem à vontade para se expressar livremente e estão dispostos a ouvir críticas e a mudar; não existe uma verdade ou orientação única para as atividades. Cada participante pode ter diferentes interesses e pontos de vista, aportando distintas contribuições, ou seja, existirão diferentes níveis de participação.

Em relação ao termo pesquisa colaborativa, Ferreira (2003) é a única a fazer referência a essa modalidade de investigação e a concebeu como aquela em que "todo o processo de pesquisa – definição da pergunta, escolha da metodologia, coleta e análise de dados, bem como a construção da base teórica – seria decidida e compartilhada pelos envolvidos" (p. 111). Como esse não foi seu caso, a autora reconheceu que sua pesquisa não é colaborativa, pois se limitou a tomar como objeto de investigação um processo de trabalho colaborativo.

Nesse sentido, Fiorentini (2002, p. 107) complementa:

> Uma tese acadêmica nunca poderá ser considerada uma pesquisa colaborativa, pois a autoria e o processo de escrita – e, portanto, de análise, segundo argumento de Artrichter et al. (1996)[23] é reservado a uma única pessoa. O máximo que podemos conseguir, neste caso, é desenvolver um projeto investigativo sobre um determinado trabalho colaborativo. Ou seja, investigação colaborativa [...] implica parceria e trabalho conjunto – isto é, um processo efetivo de co-laboração e não apenas de co-operação, ao longo de todo o processo investigativo, passando por todas as suas fases, as quais vão desde a concepção, planejamento, desenvolvimento e análise

23 Segundo esses autores, "escrever não é apenas comunicar resultados definitivos de uma análise, mas escrever é em si uma forma de análise. É uma continuação do processo de análise sob uma restrição mais severa, porque precisamos dar contorno e forma aos nossos pensamentos interiores. [...] Estas grandes dificuldades são um indício de que escrever significa aprofundar nossa perspectiva e nossa reflexão" (p. 192)

> do estudo, chegando inclusive a co-participar do processo de escrita do relatório final.

Gonçalves (2000), entretanto, afirmou ter utilizado como metodologia de investigação a investigação narrativa, cuja concepção, segundo Clandinin e Connelly (2000), muito se aproxima do conceito de pesquisa colaborativa. Embora Gonçalves (2000) utilize a forma narrativa para relatar sua investigação, hoje, mais de três anos após a conclusão daquele trabalho, podemos colocar em dúvida se sua pesquisa foi realmente uma investigação narrativa. Clandinin e Connelly (2000) publicariam nos Estados Unidos, no mesmo ano da defesa de tese de Gonçalves, um livro que iria esclarecer melhor o conceito de investigação narrativa cunhado por eles, que tem relação com a colaboração (experiência compartilhada) entre o investigador e os participantes no processo de pesquisa.

Contribuições dos estudos para o desenvolvimento de novas pesquisas e/ou programas de formação continuada de professores

Os estudos aqui analisados foram unânimes em destacar, como altamente relevantes à formação e ao desenvolvimento profissional dos professores, os momentos de reflexão coletiva dos grupos, quando tinham como objeto de análise a própria prática dos professores suportada por registros escritos do que acontecia nas aulas de matemática. Essa reflexão compartilhada permitia articular teoria e prática e confrontar diferentes olhares e interpretações oriundos de sujeitos de diferentes lugares (formadores da universidade, professores escolares, futuros professores, estudantes). Os resultados disso parecem mostrar que os professores: (1) tornaram-se mais críticos e reflexivos sobre seu próprio trabalho, sobre os alunos e sobre si mesmos; (2) (re)significaram, assim, sua prática e seus saberes conceituais, didático-pedagógicos e curriculares em matemática; (3) transformaram sua prática docente de maneira autônoma e consciente, produzindo, com a mediação do grupo, seu próprio material de ensino; (4) passaram (alguns) a sistematizar e investigar suas práticas, tornando-se sujeitos produtores de conhecimento; (5) desenvolveram sua identidade profissional, percebendo-se membros de uma comunidade mais ampla de educadores.

Esses estudos, entretanto, apresentam indícios de que o sucesso do trabalho colaborativo, principalmente da reflexão compartilhada, depende de algumas condições de funcionamento dos grupos e da constituição de um ambiente de diálogo aberto, de confiança, respeito, afeto e apoio mútuos e de ações coordenadas, planejadas e negociadas coletivamente. Esse ambiente em geral ocorre após um tempo relativamente longo de convivência e depende da produção de uma sinergia no grupo, a qual mobiliza simultaneamente as perspectivas pessoais e coletivas dos participantes, coordenando-as em função de um objetivo comum, ou seja, forma-se um ambiente marcado pelas interações com o outro e pelas trocas intersubjetivas de experiências, olhares e saberes. Essas condições, entretanto, nem sempre ocorreram em todos os encontros, tendo havido momentos de tensão e conflitos internos ou de constrangimentos institucionais externos, como mostraram, em parte, os estudos de Nacarato (2000) e Jiménez (2002).

A existência de trabalhos exclusivamente de doutorado evidencia que pesquisas que envolvem grupos colaborativos demandam tempo e exigem do pesquisador o desafio de trabalhar com uma quantidade volumosa de informações, obtidas por diferentes instrumentos, assim como o confronto delas sob diferentes interpretações. Essa diversidade de documentação passa a exigir novos recursos metodológicos de análise, como evidenciado nos últimos trabalhos produzidos no Prapem, que se valeram do recurso da triangulação tanto na coleta como no tratamento dos dados.

Os trabalhos aqui analisados refletem o movimento de estudos e reflexões que vêm ocorrendo no Prapem desde a sua constituição em 1995. Esse espaço vem contribuindo para a formação de novos pesquisadores que não apenas se apropriam das contribuições teórico-metodológicas das pesquisas já produzidas, como avançam nesse sentido. Isso é decorrente da dinâmica de trabalho coletivo e de apoio mútuo existente no seio do grupo – caracterizada pela apresentação e discussão, em diferentes momentos, das pesquisas em andamento – e que traz contribuições não apenas para a formação docente, mas também para a formação do pesquisador.

Referências bibliográficas

ALTRICHTER, H.; POSCH, P. e SOMEKH, B. *Teachers investigate their work*: an introduction to the methods of action research. London and New York, Outledge, 1996.

BOAVIDA, A. M. e PONTE, J. P. Investigação colaborativa: potencialidades e problemas. In GTI (ed.). *Reflectir e investigar sobre a prática profissional.* Lisboa: APM, 2002, p. 43-55.

CARR, W. E. e KEMMIS, S. *Teoria crítica de la enseñanza*: la investigación-acción en la formación del profesorado. Barcelona: Martínez Roca, 1988.

CLANDININ, J. e CONNELLY, M. *Narrative inquiry*: experience and story in *qualitative research.* San Francisco: Jossey-Bass Publishers, 2000.

FERREIRA, Ana Cristina. *Metacognição e desenvolvimento profissional de professores de matemática*: uma experiência de trabalho colaborativo. Tese de doutorado em Educação: Educação Matemática. Orientadora: Maria Ângela Miorim.Campinas, SP: FE/ Unicamp, 2003. 367p.

FIORENTINI, D.; NACARATO, A. M.; FERREIRA, A. C.; LOPES, C. S.; FREITAS, M. T. M e MISKULIN, R. G. S. Formação de professores que ensinam Matemática: um balanço de 25 anos da pesquisa brasileira. In: *Educação em Revista* – Dossiê: Educação Matemática. Belo Horizonte: UFMG, nº 36, 2002, p.137-60.

FIORENTINI D.; FREITAS, M. T M; MISKULIN, R. G. S.; NACARATO, A. M.; DANTAS, E.; GRANDO, R. C., MEGIO, M. A. B. e MELO, M. V. Brazilian research on colaborative groups of mathematics teachers. International Congress On Mathematics Education. Copenhagen, Dinamarca. http://www.icme-orgamosers.dk/ tsg23/tesg23_abstracts/ rTSG23025Fiorentini. 08 páginas. 06-10/julho/2004.

FIORENTINI, D. Recensão sobre o livro "Reflectir e investigar sobre a prática profissional". In: *Quadrante*. Lisboa, APM, v. XI, nº 2, 2002, p. 99-107.

FIORENTINI, D. Pesquisar práticas colaborativas ou pesquisar colaborativamente? In M. C. Borba e J. L. Araújo (org.). *Pesquisa qualitativa em educação matemática*. Belo Horizonte: Autêntica, 2004, p. 47-76.

GERALDI, C. M. G.; FIORENTINI, D. e PEREIRA, E. M.(org.). *Cartografias do trabalho docente*: professor(a)-pesquisador(a). Campinas: ALB e Mercado de Letras, 1998.

GONÇALVES, Terezinha Valim Oliver. *Ensino de ciências e matemática*: marcas da diferença. Tese de doutorado em Educação: Educação Matemática, Orientadora: Rosália Maria Ribeiro de Aragão. Campinas, SP: FE/Unicamp, 2000. 275p.

GREENWOOD, D. J. e LEVIN, M. Reconstructing the relationships between universities and society through action research. In N. K.Denzin & Y. S. Lincoln (eds.). *Handbook for qualitative research*. 2. ed. Thousand Oaks, Ca.: Sage, 2000, p. 85-106.

GRUPO DE TRABALHO DE INVESTIGAÇÃO (org.). *Reflectir e Investigar sobre a prática profissional*. Lisboa: APM, 2002.

GUÉRIOS, Ettiène Cordeiro. *Espaços oficiais e intersticiais da formação docente*: histórias de um grupo de professores na área de ciências e matemática. Tese de doutorado em Educação: Educação Matemática. Orientador: Dario Fiorentini.Campinas, SP: FE/Unicamp, 2002. 217p.

HARGREAVES, A. *Os professores em tempo de mudança*: o trabalho e a cultura dos professores na idade pós-moderna. Portugal: MacGraw-Hill, 1998.

HARGREAVES, A. Teaching as a paradoxical profession. In: *ICET – 46th World Assembly*: Teacher Education (CD-ROM), Santiago, Chile, 2001, 22p.

JIMÉNEZ ESPINOSA, Alfonso. *Quando professores de matemática da escola e da universidade se encontram*: re-significação e reciprocidade de saberes. Tese de doutorado em Educação: Educação Matemática. Orientador: Dario Fiorentini. Campinas, SP: FE/UNICAMP, 2002. 237P.

LARRAÍN, V. e HERNÁNDEZ, F. O desafio do trabalho multidisciplinar na construção de significados compartilhados. *Pátio*, 2003, a. 7, nº 26, p. 45-7.

LARROSA, J. *La experiencia de la lectura – estudios sobre literatura e formación*. Barcelona: Alertes, 1998.

LOPES, Celi Espasandin. *O conhecimento profissional dos professores e suas relações com estatística e probabilidade na educação infantil*. Tese de Doutorado em Educação: Educação Matemática. Orientadora: Anna Regina Lanner de Moura. Campinas, SP: FE/Unicamp, 2003.281p.

NACARATO, Adair Mendes. *A educação continuada sob a perspectiva da pesquisa-ação: currículo em ação de um grupo de professores ao aprender ensinando geometria.* Tese de doutorado em Educação: Educação Matemática. Orientador: Dario Fiorentini. Campinas, SP: FE/Unicamp, 2000. 323p.

OLSON, M. Collaboration: an epistemological shift. In: H. Christiansen, GOULET, L. C. Krents e Macers. (eds.). *Recreating relationships*: Collaboration and educational reform. New York, NY: State University of New York Press, 1997, p. 13-25.

PINTO, Renata Anastácio. *Quando professores de matemática tornam-se produtores de textos escritos*. Tese de doutorado em Educação: Educação Matemática. Orientador: Dario Fiorentini. Campinas, SP:FE/Unicamp, 2002. 246p.

SCHIFTER, D. *What's happening in math class? Envisioning new practices through teacher narratives*. V. 1. Teachers College, Columbia University, New York and London, 1996.

SOUZA JUNIOR, Arlindo José de. *Trabalho coletivo na universidade*: trajetória de um grupo no processo de ensinar e aprender cálculo diferencial e integral. Tese de doutorado em Educação: Educação Matemática. Orientador: João Frederico da Costa Azevedo Meyer. Campinas, SP: FE/Unicamp, 2000.

SOBRE OS AUTORES

Adair Mendes Nacarato
Graduada em Matemática, mestre em Educação e doutora em Educação: Educação Matemática, pela Faculdade de Educação/Unicamp,. Atua como docente do Programa de Pós-Graduação *Stricto Sensu* em Educação e dos cursos de Matemática e Pedagogia da Universidade São Francisco; membro do Grupo de Estudos e Pesquisas sobre Formação de Professores (GEPFPM/FE/Unicamp) e coordenadora do GT7 da SBEM: Formação de professores. (adamn@terra.com.br)

Alfonso Jiménez Espinosa
Docente da Universidad Pedagógica y Tecnológica de Colombia (Tunja). Licenciado em Matemática e Física pela mesma universidade (UPTC). Especialista em Matemática Avançada pela Universidad Nacional de Colombia (Bogotá) onde também realizou estudos de Mestrado em Ciências Matemáticas. Mestre em Educação pela Universidad Pedagógica Nacional de Bogotá e Doutor em Educação: Educação Matemática, pela Unicamp, Brasil. Publicou vários artigos, livros e capítulos de livro sobre Educação Matemática e Formação de Professores. (ajimenezes@hotmail.com)

Beatriz S. D'Ambrosio
Licenciada em Matemática pela Unicamp e Doutora em Educação Matemática (1987) pela Indiana University, EUA. Após quinze anos atuando na formação de professores, lecionando metodologia do ensino da matemática, acaba de mudar-se para Miami University, em Oxford, Ohio, EUA, onde atuará no Departamento de Matemática e Estatística (dambrobs@muohio.edu).

Cármen Lúcia Brancaglion Passos
Doutora em Educação: Educação Matemática pela Unicamp. Como docente do Departamento de Metodologia de Ensino e do Programa de Pós-Graduação em Educação: Metodologia de Ensino, da UFSCar, desenvolve atividades de ensino, pesquisa e extensão nas áreas de Educação Matemática e Formação de Professores, membro do GEPFPM. (carmenpassos@mpc.com.br)

Celi Aparecida Espasandin Lopes
Graduada em Matemática e Pedagogia, com aperfeiçoamento em Matemática Pura e especialização em Modelagem Matemática no Meio Ambiente, mestre e doutora

em Educação pela FE/Unicamp, Profa. Titular do Programa de Mestrado em Ensino de Ciências e Matemática da UNICSUL/SP e profa. colaboradora voluntária do LEM/Imecc/Unicamp. (celilopes@uol.com.br)

Dario Fiorentini
Licenciado em Matemática (UPF-RS), Mestre em Matemática (Imecc-Unicamp) e Doutor em Educação (FE/Unicamp). Foi professor do Ensino Básico e, atualmente, é docente-pesquisador da FE/Unicamp, atuando na formação inicial e continuada de professores e no Programa de Pós-Graduação em Educação na Área e Linha de Pesquisa: Educação Matemática – formação de professores e saberes docentes. É coordenador de dos grupos de pesquisa Prapem, GEPFPM e GdS. (dariof@unicamp.br)

Eleonora Dantas Brum
Socióloga, educadora, especialista em psicopedagogia, mestranda do Programa de Pós-Graduação *Stricto Sensu* em Educação da Universidade São Francisco, na linha de pesquisa: Matemática, Cultura e Práticas Pedagógicas. Atualmente, estuda as práticas discursivas de crianças do ensino fundamental nas aulas de matemática. Membro do GEPFPM/Prapem. (eleonoradantas@uol.com.br)

Ettiène Guérios
Licenciada em Matemática e Pedagogia pela UFPR e Doutora em Educação Matemática pela Unicamp. Docente da UFPR – Depto. de Teoria e Prática de Ensino e Programa de Pós Graduação em Educação (Linha de Pesquisa: Educação Matemática). Coordenadora do Laboratório de Ensino e Aprendizagem de Matemática e Ciências Físicas e Biológicas (UFPR). Coordenadora adjunta e pedagógica do Centro Interdisciplinar de Formação Continuada de Professores da Educação Básica da Rede Nacional de Formação Continuada (MEC). (ettiene.guerios@avalon.sul.com.br)

Franceli Fernandes de Freitas
Licenciada em Matemática pela UNESP (Rio Claro, 1989) e Mestre em Educação Matemática pela FE-Unicamp (1997) com a dissertação intitulada "A formação de professoras da Ilha de Maré-Ba". Atualmente é professora de Ensino Fundamental e Médio da rede municipal de Paulínia (SP). (francelifreitas@yahoo.com.br)

Gilberto Francisco Alves de Melo
Mestre e Doutor em Educação Matemática pela FE/Unicamp. Professor e pesquisador do Colégio de Aplicação – Universidade Federal do Acre. Atua no Ensino Fundamental, Médio e Superior (Graduação e Pós-Graduação). Possui diversos trabalhos publicados no Brasil e Exterior. Suas áreas interesse são a Formação de Professores, Saberes Docentes e Desenvolvimento Curricular. (gfam@ufac.br)

Luciana Parente Rocha

Licenciada em Matemática pela Universidade Federal de Goiás (1996) e Mestre em Educação Matemática pela FE-Unicamp (2005) na área de Formação de Professores. Lecionou por três anos no Curso de Licenciatura em Matemática em um dos Campi da UFG. Atualmente trabalha com formação continuada de professores de Matemática num projeto em parceria entre a SEE -GO e Fundação Roberto Marinho. (luciana_p@hotmail.com)

Marcelo Almeida Bairral

Licenciado e Especialista em Matemática (UFF), Mestre em Educação Matemática (USU) e Doutor em Educação Matemática (Universidade de Barcelona). É, atualmente, professor da Universidade Federal Rural do Rio de Janeiro. Fundador e coordenador do Grupo de Estudos e Pesquisas das TICs em Educação Matemática (GEPETICEM). (mbairral@ufrrj.br)

Maria Auxiliadora Bueno Andrade Megid

Licenciada em Matemática pela PUC-Campinas, Mestre em Educação Matemática pela FE-Unicamp e, atualmente, é doutoranda da FE/Unicamp. É professora das Faculdades Network (Nova Odessa-SP), da UNIP-Campinas e do Colégio Dom Barreto (Campinas-SP). (dmegid@hotmail.com)

Maria Teresa Menezes Freitas

Docente da Faculdade de Matemática da UFU, sendo especialista em Matemática Superior (UFU/UFMG) e Mestre em Educação (UFU). Foi, durante dez anos, coordenadora do Laboratório de Ensino de Matemática da UFU participando de vários programas de extensão voltados para o desenvolvimento profissional do professor de Matemática. Atualmente é doutoranda em Educação Matemática na FE/Unicamp e membro dos grupos de pesquisa PRAPEM e GEPFPM. (mtmf@unicamp.br)

Marisol Vieira Melo

Licenciada em Matemática pela Universidade de Passo Fundo (UPF-RS). Atualmente é mestranda em Educação Matemática na FE/Unicamp. O tema de sua pesquisa retrata a produção acadêmica em Educação Matemática da Unicamp, focalizando, sobretudo, a Formação de Professores de Matemática. E é membro do grupo de pesquisa Prapem/GEPFPM da FE/Unicamp. (marisolm@unicamp.br)

Regina Célia Grando

Licenciada em Matemática pelo IMECC/Unicamp; mestre e doutora em Educação, pela FE/Unicamp. Atualmente é docente do Programa de Pós-Graduação Stricto Sensu em Educação da Universidade São Francisco e membro do grupo de pesquisa Prapem/GEPFPM e atua nos cursos de Pedagogia e Licenciatura em

Matemática. Realiza pesquisas na área de formação de professores e de jogos em Matemática. (regina.grando@saofrancisco.edu.br)

Rosana Giaretta Sguerra Miskulin
Graduação: Matemática/IGCE/UNESP/Rio Claro. Mestrado: Faculdade de Educação/FE/Unicamp. Doutorado: FE/Unicamp/Educação Matemática. Pós-Doutorado: FE/Unicamp (Bolsista FAPESP). Visiting Research Scholar in Education – College of Education – UNM/Albuquerque/EUA. Atualmente é docente do Departamento de Matemática da UNESP-RC e é membro dos grupos de pesquisa Prapem/GEPFPM. (rosanamiskulin@terra.com.br)

Tadeu Oliver Gonçalves
Professor do Programa de Pós Graduação em Educação em Ciências e Matemáticas do Núcleo Pedagógico de Apoio ao Desenvolvimento Científico, UFPA. Doutor em Educação Matemática pela FE/Unicamp, na área de Formação de Professores. Mestre em Educação em Ciências e Matemática pela Unicamp. Licenciado em Matemática pela UFPA. Membro do Centro de Pesquisa e Desenvolvimento da Educação Matemática e Científica (MEC/SEB/UFPA) e da Rede Nacional de Formação Continuada de Professores. (tadeuoliver@yahoo.com.br)

Esta obra foi composta em AGaramond e
impressa na Gráfica Editora Parma para
Musa Editora no outono de 2010.